冶金专业教材和工具书经典传承国际传播工程

Project of the Inheritance and International Dissemination of Classical Metallurgical Textbooks & Reference Books

冶金工业出版社

高职高专“十四五”规划教材

稀土湿法冶金技术

主　编　张世忠　王晓丽

副主编　杨　勇　刘永刚　张凤龙

参　编　张称心　张占川　彭　飞　王　平　姜晓丽

扫码输入刮刮卡密码

查看数字资源

北　京

冶金工业出版社

2025

内 容 提 要

本书以项目形式详细介绍了稀土湿法冶金生产过程的基本原理、工艺流程和设备、工艺参数及操作技术等。全书共分4个项目，主要内容包括稀土冶金基础知识、稀土精矿分解、稀土萃取分离、稀土化合物的制备等，内容丰富，理论联系实际，实用性强。

本书可作为高等职业院校、中等职业院校、成人教育学院、技师学院冶金类和材料类专业的教学用书，也可作为企业职业培训和有关工程技术人员的参考书。

图书在版编目（CIP）数据

稀土湿法冶金技术 / 张世忠，王晓丽主编. -- 北京 : 冶金工业出版社，2025. 7. --（高职高专“十四五”规划教材）. -- ISBN 978-7-5240-0242-0

Ⅰ. TF845

中国国家版本馆 CIP 数据核字第 2025WG2773 号

稀土湿法冶金技术

出版发行	冶金工业出版社	**电　　话**	(010)64027926
地　　址	北京市东城区嵩祝院北巷39号	**邮　　编**	100009
网　　址	www. mip1953. com	**电子信箱**	service@ mip1953. com

策划编辑　杜婷婷　责任编辑　杜婷婷　马媛馨　美术编辑　吕欣童

版式设计　郑小利　责任校对　梅雨晴　责任印制　范天娇

北京博海升彩色印刷有限公司印刷

2025年7月第1版，2025年7月第1次印刷

787mm×1092mm　1/16；12. 75 印张；281 千字；188 页

定价 49. 00 元

投稿电话　(010)64027932　投稿信箱　tougao@cnmip. com. cn

营销中心电话　(010)64044283

冶金工业出版社天猫旗舰店　yjgycbs. tmall. com

（本书如有印装质量问题，本社营销中心负责退换）

冶金专业教材和工具书
经典传承国际传播工程
总　序

钢铁工业是国民经济的重要基础产业，为我国经济的持续快速增长和国防现代化建设提供了重要支撑，做出了卓越贡献。当前，新一轮科技革命和产业变革深入发展，中国经济已进入高质量发展新时代，中国钢铁工业也进入了高质量发展的新时代。

高质量发展关键在科技创新，科技创新离不开高素质人才。党的二十大报告指出："教育、科技、人才是全面建设社会主义现代化国家的基础性、战略性支撑。必须坚持科技是第一生产力、人才是第一资源、创新是第一动力，深入实施科教兴国战略、人才强国战略、创新驱动发展战略，开辟发展新领域新赛道，不断塑造发展新动能新优势。"加强人才队伍建设，培养和造就一大批高素质、高水平人才是钢铁行业未来发展的一项重要任务。

随着社会的发展和时代的进步，钢铁技术创新和产业变革的步伐也一直在加速，不断推出的新产品、新技术、新流程、新业态已经彻底改变了钢铁业的面貌。钢铁行业必须加强对科技进步、教育发展及人才成长的趋势研判、规律认识和需求把握，深化人才培养体制机制改革，进一步完善相应的条件支撑，持续增强"第一资源"的保障能力。中国钢铁工业协会《"十四五"钢铁行业人力资源规划指导意见》提出，要重视创新型、复合型人才培养，重视企业家培养，重视钢铁上下游复合型人才培养。同时要科学管理，丰富绩效体系，进一步优化人才成长环境，造就一支能够支撑未来钢铁行业高质量发展的人才队伍。

高素质人才来源于高水平的教育和培训，并在丰富多彩的创新实践中历练成长。以科技创新为第一动力的发展模式，需要科技人才保持知识的更新频率，站在钢铁发展新前沿去思考未来，系统性地将基础理论学习和应用实践学习体系相结合。要深入推进职普融通、产教融合、科教融汇，建立高等教育+职业教育+继续教育和培训一体化行业人才培养体制机制，及时把钢铁科技创新成果转化为钢铁从业人员的知识和技能。

一流的专业教材是高水平教育培训的基础，做好专业知识的传承传播是当代中国钢铁人的使命。20世纪80年代，冶金工业出版社在原冶金工业部的领导支持下，组织出版了一批优秀的专业教材和工具书，代表了当时冶金科技的水平，形成了比较完备的知识体系，成为一个时代的经典。但是由于多方面的原因，这些专业教材和工具书没能及时修订，导致内容陈旧，跟不上新时代的要求。反映钢铁科技最新进展和教育教学最新要求的新经典教材的缺失，已经成为当前钢铁专业人才培养最明显的短板和痛点。

为总结、提炼、传播最新冶金科技成果，完成行业知识传承传播的历史任务，推动钢铁强国、教育强国、人才强国建设，中国钢铁工业协会、中国金属学会、冶金工业出版社于2022年7月发起了“冶金专业教材和工具书经典传承国际传播工程”（简称“经典工程”），组织相关高校、钢铁企业、科研单位参加，计划用5年左右时间，分批次完成约300种教材和工具书的修订再版和新编，以及部分教材和工具书的对外翻译出版工作。2022年11月15日在东北大学召开了工程启动会，率先启动了高等教育和职业教育教材部分工作。

“经典工程”得到了东北大学、北京科技大学、河北工业职业技术大学、山东工业职业学院等高校，中国宝武钢铁集团有限公司、鞍钢集团有限公司、首钢集团有限公司、河钢集团有限公司、江苏沙钢集团有限公司、中信泰富特钢集团股份有限公司、湖南钢铁集团有限公司、包头钢铁（集团）有限责任公司、安阳钢铁集团有限责任公司、中国五矿集团公司、北京建龙重工集团有限公司、福建省三钢（集团）有限责任公司、陕西钢铁集团有限公司、酒泉钢铁（集团）有限责任公司、中冶赛迪集团有限公司、连平县昕隆实业有限公司等单位的大力支持和资助。在各冶金院校和相关钢铁企业积极参与支持下，工程相关工作正在稳步推进。

征程万里，重任千钧。做好专业科技图书的传承传播，正是钢铁行业落实习近平总书记给北京科技大学老教授回信的重要指示精神，培养更多钢筋铁骨高素质人才，铸就科技强国、制造强国钢铁脊梁的一项重要举措，既是我国钢铁产业国际化发展的内在要求，也有助于我国国际传播能力建设、打造文化软实力。

让我们以党的二十大精神为指引，以党的二十大精神为强大动力，善始善终，慎终如始，做好工程相关工作，完成行业知识传承传播的使命任务，支撑中国钢铁工业高质量发展，为世界钢铁工业发展做出应有的贡献。

中国钢铁工业协会党委书记、执行会长

2023 年 11 月

前　言

本书按照教育部高等职业技术教育高技术、高技能人才的培养目标，依据包头职业技术学院校企合作发展理事会冶金分会和冶金专业建设指导委员会审定的“稀土湿法冶金技术”教学大纲，在总结近年来教学经验和征求相关企业技术人员意见的基础上编写而成。

本书入选中国钢铁工业协会、中国金属学会和冶金工业出版社组织的“冶金专业教材和工具书经典传承国际传播工程”第二批立项教材。

本书特色鲜明，主要体现在以下几个方面：

(1) 体例新。在内容组织上，每个项目都以“思政案例”为切入点引出相关内容，并根据项目的内容，在知识拓展环节引入以大国工匠为主题的故事，培养学生的创新精神、职业素养，思政特性明显。

(2) 形态新。每个项目均配备了数量可观的微课、动画等数字化教学资源，以二维码形式植入，是新形态数字化教材，便于线上、线下信息化教学的实施。同时配备课件、综合练习及参考答案，方便教师授课和学生课后学习。

(3) 结构新。本书的编写力求体现职业技术教育特色，注重以职业（岗位）需求为依据，贯彻“基于工作过程”的教学原则，每个项目都提出了明确的知识目标、能力目标，并在项目内容结束后安排综合训练题，供学生巩固知识，培养分析问题和解决问题的能力。

(4) 内容新。本书在编写过程中注重新技术、新工艺、新标准、新设备的融入，摒弃高污染、高耗能、高排放的相关内容。

本书共分为 4 个项目。项目 1 介绍了稀土化学、稀土资源、稀土应用和稀土工业的发展等基础知识和产业相关知识。项目 2~4 对应稀土湿法冶金生产企业的3个职业岗位群，分别论述了稀土精矿分解、稀土元素萃取分离、稀土化合物的制备等生产过程的基本原理、工艺流程和设备、工艺参数及操作技术。书中标识为【案例】的内容是生产企业中成熟的和典型的生产方法；标识为【拓展】的内容，一是应用在局部地区或企业的典型生产方法，如从离子型稀土矿提取稀土的生产方法等；二是仍然处于研发阶段的新技术，如变价稀土化合物的制备内容。

本书由包头职业技术学院的张世忠、王晓丽担任主编，包头职业技术学院的杨勇、刘永刚、张凤龙担任副主编，包头职业技术学院的张称心、张占川，包头稀土研究院的彭飞，中国北方稀土（集团）高科技股份有限公司冶炼分公司的王平、姜晓丽参与编写和数字化资源制作。具体编写分工为：项目1中的1~2节由王晓丽编写，3~5节由张称心编写；项目2中的1~4节由刘永刚编写，5~7节由张凤龙编写；项目3由张世忠编写；项目4由杨勇编写；张占川、彭飞、王平、姜晓丽参与微课、企业案例和动画资源的制作工作。全书由张世忠统稿审定。

本书在编写和审稿过程中，得到了稀土产业界和兄弟院校许多同仁的大力支持和热情帮助，得到了包头职业技术学院领导和同事们的积极支持，得到了石富老师的专业指导，在此一并表示衷心的感谢。对所有为本书提供资料、建议和帮助的各方人士、参考文献作者等，表示诚挚的谢意。

由于编者水平所限，书中不妥之处，敬请广大读者批评指正。

编 者

2025年3月

目　录

下载
课件

项目1 稀土冶金基础知识

项目1
课件

项目引入

新能源汽车是新质生产力的典型代表和重要引擎，是全球汽车产业转型升级、绿色发展的主要方向，也是实现汽车产业碳达峰、碳中和的重要路径。新能源汽车驱动电机是新能源汽车的核心部件，是纯电动车和燃料电池汽车上唯一的驱动部件，是油电混合动力汽车实现各种工作模式的关键，直接影响汽车的油耗指标、排放指标、动力性和稳定性。中国新能源乘用车驱动电机2022年装机量为578万台，2023年装机量再创新高，达833万台，同比增长44.1%。其中，稀土永磁同步电机在我国乘用车驱动电机市场中占据绝对主导地位，市场份额超90%，新能源汽车的蓬勃发展必将驱动稀土永磁材料步入长周期复兴。

项目分析

高性能烧结钕铁硼（NdFeB）永磁材料是用于稀土永磁驱动电机的核心关键材料，对电机的性能起着重要作用。它具有小型化和高磁能两大特点，使其具有节能环保的功能，成为绿色、节能、低碳时代必然的选择。与铁氧体永磁材料相比，钕铁硼具备高能量、高密度的优点，相同磁力的钕铁硼体积是铁氧体的1/10，体积是其1/6，能够满足小型化、轻量化、薄型化的需求；同时，钕铁硼具有极高的磁能积和矫顽力，是目前永磁材料中磁性能最高的一种，因此广泛应用于电机、电动工具、风力发电、节能电梯、电动自行车、新能源汽车、EPS等。

学习目标

知识目标：

（1）了解稀土元素及其分类、代号、丰度、电子结构特点及稀土金属的性质；

（2）掌握稀土化合物的性质及其与提取工艺的关系、稀土矿物的赋存状态和稀土工业矿物、稀土工业的发展和稀土的主要应用；

（3）了解稀土元素在现代科技领域中的重要应用，如在电子产品、磁性材料、催化剂等方面的应用。

能力目标：

（1）能够识别和区分不同稀土元素，并了解它们的化学性质和物理性质；

(2) 能够解释稀土元素在各种应用领域中的作用和价值，包括电子产品、磁性材料、催化剂等方面；

(3) 能够理解稀土化合物的性质及其与提取工艺的关系、稀土矿物的赋存状态和稀土工业矿物、稀土工业的发展和稀土的主要应用。

素质目标：

培养实事求是、追求真理及稀土资源开发应用报国的情怀。

相关知识

1.1 稀土元素概述

1.1.1 稀土元素的概念

稀土元素包括原子序数57～71的15种镧系元素，即镧（La）、铈（Ce）、镨（Pr）、钕（Nd）、钷（Pm）、钐（Sm）、铕（Eu）、钆（Gd）、铽（Tb）、镝（Dy）、钬（Ho）、铒（Er）、铥（Tm）、镱（Yb）、镥（Lu），以及与镧系元素在化学性质上相似的原子序数为21的钪（Sc）和39的钇（Y），共17种元素。它们属于化学元素周期表中第ⅢB族，正常原子价是+3价。在这17种稀土元素中，钪与其他16种元素在自然界共生关系不太密切，性质差别也比较大，大多数工业稀土矿中都不含钪，或提取方法不同。同时，镧系元素中的钷是放射性元素，它是反应堆铀裂变的产物或存在于富铀矿中，其半衰期短，常见的稀土矿中也不含钷。因此，稀土矿处理过程中实际上只有15种稀土元素。

微课1-1 稀土元素的概念

根据稀土元素在物理化学性质和地球化学性质上的某些差异和生产工艺的要求，常将其分为轻、重稀土两组或轻、中、重稀土三组。两组的分类法开始是基于人们把溶解度较小的钆之前的稀土硫酸复盐富集在一起，故把钆之前从镧到铕这些原子序数以及原子量较小的稀土元素称为轻稀土或铈组元素，从钆到镥再加上钇叫作重稀土或钇组元素。钇的原子序数与原子量都比镧系元素小得多，由于它的离子半径与铒等重稀土相近，而且在自然界往往与重稀土共生，故归于重稀土。三组的分类法通常是根据稀土硫酸复盐溶解度的差异，或者根据酸性萃取剂对稀土元素萃取的难易程度及工艺需要来分组，例如有时把钐到镝的5种元素或钐到钆的3种元素称为中稀土。

稀土一词英文为Rare Earths，国际上通用R为其代号，德国用RE，法国用TR，苏联用P.3。我国规定用RE代表稀土元素，有时为简便也用R代表。

1.1.2 稀土元素的丰度

稀土元素是在1794年由芬兰科学家J. 加多林（Johan Gadolin）研究瑞典伊特比矿（Ytterbite）矿石时首先发现的，以后人们又连续不断地发现了其他稀土元素。直至

1972 年从天然铀矿中发现了微量钷，至此，17 种稀土元素在地壳中全部被发现。

由于稀土元素被人类发现得较晚，开发和应用还不广泛，故被列为稀有金属。实际上，稀土元素在地壳（以厚度 16 km 计）中的储量颇为丰富，17 种稀土元素的总量在地壳中的质量分数达 0.0236%，其中铈组元素为 0.01592%、钇组元素为 0.0077%；比常见元素铜（0.01%）、锌（0.005%）、锡（0.004%）、铅（0.0016%）、镍（0.008%）、钴（0.003%）等都多。镧、铈和钕是稀土元素中分布最广的，即使是含量最少的铥也有 2×10^{-5}%，与铋（Bi）为同一数量级。各种稀土元素在地壳中的丰度见表 1-1。

表 1-1 稀土元素在地壳中的丰度值

原子序数	元素名称	元素符号	相对原子质量	丰度/%	占稀土总量的比例/%
21	钪	Sc	44.96	5.00×10^{-4}	3.26
39	钇	Y	88.91	2.81×10^{-3}	18.31
57	镧	La	138.91	1.83×10^{-3}	11.93
58	铈	Ce	140.12	4.61×10^{-3}	29.33
59	镨	Pr	140.91	5.53×10^{-4}	3.60
60	钕	Nd	144.24	2.39×10^{-3}	15.58
61	钷	Pm	(145)	4.50×10^{-21}	—
62	钐	Sm	150.36	6.47×10^{-4}	4.22
63	铕	Eu	151.97	1.47×10^{-4}	0.69
64	钆	Gd	157.25	6.36×10^{-4}	4.15
65	铽	Tb	158.92	9.10×10^{-5}	0.59
66	镝	Dy	162.50	4.47×10^{-4}	2.91
67	钬	Ho	164.93	1.15×10^{-4}	0.75
68	铒	Er	167.26	2.47×10^{-4}	1.61
69	铥	Tm	168.93	2.00×10^{-5}	0.13
70	镱	Yb	173.04	2.66×10^{-4}	1.73
71	镥	Lu	174.97	7.50×10^{-5}	0.46

由表 1-1 可看出，稀土元素的丰度随原子序数的增加而递减。从稀土族元素内部来看，奇偶效应很明显，原子序数为偶数的元素，其丰度大大高于原子序数为奇数的元素。铈和钇的高丰度与原子核壳层特殊的稳定性相符合。

1.1.3 稀土元素的电子层结构

稀土元素的物理、化学性质极其相似，这是由其电子层结构的特点所决定的。稀土元素原子的核外电子层结构见表 1-2。从该表中看出，随着原子序数的增加，原子的最外电子层（P 层）和次外电子层（O 层）结构基本保持不变，从一种元素过渡到另一元素时，增加的电子填入原子内部的 4f 层。由于 4f 层电子最大可能数为 14，这样就确定了镧系元素的数量。除镧、铈、钆和镥外，镧系元素的 5d 层上没有电子，但 4f 与 5d 两层的能级相接近，由 4f 层转移一个电子至 5d 层所消耗的能量并不大。这些元素离子化时发生 4f 层电子跃迁，因此由 6s 层的两个电子和 5d 层上的一个电子参与组成价键，使镧系元素呈现+3 价。钪、钇具有与镧系元素相似的电子层结构和相同的化合价，因而其化学行为与镧系元素相似。

微课1-2
稀土元素的电子层结构

表 1-2 稀土元素原子的核外电子层结构

原子序数	元素	M			N				O			P	主要化合价
		3s	3p	3d	4s	4p	4d	4f	5s	5p	5d	6s	
21	Sc	2	6	1	2								+3
39	Y	2	6	10	2	6	1		2				+3
57	La	2	6	10	2	6	10		2	6	1	2	+3
58	Ce	2	6	10	2	6	10	1	2	6	1	2	+3，+4
59	Pr	2	6	10	2	6	10	3	2	6		2	+3，+4
60	Nd	2	6	10	2	6	10	4	2	6		2	+3
61	Pm	2	6	10	2	6	10	5	2	6		2	+3
62	Sm	2	6	10	2	6	10	6	2	6		2	+2，+3
63	Eu	2	6	10	2	6	10	7	2	6		2	+2，+3
64	Gd	2	6	10	2	6	10	7	2	6	1	2	+3
65	Tb	2	6	10	2	6	10	9	2	6		2	+3，+4
66	Dy	2	6	10	2	6	10	10	2	6		2	+3
67	Ho	2	6	10	2	6	10	11	2	6		2	+3
68	Er	2	6	10	2	6	10	12	2	6		2	+3
69	Tm	2	6	10	2	6	10	13	2	6		2	+3
70	Yb	2	6	10	2	6	10	14	2	6		2	+2，+3
71	Lu	2	6	10	2	6	10	14	2	6	1	2	+3

在镧系元素中除+3 价外，还有+4 和+2 价的，这是由于 4f 层上电子数的不同而产生电子结合强度的差异所造成的。电子结合的强度随着 4f 层上电子数目全空、半满或全满而增大。铈和镨的 4f 层电子是最初填充的，结合力较弱；而铽和镝失去电子趋于形成稳定的钆结构，因而它们的 4f 层电子很容易移向 5d 层，都会出现+4 价。钐、铕、镱等 4f 层电子数接近或等于 7 和 14 的元素处于相对稳定状态，参与组成价键的只有 6s 层上的 2 个电子，故经常为+2 价。此外，在某些化合物中还存在 Ce^{2+}、Nd^{2+}、Tm^{2+}、Nd^{4+}等化合价态，说明其变价特点还受到热力学和动力学因素的影响。所有正常价的 RE^{3+} 和 Ce^{4+}、Eu^{2+}、Yb^{2+}等变价离子可存在于水溶液中，其他变价离子则存在于固态化合物中。利用稀土元素的这种变价特点，易于将其与其他稀土元素分离。

镧系元素的电子内迁移特性，使其原子半径（铕和镱除外）和+3 价离子半径的变化规律是随原子序数的增加而逐渐减小（见表 1-3），这种现象称为“镧系收缩”。这是由于内填充的 4f 层电子对核正电核的屏蔽作用较弱，不是一对一的，因而随着核正电荷数的逐渐增加，对外层电子的静电引力逐渐增强，引起电子壳的收缩。除 Sc^{3+} 外，RE^{3+} 的半径在（1.061~0.848）$\times10^{-10}$ m 之间变化，平均两种相邻元素之间相差 0.015$\times10^{-10}$ m，变化很小，所以在矿物晶格中可以互相取代，常呈现类质同晶现象。Y^{3+} 的半径为 0.88$\times10^{-10}$ m，与重稀土元素相近，常与重稀土共存于矿物中。而 Sc^{3+} 的离子半径与镧系元素相差较大，故一般不与稀土矿物共存。镧系元素的离子半径相差不多，使其性质相似、分离困难。镧系元素离子半径的这种变化规律可用来解释化合物的某些性质，如镧系元素的碱性差异很小，且随离子半径的减小而减弱，这对判断离子的水解程度、络合能力以及形成 $RE(OH)_3$ 的 pH 值具有指导作用。生产实践中，正是利用稀土元素间的这种微小差别将其逐个分离的。

表 1-3 稀土元素的原子半径和+3 价离子半径

原子序数	元素	原子半径/nm	+3 价离子半径/nm	+3 价离子颜色
21	Sc	0.1641	0.068	无
39	Y	0.1803	0.088	无
57	La	0.1877	0.1061	无
58	Ce	0.1824	0.1034	无
59	Pr	0.1828	0.1013	绿
60	Nd	0.1821	0.0995	淡红
61	Pm	(0.1810)	(0.0987)	粉红
62	Sm	0.1802	0.0964	黄
63	Eu	0.2042	0.0950	无
64	Gd	0.1802	0.0938	无
65	Tb	0.1782	0.0923	无
66	Dy	0.1773	0.0908	黄
67	Ho	0.1766	0.0894	棕黄
68	Er	0.1757	0.0881	淡红
69	Tm	0.1746	0.0869	绿
70	Yb	0.1940	0.0858	无
71	Lu	0.1734	0.0848	无

原子半径是指金属晶体中两个原子核之间距离的一半。在金属中，最外层电子在相邻原子之间是相互重叠的，可以在晶格之间自由运动而成为传导电子。铕和镱只有两个传导电子 $6s^2$，而其他镧系金属原子有 3 个传导电子 $4f^1$ 和 $6s^2$，因此使这两个金属的原子半径远大于其他镧系金属的原子半径。

在 4f 电子层的 7 个轨道中，除 La^{3+} 全空和 Lu^{3+} 全部排满 14 个电子外，其余镧系元素的 4f 层电子可在这 7 个轨道间任意排布，产生比一般元素更多种多样的能级。电子在这些能级间的跃迁，能吸收或发射各种波长的紫外光、可见光和红外光；而且在 5s、5p 电子层的屏蔽作用下，使 4f 层电子受稀土化合物中其他元素的影响较小，稀土化合物的吸收光谱和自由离子的吸收光谱基本一样。由于这些光学特性，使得稀土元素在与光学有关的领域内，如在荧光材料和激光材料上取得了广泛的应用。此外，部分稀土离子吸收单色光呈现单色光补色的颜色，据此可以辨别稀土离子或其化合物。由于多个稀土原子的 4f 电子层存在不成对电子，这些电子自旋产生较大的磁场，而且 4f 层电子绕原子核运动亦产生磁场，这样与其他元素结合就有可能成为性能优异的磁性材料。

因此，在讨论含稀土元素的材料时，可分为以下两种情况来考虑：一是利用取决于 4f 层电子的物理性质的材料；二是利用与 4f 层电子没有直接关系的稀土特有的化学性质，例如与离子半径、电荷等有关的性质的材料。与 4f 层电子性质直接有关的材料有荧光、激光等发光材料和磁性材料。发光材料是利用 4f 层轨道内电子的能级跃迁；而磁性材料是利用不成对 4f 层电子的自旋排列。归根到底，都是利用 4f 层轨道电子未充满的性质。用在玻璃着色、陶瓷上釉的稀土化合物也是利用 4f 层电子对光的吸收性质。与此相反，在催化、冶金添加剂、固体电解质、氧化物高温超导体、贮氢合金和发光材料的基质等方面使用的稀土元素，是由于它们的电荷、离子半径等适合形成具有某种结构的化合物。

1.2 稀土金属的性质

1.2.1 稀土金属的物理性质

稀土金属的断口大多数呈银白色，其中钕和镨略带黄色。在一般条件下，它们的表面呈现褐色至黑色，视金属表面上所存在的氧化物或氮化物膜而定。稀土金属的某些物理性质见表 1-4。

微课1-3
稀土元素的物理性质

表 1-4 稀土金属的物理性质

元素	晶体结构	晶格参数/nm		密度 /(g·cm^{-3})	熔点 /℃	沸点 /℃	热中子俘获截面/b①	电阻率 (25 ℃) /(Ω·cm)	弹性模量 /MPa
		a	*c*						
Sc	密排六方	0. 3309	0. 5273	2. 992	1538	2730	24. 0±1. 0	66×10^{-6}	—
Y	密排六方	0. 3648	0. 5732	4. 478	1502	2630	1. 31±0. 08	53×10^{-6}	65660
La	双重六方	0. 3774	1. 2270	6. 174	920	3470	9. 3±0. 3	57×10^{-6}	38367
Ce	面心立方	0. 5161	—	6. 771	797	3468	0. 73±0. 08	75×10^{-6}	29968
Pr	双重六方	0. 3672	1. 1833	6. 782	935	3017	11. 6±0. 6	68×10^{-6}	35201
Nd	双重六方	0. 3658	1. 1796	7. 004	1024	3210	46±2	64×10^{-6}	28028
Pm	双重六方	0. 3650	1. 165	7. 264	1035	3200	—	—	—
Sm	菱形体	0. 8980	—	7. 536	1072	1670	6500±200	92×10^{-6}	34104

续表 1-4

元素	晶体结构	晶格参数/nm		密度/(g·cm^{-3})	熔点/℃	沸点/℃	热中子俘获截面/b①	电阻率(25 ℃)/(Ω·cm)	弹性模量/MPa
		a	*c*						
Eu	体心立方	0.4583	—	5.259	826	1430	4500±100	81×10^{-6}	—
Gd	六方	0.3634	0.6783	7.895	1312	2800	46000	134×10^{-6}	56154
Tb	六方	0.3605	0.5694	8.272	1356	2480	46±4	116×10^{-6}	57467
Dy	六方	0.3592	0.5650	8.536	1407	2330	950±50	91×10^{-6}	63043
Ho	六方	0.3577	0.5618	8.803	1761	2490	65±3	94×10^{-6}	67130
Er	六方	0.3559	0.5585	9.051	1497	2420	173±17	86×10^{-6}	73245
Tm	六方	0.3537	0.5554	9.332	1545	1700	127±4	90×10^{-6}	—
Yb	面心立方	0.5485	—	6.977	824	1320	37±4	28×10^{-6}	17787
Lu	六方	0.3503	0.5549	9.842	1652	3000	112±5	108×10^{-6}	—

① 靶恩（b），1 b = 1×10^{-28} m^2。

常温下，稀土金属都具有紧密排列的晶格结构：密排六方、面心立方及 α-Sm 型的菱形晶格，只有铕为体心立方晶格结构。大多数稀土金属具有同素异构转变，低温时为密排六方晶格，高温下变成体心立方晶格后熔化。它们的晶格转变过程较缓慢，因而有时在金属中出现具有不同晶格结构的两相。其中，铈在低温下有同素异构转变，在 230~263 K 温度范围内面心立方晶格的 γ-Ce 转变为双重六方晶格的 β-Ce。另外，在等静压作用下，稀土金属的晶体结构按下列方式转变：密排六方晶格→α-Sm 型菱形晶格→双重六方晶格→面心立方晶格。

在一级近似下，镧系元素的密度依次单调增加，熔点按一定规律增高，只有铕和镱明显偏离这一关系。铕和镱的物理性质异常与它们的晶格结构有关，而晶格结构又取决于金属的电子结构。通常，在稀土金属的晶格结点上存在 RE^{3+}，但铕和镱很容易先给出 $6s^2$ 亚电子层上的两个电子，而 $4f^7$ 和 $4f^{14}$ 亚电子层的电子难以脱离，因而在晶格结点上存在 RE^{2+} 离子。+2 价离子的半径比+3 价离子大，因此这两种金属“较松散”，比其他稀土金属的原子体积大、密度小。在铕和镱晶格中 $RE^{2+}+2e$ 的结合能，比其他稀土金属中 $RE^{3+}+3e$ 的结合能小，因此其熔点和沸点较低。同理，在晶格结点上存在 RE^{3+} 的稀土金属中，由于离子半径依次减小，$RE^{3+}+3e$ 的结合能依次增大，则其密度依次增加、熔点依次增高（铈除外）。熔点最高的镥和最低的铈相差近 1000 ℃，硬度也有类似的变化。呈+2 价的金属钐、铕、铥、镱的沸点明显低于其他稀土金属。

稀土金属最明显的差异是原子核的性质，轻稀土镧和铈对热中子的吸收少，钐、铕、钆等中重稀土的热中子俘获截面远高于现反应堆作为热中子俘获材料用的镉（2500 b）和硼（1715 b）。

稀土金属的导电性能较差，常温下的电阻率比铜大 40~70 倍。α-La 在 4.9 K、β-La 在 5.85 K 的转变具有超导性能，其他的稀土金属甚至在零点几开尔文的绝对温度下仍无超导性能。

除钆、镝、钬具有铁磁性外，其他稀土金属均具有顺磁性。在低温下，钆前边的金属也表现出铁磁性。

高纯度稀土金属具有可塑性，其中铈、钐、镱还具有良好的延展性；其力学性能在很大程度上取决于杂质含量，特别是氧、硫、氮、碳等。钇组金属（镱除外）的弹性模量高于铈组金属。稀土金属的硬度一般是随原子序数的增加而增大，其布氏硬度为20~70 HBW。

已知稀土元素的同位素有200余种，其中天然同位素只有65种，其余为人工核分裂产生的放射性同位素。

1.2.2 稀土金属的化学性质

稀土金属的化学活性很强，能与大多数元素作用，其金属活泼性仅次于碱土金属。稀土金属的活泼性按钪、钇、镧的顺序递增，由镧至镥递减，镧为最活泼的稀土金属。

微课1-4
稀土元素的化学性质

稀土金属在室温下就能与空气中的氧作用，继续氧化的程度视所生成的氧化物的结构和性质而有所不同。镧、铈、镨和钕氧化得很快，其余氧化得很慢，能在很长时间内保持金属光泽。铈氧化后生成的 Ce_2O_3 很容易继续氧化成疏松的 CeO_2，会使铈无阻碍地继续发生氧化，这是引起铈和富铈合金自燃的原因。当温度高于180~200 ℃时，所有稀土金属都会在空气中迅速氧化甚至自燃，其中铈、镨、铽分别生成 CeO_2、Pr_6O_{11}（$4PrO_2 \cdot Pr_2O_3$）和 Tb_4O_7（$2TbO_2 \cdot Tb_2O_3$），其余稀土金属生成 RE_2O_3 型氧化物。

稀土金属在室温下即可吸收氢，在250~300 ℃时其相互作用加剧，并形成 $REH_{2.8}$ 型（对于La、Ce、Pr）或 REH_2 型氢化物。氢化物在真空中加热至高于1000 ℃时分解，并且在潮湿空气中不稳定。

在含硫的气氛中加热稀土金属会生成 RE_2S_3、RE_3S_4 和RES等硫化物，稀土硫化物具有很高的熔点（1900~2500 ℃）和耐火性。稀土金属在750~1000 ℃时与氮反应，生成以REN型为主的氮化物。稀土金属与碳、碳氢化合物、CO、CO_2 在加热时相互作用，形成 REC_2 型碳化物。稀土碳化物在潮湿空气中发生水解，生成以乙炔为主的碳氢化合物和部分甲烷。

所有卤素在温度高于200 ℃时均与稀土金属发生强烈反应，生成 REX_3 型卤化物。除氟化物外，所有的卤化物都有很强的吸水性，并很容易水解生成REOX型的氧卤化物。只有钐、铕和镱生成低价卤化物 REX_2。

稀土金属能和多数金属元素生成金属间化合物或合金。稀土金属和镁生成REMg、$REMg_2$、$REMg_3$、$REMg_4$ 等化合物，稀土金属还微溶于镁；与铝生成 $LaAl_4$、$LaAl_2$、LaAl、La_3Al、Ce_3Al_2 等化合物；与钴生成 $SmCo_5$、$SmCo_3$、$SmCo_2$、Sm_2Co_7、Sm_3Co、Sm_3Co_4 等强磁性化合物；与镍生成LaNi、$LaNi_5$、La_3Ni_5 等化合物；与铜生成YCu、YCu_2、YCu_4、YCu_5、$NdCu_5$、CeCu、$CeCu_2$、$CeCu_4$、$CeCu_6$ 等化合物；与铁生成 $CeFe_3$、$CeFe_2$、Ce_2Fe_3、

YFe_2 等化合物，但镧与铁只生成共晶体。

由于稀土元素的原子体积比较大，因此与其他金属元素一般不能形成固溶体。稀土金属与碱金属及钙等均生成不互溶的体系；在锆、铪、铌、钽金属中的溶解度很小，一般只形成共晶体；与铬、钼、钨等元素也不能生成化合物。

稀土金属可分解水，冷则慢、加热则快，易溶于稀盐酸、硫酸和硝酸中，微溶于氢氟酸和磷酸，这是由于生成了难溶盐的保护膜。稀土金属和碱溶液不发生作用。

1.3 稀土主要化合物的性质

1.3.1 稀土氢氧化物

稀土氢氧化物一般为 $RE(OH)_3$ 形式，铈有 $Ce(OH)_4$。在稀土的盐溶液中加入氨水或其他碱，可生成稀土氢氧化物，它是一种胶状沉淀，在热溶液中聚积沉降。在不同盐的溶液中，稀土氢氧化物开始沉淀的 pH 值及其溶度积稍有不同。由于镧系收缩，+3 价离子的离子势 E/r 随原子序数的增大而增加，开始沉淀时的 pH 值也随原子序数的增大而降低，见表 1-5。其中，Sc^{3+} 由于离子半径最小，因此开始沉淀的 pH 值最低。+4 价的氢氧化铈在 pH 值 0.7~1.0 时就沉淀析出。而+2 价的氢氧化铕与碱土金属（尤其 Ba^{2+}）的性质相似，它们的氢氧化物溶于水。

微课1-5
稀土氢氧化物的性质与应用

表 1-5 稀土氢氧化物的物理性质

氢氧化物	颜色	$RE(OH)_3$ 溶度积（25 ℃）	在不同盐溶液中 $Re(OH)_3$ 沉淀的 pH 值				
			硝酸盐	氯化物	硫酸盐	醋酸盐	高氯酸盐
$La(OH)_3$	白	1.0×10^{-19}	7.82	8.03	7.41	7.93	8.10
$Ce(OH)_3$	白	1.5×10^{-20}	7.60	7.41	7.35	7.77	
$Pr(OH)_3$	浅绿	2.7×10^{-20}	7.35	7.05	7.17	7.66	7.40
$Nd(OH)_3$	紫红	1.9×10^{-21}	7.31	7.02	6.95	7.59	7.30
$Sm(OH)_3$	黄	6.8×10^{-22}	6.92	6.82	6.70	7.40	7.13
$Eu(OH)_3$	白	3.4×10^{-22}	6.82		6.68	7.18	6.91
$Gd(OH)_3$	白	2.1×10^{-22}	6.83		6.75	7.10	6.81
$Tb(OH)_3$	白						
$Dy(OH)_3$	浅黄						
$Ho(OH)_3$	浅黄						
$Er(OH)_3$	浅红	1.3×10^{-23}	6.75		6.50	6.95	
$Tm(OH)_3$	浅绿	2.3×10^{-24}	6.40		6.20	6.53	
$Yb(OH)_3$	白	2.9×10^{-24}	6.30		6.18	6.50	6.45
$Lu(OH)_3$	白	2.5×10^{-24}	6.30		6.18	6.46	6.45
$Y(OH)_3$	白	1.6×10^{-23}	6.95	6.78	6.83	6.83	6.81
$Sc(OH)_3$	白	4×10^{-30}	4.9	4.8		6.10	
$Ce(OH)_4$	黄	4×10^{-51}	0.7~1.0				

稀土氢氧化物胶状沉淀受热不稳定，温度高于 200 ℃时则发生脱水反应，由 $RE(OH)_3$ 转变成 REO(OH)。这种脱水物也可在高温、高压下通过热合成法制备，如在 193~420 ℃和 2.159×10^5~7.093×10^7 Pa 的条件下，从 NaOH 溶液中生长出晶体稀土氢氧化物（La~Yb，$Y)(OH)_3$，晶体属于密排六方晶系。Lu 和 Sc 则可在 NaOH 溶液中于 157~159 ℃制取，晶体为密排六方晶系。加热温度再高，脱水的氢氧化物 REO(OH) 则会生成 RE_2O_3。表 1-6 中，从 La 到 Lu 的离子半径逐渐减小，离子势逐渐增大，失水温度也逐渐降低。含水 $Ce(OH)_3$ 在空气中将被缓慢氧化，在加热情况下很快变成黄色的 $Ce(OH)_4$。$Ce(OH)_3$ 是一种强还原剂。

表 1-6 $RE(OH)_3$ 及 REO(OH) 的脱水温度 （℃）

元素	沉淀法制样			水热法制样	
	$RE(OH)_3\cdot nH_2O$	$RE(OH)_3$	REO(OH)	$RE(OH)_3$	REO(OH)
La	70	390	590	410	550
Pr	54	328	460	355	
Nd	58	338	464	375	535
Sm	60	345	515	345	595
Eu	71	370	540	330	575
Gd	76	380	570	330	490
Tb	66	340	500	320	375
Dy	60	300	490	295	455
Ho	48	270	460	290	430
Er	45	255	440	250	430
Tm	40	240	430	270	390
Yb	36	225	410		
Lu	31	210	400		
Y	56	280	470	310	470

$RE(OH)_3$ 不溶于水和碱，本身呈碱性，其碱性大小由镧到镥逐渐减弱。胶状的氢氧化物可从空气中吸收 CO_2 而生成碳酸盐。$RE(OH)_3$ 溶于酸而生成盐，但在稀硝酸或稀盐酸中溶解度不同。$Ce(OH)_4$ 的溶解度比 $RE(OH)_3$ 小，这是稀硝酸或稀盐酸中优先溶解 RE^{3+} 而分离铈的依据。

1.3.2 稀土氧化物

稀土氧化物一般可用 RE_2O_3 通式表示，而铈、镨、铽可以生成 CeO_2、PrO_2 和 $Pr_6O_{11}(Pr_2O_3\cdot4PrO_2)$、$Tb_4O_7(Tb_2O_3\cdot2TbO_2)$，钐、铕、镱则还可以生成 SmO、EuO、YbO。

微课1-6
稀土氧化物的性质与应用

除 Ce、Pr、Tb 外，其余稀土元素的氧化物（RE_2O_3）均可通过灼烧氢氧化物及稀土盐 $RE_2(CO_3)_3$、$RE_2(C_2O_4)_3$、$RE(NO_3)_3$、$RE_2(SO_4)_3$ 等得到。在空气条件下，灼烧 Ce、Pr、Tb 的氧化物和稀土盐，则分别得到

CeO_2、Pr_6O_{11}和 Tb_4O_7 等氧化物。

稀土氧化物都是粉末状的，具有很高的熔点和沸点。除镧、钆、镱、镥的氧化物为白色外，其他均具有不同的颜色和结构。稀土氧化物的物理性质见表 1-7。稀土氧化物的反应活性取决于加热的程度，灼烧的温度应尽可能低些，以便获得最高活性。

表 1-7 稀土氧化物的物理性质

氧化物	密度 /(g·cm^{-3})	熔点/℃	颜色	氧化物	密度 /(g·cm^{-3})	熔点/℃	颜色
Sc_2O_3	3.864	2300	白	EuO	8.210	—	暗红
Y_2O_3	5.010	2410	白	Gd_2O_3	7.407	2322	白
La_2O_3	6.510	2217	白	Tb_2O_3	8.330	2292	白
Ce_2O_3	6.860	2142	灰绿	Tb_4O_7	—	2337	棕
CeO_2	7.132	2397	黄白	Dy_2O_3	7.810	2352	白
Pr_2O_3	7.070	2127	浅绿	Ho_2O_3	8.360	2405	淡黄
Pr_6O	6.830	2042	黑	Er_2O_3	8.640	2387	淡红
Nd_2O_3	7.240	2211	蓝紫	Tm_2O_3	8.770	2392	绿白
Sm_2O_3	7.680	2262	黄白	Yb_2O_3	9.170	2372	白
Eu_2O_3	7.420	2002	紫红	Lu_2O_3	9.942	2467	白

稀土氧化物不溶于水和碱，本身都呈碱性，并且随原子序数的增加从镧到镥碱性逐渐减弱。CeO_2 的碱性比+3 价稀土氧化物微弱，其性质很稳定，难溶解在盐酸和硝酸中，但 CeO_2 与浓 H_2SO_4 作用可生成橘红色的 $Ce(SO_4)_2$ 溶液。+3 价稀土氧化物能溶于无机酸（除 HF 和 H_3PO_4 外）生成相应的盐。氧化物可以与水结合生成氢氧化物，例如用水热法，令水蒸气与氧化物一起加热，可以得到 $RE(OH)_3$ 和 $REO(OH)$。氧化物在空气中能吸收 CO_2 生成碳酸盐，而在 800 ℃灼烧可得到无碳酸盐的氧化物。

1.3.3 稀土卤化物

在稀土化合物制备中较重要的稀土卤化物是氯化物和氟化物，它们从水溶液中析出的是水合结晶体。稀土氯化物包括水合氯化物、无水氯化物和氯氧化物，无水氯化物通过水合物的脱水或氧化物氯化等方法制取。

将稀土氧化物、氢氧化物或碳酸盐溶解在盐酸中，都可得到氯化稀土溶液，然后蒸发浓缩析出水合物。对于轻稀土 La、Ce、Pr 为 $RECl_3 \cdot 7H_2O$，对 Nd ~ Lu、Sc、Y 则为 $RECl_3 \cdot 6H_2O$。水合结晶氯化物有强烈的吸水性，易溶于水和酸。无水氯化物和水合氯化物在水中的溶解焓见表 1-8，无水氯化物的溶解焓为很大的负值，表明为强烈放热反应，且随+3 价稀土离子半径的减小溶解焓绝对值变大，而放热量增加。

表 1-8 稀土氯化物在水中的溶解焓（25 ℃） （kJ/mol）

元素	无水氯化物	水合氯化物	元素	无水氯化物	水合氯化物
La	-137.3	-28.00	Dy	-209	-41.73
Ce	-143.9	-28.9	Ho	-213.4	-43.58
Pr	-149.4	-23.91	Er	-215.1	-44.95
Nd	-156.9	-38.21	Tm	-215.9	-46.53
Sm	-166.6	-36.04	Yb	-215.9	-48.18
Eu	-170.3	-36.46	Lu	-218.4	-49.62
Gd	-181.6	-38.15	Y	-224.7	-46.24
Tb	-192.5	-39.97	Sc		-31.8

稀土氯化物在有机溶剂中有一定的溶解度，例如 $LaCl_3$ 在甲醇和乙醇中的溶解度分别为 2.45 mol/kg 和 1.26 mol/kg，而且随镧系元素原子序数的增加其溶解度也随之增加。溶解度一般随溶剂碳链的增长而下降。

稀土元素在各种溶液（$RE(OH)_3$、$RE(CO_3)_3$、$RE(NO_3)_3$、$RE_2(SO_4)_3$、$RECl_3$）中都易与氟反应，以 $REF_3 \cdot 0.5H_2O$ 的水合结晶或无水盐（如 PrF_3 和 NdF_3）从水溶液中沉淀出来。稀土氟化物几乎不溶于水和无机酸，也不溶于碱金属的氟化物溶液。水合氟化物在热分解时也伴随有水解反应，生成 REOF，因此其脱水过程也应在真空条件下进行。

1.3.4 稀土含氧盐

1.3.4.1 稀土草酸盐

稀土的盐溶液加入草酸或草酸铵，可得到白色结晶的草酸稀土，所生成的稀土草酸盐一般都带有结晶水，可分为两类（结构）。较轻的稀土 La～Er、Y 为 10 水合物的正盐 $RE_2(C_2O_4)_3 \cdot nH_2O(n=10)$；较重的稀土 Er～Lu 及 Sc 为 6 水合物。反应式为：

$$2RE^{3+} + 3(C_2O_4)^{2-} + nH_2O \longrightarrow RE_2(C_2O_4)_3 \cdot nH_2O$$

稀土草酸盐的溶解度，随溶液酸度的升高而增大；酸度相同时，溶解度随原子序数的增大而减小。在无机酸浓度相同时，稀土草酸盐在盐酸介质中的溶解度比在硝酸介质中要小（见表 1-9），因此，沉淀稀土草酸盐最好在盐酸介质中进行。溶液中有过量草酸存在可降低其溶解度。当溶液中含有大量 NH_4^+ 时，重稀土的草酸盐在草酸铵溶液中有少量溶解，从而造成稀土损失。

表 1-9 稀土草酸盐的溶解度（25 ℃） （g/L）

草酸盐	$La_2(C_2O_4)_3$	$Ce_2(C_2O_4)_3$	$Pr_2(C_2O_4)_3$	$Nd_2(C_2O_4)_3$	$Sm_2(C_2O_4)_3$	$Yb_2(C_2O_4)_3$	$Y_2(C_2O_4)_3$
水	6.2×10^{-4}	4.1×10^{-4}	7.4×10^{-4}	4.9×10^{-4}	5.4×10^{-4}	3.3×10^{-3}	1.0×10^{-3}
2 mol/L 盐酸	7.02	5.72	4.65	3.44	2.37		
2 mol/L 硝酸	9.94	7.30	5.46	4.58	3.64		
2 mol/L 硫酸	5.90	4.46	3.26	2.64	2.57		

1.3.4.2 稀土碳酸盐

在可溶性的稀土盐溶液中加入略过量的碳酸铵或者碳酸氢铵，反应后得到稀土碳酸盐。其反应式为：

$$2RE^{3+} + 3CO_3^{2-} + nH_2O \longrightarrow RE_2(CO_3)_3 \cdot nH_2O$$

得到的沉淀为正碳酸盐，但随着原子序数的增加，生成碱式盐的趋势也增加。碱金属的碳酸盐与稀土可溶性盐作用，只能得到碱式盐；而碱金属的酸式碳酸盐与稀土可溶性盐作用，则生成稀土碳酸盐。从水溶液中沉淀出来的稀土碳酸盐，一般均含有一定的水合水分子，含水分子的多少随金属离子不同而异。

无论是碳酸盐还是其碱式盐在水中的溶解度均不大，见表 1-10。但稀土碳酸盐在碱金属和铵的碳酸盐溶液中有一定的溶解度，其溶解度随原子序数递增而增大，这是因为形成了易溶的碳酸盐配合物 $RE_2(CO_3)_3 \cdot Me_2CO_3 \cdot nH_2O$。

表 1-10 $RE_2(CO_3)_3$ 在 25 ℃水中的溶解度 (μmol/L)

稀土碳酸盐	$La_2(CO_3)_3$	$Ce_2(CO_3)_3$	$Pr_2(CO_3)_3$	$Nd_2(CO_3)_3$	$Sm_2(CO_3)_3$	$Eu_2(CO_3)_3$	$Gd_2(CO_3)_3$	$Dy_2(CO_3)_3$	$Y_2(CO_3)_3$	$Er_2(CO_3)_3$	$Yb_2(CO_3)_3$
溶解度	1.02	1.0	1.99	3.46	1.89	1.94	7.4	6.0	2.52	2.10	5.0
颜色	白	白	绿	微黄	微红	白	白	白	白	白	白

混合稀土碳酸盐为白色固体粉末，单一稀土元素碳酸盐随+3 价稀土离子颜色不同而不同，见表 1-10。稀土碳酸盐可溶于酸中，生成相应的盐而放出 CO_2。碳酸稀土受热则发生分解，在 320~550 ℃时生成 $RE_2O(CO_3)_2$，而在 800~905 ℃则分解为 $RE_2O_2CO_3$，最后为 RE_2O_3。其反应为：

$$RE_2(CO_3)_3 \cdot nH_2O \longrightarrow RE_2O_3 + 3CO_2\uparrow + nH_2O$$

1.3.4.3 稀土硝酸盐

稀土氧化物溶于硝酸中，蒸发溶剂结晶即可得到水合硝酸盐，其组成可用 $RE(NO_3)_3 \cdot nH_2O$ 表示，其中 n 可以是 3~6 中的整数，而以 6 为最常见。无水的硝酸盐可用相应稀土氧化物在加压下与 N_2O_4 在 150 ℃反应制得。

稀土硝酸盐在水中溶解度很大，25 ℃时溶解度大于 2 mol/L，并且随着温度升高溶解度增大。此外，稀土硝酸盐还能溶于乙醇、无水胺、丙酮、乙醚、乙腈等极性溶剂，且可被 TBP 等中性溶剂萃取。

稀土硝酸盐的热稳定性不好，受热后分解放出 O_2、N_2 和 NO_2，最终产物为氧化物。Sc、Y、La、Ce、Pr、Nd、Sm 的硝酸盐转变为氧化物的最低温度分别为 510 ℃、480 ℃、780 ℃、450 ℃、505 ℃、830 ℃、750 ℃。其反应为：

$$4RE(NO_3)_3 \longrightarrow 2RE_2O_3 + 12NO_2\uparrow + 3O_2\uparrow$$

1.3.4.4 稀土硫酸盐

+3 价稀土元素的硫酸盐呈水合结晶形态存在，最有代表性的为 $RE_2(SO_4)_3 \cdot 8H_2O$。

稀土硫酸盐有强烈的吸水性，易溶于水和酸。硫酸盐 $RE_2(SO_4)_3 \cdot 8H_2O$ 在水中的溶解度随着温度的升高而降低。它们在加热时分解，通过生成碱式盐形态最终转变成 RE_2O_3 型氧化物。硫酸盐在 500 ℃以下稳定，超过 800 ℃时转变成氧化物。

1.3.5 稀土复盐与配合物

多数稀土盐能与碱金属盐、铵盐以及许多+2 价元素的盐类生成复盐或络盐。

稀土元素能与硝酸铵或硝酸镁生成硝酸复盐 $RE(NO_3)_3 \cdot 2NH_4NO_3 \cdot 4H_2O$ 及 $2RE(NO_3)_3 \cdot 3Mg(NO_3)_2 \cdot 24H_2O$，其溶解度随原子序数的增加而增大，而钇组元素除铽外难以形成硝酸复盐沉淀，以前曾根据这一性质用分步沉淀法分离铈组元素。铈组元素复盐的溶解度由镧到钐递增（见表 1-11），早期曾利用这一性质用分级结晶法制取单一稀土化合物。

表 1-11 稀土硝酸复盐的相对溶解度（取镧的溶解度为 1）

复 盐	La^{3+}	Ce^{3+}	Pr^{3+}	Nd^{3+}	Sm^{3+}
$RE(NO_3)_3 \cdot NH_4NO_3 \cdot 4H_2O$	1	1.5	1.7	2.2	4.6
$2RE(NO_3)_3 \cdot Mg(NO_3)_2 \cdot 2H_2O$	1	1.2	1.2	1.5	3.8

当把碱金属硫酸盐或硫酸铵加入稀土硫酸盐溶液时，可析出稀土硫酸复盐沉淀 $xRE_2(SO_4)_3 \cdot yMe_2SO_4 \cdot zH_2O$（Me 代表 Na、K、$NH_4$）。复盐的组成依溶液中稀土浓度、沉淀剂的浓度和沉淀的温度而有所不同。通常，y 随溶液中沉淀剂浓度的增加而增大，z 随溶液温度的升高而减小。当温度高于 90 ℃时，则生成无水盐。复盐的溶解度按照所用沉淀剂的不同，依 $(NH_4)_2SO_4>Na_2SO_4>K_2SO_4$ 的顺序降低，且随溶液温度的升高而降低。同时，随稀土元素原子序数的增加，硫酸复盐的溶解度增大，可以分为微溶的（La、Ce、Pr、Nd、Sm）、中等溶解的（Eu、Gd、Tb、Dy）和可溶的（Ho、Er、Tm、Yb、Lu、Y）三组。+3 价稀土元素的碳酸盐在有过量的碱金属或铵的碳酸盐沉淀剂存在时，生成难溶的碳酸复盐 $xRE_2(CO_3)_3 \cdot yMe_2CO_3 \cdot zH_2O$。但+4 价铈的碳酸盐却生成可溶性复盐 $Me_{2x}[Ce(CO_3)_{2+x}]$。

稀土元素还能与许多有机酸形成配合物，其中最重要的是与乙二胺四乙酸（EDTA）、磷酸三丁酯（TBP）、甲基膦酸二甲庚酯（P_{350}）、二（2-乙基己基）磷酸（P_{204}）、2-乙基己基膦酸单 2-乙基己酯（P_{507}）、环烷酸等生成配合物。与有机酸生成的配合物的稳定性大都是从镧至镥依次增加的，这一性质被广泛用于稀土元素的分离方法中。

1.4 稀土矿物原料

1.4.1 稀土元素在地壳中的赋存状态

地壳是由岩石构成的，而岩石是矿物的集合体。含有稀土元素的矿物称为稀土矿物或含稀土矿物。

根据地球化学的研究，认为液态岩浆相分离的第一阶段，稀土元素成为硅酸盐熔体的成分，是亲石的元素。在岩浆凝固的第二阶段，稀土元素与其他稀有金属元素一起主要富集在岩浆结晶的最终产物中。尽管地壳中稀土丰度很高，但在很大程度上是分散的，其原生矿物通常很少局部聚集。它们主要富集在花岗岩、碱性岩和碱性超基性岩及与它们有关的矿床中，其中最富含稀土元素的是花岗岩。

在自然界中，稀土元素多以离子化合物形式存在于矿物晶格中，呈多面体配位形式，其氧离子配位数一般为6~12。稀土元素能形成具有8个电子外层的惰性气体型阳离子，离子半径较大，易与氧或含氧阴离子团结合而形成矿物。矿物中阴离子部分的变化有时是以F^-和OH^-进入晶格中进行补偿。稀土元素在矿物中的存在状态主要有下列三种：

（1）参加矿物晶格，与其他元素一同形成独立的稀土矿物。这类矿物通常由稀土元素的阳离子与含氧的阴离子结合，矿物的化学成分也比较简单，这类矿物有氟碳铈矿[$(Ce,La)CO_3F$]、独居石[$(Ce,La,Nd,Th)PO_4$]、磷钇矿（YPO_4）等。

（2）以类质同晶的形态分散于许多造岩矿物和另外一些稀有矿物中，这类矿物通常由两种以上阳离子与氧或含氧阴离子结合形成复合矿物。按照类质同晶形成的条件，在这类矿物中稀土离子常与类型相同、半径相近的Ca、Sr、Ba、Mn、Zr、Nb、Ta、Fe、Ti、Th、U等离子进行总电价相等的相互置换，如褐钇铌矿[$(Y,Ce,V,Th,Ca)(Nb,Ta,Ti)O_4$]、褐帘石[$(Ca,Ce,Th)_2(Al,Fe,Mn,Mg)_3(SiO_4)_3OH$]、易解石[$(Ce,Th,Y)(Ti,Nb)_2O_3$]、钛铀矿[$(U,Ca,Fe,Y,Th)_3Ti_5O_{16}$]等均属此类。

（3）呈离子吸附状态存在于某些矿物的表面和晶层间。这类矿物是花岗岩风化后的风化土中含离子化稀土的矿物，易富集在硅铝酸盐高岭石等黏土层中，称为离子吸附型矿。

上述第一类稀土矿物是工业利用的主要资源；另两类矿物可统称为含稀土元素的矿物，其中有一些矿物亦是稀土金属的重要工业来源。

在各种稀土矿物中，铈组稀土元素和钇组稀土元素多同时共存。根据其稀土配分量的特点，可将稀土矿物分为完全配分型和选择配分型两类。在完全配分型矿物中，铈组稀土元素和钇组稀土元素的含量相差无几，属于此类的有铈磷灰石、钇萤石等。在选择配分型矿物中，可能是铈组元素占优势，如氟碳铈矿、独居石、易解石等；也可能是钇组元素占优势，如磷钇矿、褐钇铌矿、菱氟钇钙矿等。任一矿物，不论其属于何种选择配分型，往往在该矿物中也只是一两种元素特别富集，如氟碳铈矿选择铈，磷钇矿选择镱、钇，易解石选择铈、钕，褐钇铌矿选择镝、钇等。

必须指出，每种矿物的稀土配分不是固定不变的，而是随着生成条件的不同而变化。甚至在同一矿床中，该矿物的稀土配分亦因产状而异。例如，我国铁铌稀土矿床，产于钠闪石型矿石和钠辉石型矿石中的独居石较其他类型矿石中的独居石贫镧而富钕。

1.4.2 稀土工业矿物

所谓稀土工业矿物，是指目前已被或者于近期内有可能被工业部门利用的稀土矿物。目前世界上已知的含有稀土元素的矿物至少在250种以上，但含稀土5%~8%以上的矿物不到 60 种。在 50 余种稀土工业矿物中，有一小部分矿物主要是稀土硅酸盐类，如钇榍石、硅铈钛矿、铈磷灰石和褐帘石等矿物，尽管在自然界有一定程度的富集，但鉴于它们的工业利用加工工艺至今尚未合理解决，故目前只能认为具有潜在的工业价值；还有极少数几种矿物，如磷铝铈矿、水磷钪石等，只是另类矿床的伴生组分；大部分稀土工业矿物均是在稀土矿床中作为主要稀土矿物的伴生组分而可顺便回收的对象。

作为稀土元素主要工业来源的矿物，在自然界有十余种。表 1-12 列出了某些稀土工业矿物的大致成分。它们的晶体构造均已查明，故其化学式常用构造式表示。稀土矿物的化学定量分析结果用氧化物含量表示。在独立稀土矿物中，REO 含量与其化学式表示的理论含量大致相同。在以类质同晶存在的矿物中，REO 含量受矿物晶体构造的控制，在一定范围内变化。在离子吸附型稀土矿中，黏土胶体对稀土离子的吸附有较大影响，REO 含量变化范围大且无规律。

表 1-12 主要稀土工业矿物的大致成分 (%)

矿物名称	化学式	TREO①	Ce 组	Y 组	其他
氟碳铈矿	$(Ce,La)(CO_3)F$	58~76	30~60	0~5	CO_2 18~22, F 5~8
独居石	$(Ce,La,Nd,Th)PO_4$	50~68	39~74	0~5	P_2O_5 22~31, ThO_2 5~10, U_3O_8 0.1~0.3
磷钇矿	YPO_4	57~68	0~11	54~64	P_2O_5 22~30, ThO_2 ~1, U_3O_8 ~1
硅铍钇矿	$(Ce,La,Nd,Y)_2Fe^{2+}Be_2Si_2O_{10}$	32~50	0~51	32~46	$BeO<12$, $ThO_2<2$
褐帘石	$(Ce,Ca,Y)(Al,Fe^{3+})_3(SiO_4)_3(OH)$	11~23	2~34	0~4	CaO 10.6, Al_2O_3 17, Fe_2O_3 18, SiO_2 31, ThO_2 0.25
褐钇铌矿	$YNbO_4$	30~45	1~8	31~37	Nb_2O_5 38~51, ThO_2 1~7, U_3O_8 1~9, Ta_2O_5 4~17
黑稀金矿	$(Y,Ca,U,Th)(Nb,Ta,Ti)_2O_6$	25~30	5~12	15~25	Nb_2O_5 18~33, Ta_2O_5 10~25, TiO_2 17~26
复稀金矿	$(Y,Ca,U,Th)(Ti,Nb,Ta)_2O_6$	—	—	—	ThO_2 1.5~4.7, U_3O_8 2.6~16
离子型吸附矿	(Si,Al,K)-RE	0.056~0.224	~88	~88	SiO_2 64~75, Al_2O_3 13~17, K_2O 3.4~5.6, $ThO_2<0.01$

① 表示氧化稀土总含量。

这些矿物不仅稀土含量高，而且加工工艺比较简单，在自然界又有大量的聚集。在这些主要工业矿物中，具有头等工业意义的是氟碳铈矿、独居石和离子吸附型矿。

应该指出，目前公认的工业稀土矿物并不是绝对不变的，随着现代科学技术的发展，对稀土需要量的增加，工业矿物的数量必然不断增加，现有的稀土工业矿物的相对重要性也会发生程度不同的变化。

1.4.3 稀土资源

世界稀土资源储量巨大，我国居于首位。根据 1985 年公布的全球已探明的稀土储量数据，中国的稀土占全球稀土资源的 80%，储量全球最高。至 20 世纪 90 年代末下降到

45%左右。中国稀土资源占全球资源量的比例在不断下降，是因为国际上稀土资源在不断被发现，探测的稀土储量数据在不断更新，尤其是国外稀土资源量数据的公开和采纳，使全球的资源量在增大。例如，2022 年，土耳其宣称在贝伊利科瓦（Beylikova）地区新勘探出来 6.94 亿吨稀土矿石。一旦其工业储量得到确认，将使土耳其稀土资源量的全球占比大大提高。如果中国稀土不增加，或增加的幅度不如国外，则中国稀土资源占全球资源量的占比大大降低。至于世界上的稀土资源究竟有多少，目前没有一个很准确的数字。

根据近期发表的有关文献估计，我国已探明的稀土工业储量为 4400 万吨 REO。按国外有国名、地区名称的稀土储量统计数据，全球稀土工业储量约 11458 万吨 REO（见表 1-13），我国占世界总储量的 38.4%，中国正以 38.4%的世界稀土储备，供应了全球 97%的稀土需求。

我国稀土资源整体呈现南重北轻的特点，北方轻稀土储量高，超过全国的 80%；南方则重稀土储量高，占全国重稀土资源的 90%，且分布较为分散，主要为离子型稀土矿。

表 1-13 世界已探明稀土资源储量（2023 年）

国家	工业储量/万吨 REO	世界储量占比/%
中国	4400	38.4
越南	2200	19.2
巴西	2100	18.3
俄罗斯	1000	8.7
印度	690	6.0
澳大利亚	570	5.0
美国	180	1.6
格陵兰	150	1.3
坦桑尼亚	89	0.8
南非	79	0.7
总计	11458	100

在众多的稀土矿中，氟碳铈矿是最为重要的稀土原料矿物。它几乎没有放射性，含铕量是独居石的 2~2.5 倍，比独居石更易处理，因此其需求量迅速增加。我国白云鄂博铁-铌-稀土矿床采选出铁精矿与氟碳铈矿和独居石的混合稀土精矿，其稀土储量和稀土矿产品产量均占世界的 55%以上，使我国成为举世瞩目的稀土资源大国和稀土产业大国。此外，我国山东、四川等地产出单一氟碳铈矿，在稀土资源中也占有重要位置。

独居石是在海滨和河岸等地区的二次堆积砂矿，是开发最早、分布最广、易于采选的稀土原料矿物。不久以前独居石还是提取钍和稀土的主要原料。由于钍的需求有限，因此独居石已不如氟碳铈矿重要，但仍是稀土的重要原料。

我国独特的离子吸附型稀土矿，具有类型新、分布广、配分全、采冶性能好和放射性低等特点。尤其是中重稀土离子吸附型矿，近年来已成为提取钇和其他中重稀土的主要原料。

近年来钇颇受重视。磷钇矿、褐钇铌矿及钛铀矿等矿物，是钇组稀土主要的工业来源。尽管钛铀矿是一种铀钍矿物，但却是目前西方国家获取钇组稀土的最主要原料。

目前世界稀土矿产品总需求约10万吨REO，平均年增长率9%。世界上生产和提供稀土矿产品的国家主要有中国、美国、俄罗斯、马来西亚、巴西、斯里兰卡等。2024年，世界稀土产量约为39万吨REO，我国稀土产量为27万吨REO，占世界产量的69.23%。

1.5 稀土工业概况

1.5.1 稀土工业简史

世界稀土工业发展史就是一部稀土应用开发史。

1886年，奥地利科学家威尔斯巴赫发明了用硝酸钍和硝酸铈作汽灯纱罩用于照明，标志着稀土工业的开始。1903年，威尔斯巴赫采用熔盐电解法制取了铁铈发火合金，发明了打火石。1912年，人们制成氟化稀土电弧碳棒。1920年，稀土用作玻璃着色剂，人们发现了添加氧化镧的玻璃具有高折射低色散的特点。同时，德国人成功开发稀土镁合金，开始了稀土在冶金方面的应用。1933年，制造了氧化铈抛光粉。1939年，以氧化铈作为乳浊剂用于陶瓷工业。

从20世纪40年代起，随着原子能工业的发展，离子交换分离技术和溶剂萃取技术开始应用于稀土元素分离。1954年，美国学者斯比亭（F. H. Speeding）确立了以EDTA为淋洗剂、Cu^{2+}为延缓剂的离子交换分离稀土方法，使全部高纯单一稀土的生产均实现了工业化。该工艺于20世纪50年代中后期投入工业运行，取代了传统的分级结晶工艺，大大降低了生产成本，为稀土元素的特性研究和开发应用提供了物质基础。

20世纪60年代后，稀土的科研、生产和应用进入了蓬勃发展的时期。1962年，研究成功含稀土的石油裂化催化剂，迅速成为稀土的主要工业用途之一。同年，钕作为激光玻璃材料被应用。稀土在钢铁中应用始于20世纪50年代，至70年代有大规模应用。1964年，以钒酸钇为基质材料、铕为激活剂的彩电红粉的应用，进一步推动了稀土工业的发展。1967年，发明了钐钴磁性材料，1983年，又发现了钕铁硼作为磁性材料的重要应用。同时期，稀土储氢材料也得到开发和应用。近年来还发现了稀土元素在高温陶瓷、超导材料、磁致伸缩材料上的用途。

进入21世纪以来，稀土元素的重要作用越来越得到世界各国的广泛关注和高度重视。随着全球产业结构的调整和以信息技术为主要代表的科技革命的迅速发展，稀土元素作为高新技术产业支撑性原材料的作用已日益凸显，稀土工业的发展正在步入辉煌的时期。

1.5.2 中国稀土工业的发展

中国稀土工业起步于20世纪50年代，一开始就受到政府的高度重视。中国科学家针对中国稀土资源的特点，研究开发了一系列独特的采选、冶炼、分离提取、材料制备工艺和技术，并迅速使之工业化，形成了比较完整的新兴工业体系。

1958 年，上海跃龙化工厂用我国广东和朝鲜的独居石矿生产出打火石和电弧碳棒用的稀土化合物，标志着我国稀土工业的萌芽。1960 年，研究成功采用稀土高炉渣冶炼含稀土 25%的稀土硅铁合金。1975 年，研究成功从包头钢铁公司选铁尾矿选出含 60%稀土氧化物的稀土精矿，使稀土原矿和精矿都得到利用。这两项创造为我国稀土工业奠定了基础，标志着我国稀土工业的开端。

20 世纪 80 年代以来，中国的稀土开发进入空前活跃阶段。首先是包头稀土矿的选冶技术取得了重大进展。1981 年，包头钢铁公司实现了高品位稀土精矿的大规模工业生产。1984 年，包头稀土研究院又选出了品位大于 70%、纯度 95%的氟碳铈矿精矿。1990 年，包头钢铁公司建成年产 6 万吨稀土精矿的浮选工程，加上原有能力，稀土精矿生产能力达到了 8 万吨，60%品位的稀土精矿可以满足生产需要了。

由稀土精矿制备氯化稀土技术，最初是由包头稀土研究院、北京有色研究总院和长春应用化学研究所等单位研究出了五种方法，在 20 世纪 80 年代初都建立了相应工厂，形成了一定的生产能力。1984 年，包头稀土研究院又研究成功碱法分解包头稀土精矿生产氯化稀土新工艺，回收率达到 85%。后来，北京有色研究总院开发成功第三代酸法生产氯化稀土新工艺，用浓硫酸强化焙烧包头稀土精矿，浸出后进行萃取，工艺简单、周期短，能耗低，回收率高。现在，全国分解稀土精矿的生产能力按氧化物计达到 10 万吨，这标志着我国稀土湿法工艺达到了国际先进水平。

1980 年以来，包头稀土资源和南方离子型稀土资源的综合回收、分离和应用列入了国家“六五”“七五”重点科技攻关计划，创立了多项具有国际先进水平的工艺技术。1981 年，包头稀土研究院研究成功 P_{507} 萃取剂全萃取分离单一稀土工艺，用同一种介质可连续得到 99.9%~99.99%的七种高纯单一稀土氧化物。北京大学徐光宪教授提出的“串级萃取”理论对稀土萃取技术的发展做出了重大贡献。1983 年，包头钢铁公司应用这一技术建成了单一稀土产品萃取车间，并且陆续推广到全国各地，建起了许多单一稀土分离厂。近几年，在这项技术的基础上又发展成为“多出口”工艺，可连续分离出 15 种单一稀土元素。南方稀土资源品种齐全，离子吸附型稀土矿和独居石砂矿相当丰富，还有富含重稀土的磷钇矿，具有我国特色的单一稀土分离技术取得突破并实现工业化以后，江西、广东已经成为我国南方重要的稀土生产基地。

混合稀土金属和部分单一稀土金属的制取普遍采用稀土氯化物熔盐电解法。用稀土氧化物直接电解制取稀土金属从 20 世纪 60 年代末开始研究，到 1985 年制取金属钕的技术已经达到世界先进水平。这一技术也可用于其他单一稀土金属和合金的制取，10 kA 氟盐体系熔盐电解国产化装备研究成功并在生产中稳定运行。

利用包头矿冶炼稀土铁合金在我国稀土工业中占有重要位置。稀土铁合金冶炼技术最先由上海冶金陶瓷研究所研究成功，20 世纪 60 年代初在包头钢铁公司实现工业化。这项技术是采用高炉-电炉联合流程，把稀土中贫矿送进高炉冶炼，生产出稀土富渣，然后用电炉冶炼出稀土硅铁合金。这一流程具有我国资源特色，较国外采用的电炉法成本低得多。1984年，包钢稀土一厂和钢研所又试验成功用稀土精矿直接入电炉冶炼稀土硅铁合金，使合金中稀土品位从25%提高到35%，还增加了Mn系、Ca系、Ti系、Cu系等新产品，扩大了稀土铁合金的用途。近几年又开发了采用喷射冶金技术强化冶炼稀土硅铁合金的方法，可以大幅度提高稀土回收率、降低成本、缩短冶炼时间、减少电耗，很有推广价值。此外，综合利用稀土、铌和铁的高炉-转炉-电炉流程，采用高铌、高稀土矿入高炉工艺，可生产出含稀土12%的稀土富渣、铌锰合金和含磷半钢，采用含磷半钢制作的火车闸瓦的寿命比普遍闸瓦长得多。

进入21世纪以来，在国家有关政策的引导和支持下，稀土采、选、冶、用的关键技术攻关和研发工作不断得到加强，一批先进适用技术在生产中得到应用。目前，我国已从技术源头治理消除稀土开发污染的乱局，力图解决稀土企业生产中造成的水土流失、资源浪费和"三废"超标排放等问题。其中，稀土精矿低温硫酸化动态焙烧技术解决了包头稀土精矿硫酸焙烧尾气和放射性渣对环境污染的问题；"非皂化萃取分离稀土新工艺"获得2012年度国家科学技术发明奖二等奖，经济效益和环保效益显著；利用低碳、低盐、无氨氮稀土氧化物分离提纯技术正在建厂；模糊/联动萃取分离工艺可满足高端稀土功能材料对超纯稀土氧化物的需求，同时可以降低酸碱消耗30%以上。稀土新材料的发展迅速，在高新技术领域的应用增长速度明显快于在传统领域的应用。

1.5.3 稀土元素的用途

稀土元素发现史及稀土工业发展史都与稀土应用密切相关，下面介绍各稀土元素的应用。

1.5.3.1 镧

镧的应用非常广泛，如应用于压电材料、电热材料、热电材料、磁阻材料、发光材料（蓝粉）、储氢材料、光学玻璃、激光材料、各种合金材料等，也应用于制备有机化工产品的催化剂、光转换农用薄膜等。

1.5.3.2 铈

铈广泛应用于：(1) 作为玻璃添加剂，能吸收紫外线与红外线，现已被大量应用于汽车玻璃，不仅能防紫外线，还可降低车内温度，从而节约空调用电。从1997年起，日本汽车玻璃全部加入氧化铈，1996年用于汽车玻璃的氧化铈至少有2000 t，美国1000多吨。(2) 目前正将铈应用到汽车尾气净化催化剂中，可有效防止大量汽车废气排到空气中。美国在这方面的消费量占稀土总消费量的三分之一。(3) 硫化铈可以取代铅、镉等对环境和人类有害的金属应用到颜料中，可对塑料着色，也可用于涂料、油墨和纸张等行业。(4) 掺铈氟铝酸锶锂（Ce：LiSAF）激光系统是美国研制出来的固体激光器，通过监测色氨酸浓度可用于探查生物武器，还可用于医学。铈应用领域非常广泛，几乎所有的稀土应用领域中都含有铈，如抛光粉、储氢材料、热电材料、铈钨电极、陶瓷电容器、压电陶瓷、铈碳化硅磨料、燃料电池原料、汽油催化剂、某些永磁材料、各种合金钢及有色金属等。

1.5.3.3 镨

镨是用量较大的稀土元素，主要用于玻璃、陶瓷和磁性材料中，具体包括：(1) 镨被广泛应用于建筑陶瓷和日用陶瓷中，其与陶瓷釉混合制成色釉，也可单独作釉颜料，制成的颜料呈淡黄色，色调纯正、淡雅。(2) 用于制造永磁体。选用廉价的镨钕金属代替纯钕金属制造永磁材料，其抗氧化性能和力学性能明显提高，可加工成各种形状的磁体，广泛应用于各类电子器件和马达上。(3) 用于石油催化裂化。以镨钕富集物的形式加入 Y 型沸石分子筛中制备石油裂化催化剂，可提高催化剂的活性、选择性和稳定性。20 世纪 70 年代我国开始投入工业使用，用量不断增大。(4) 镨还可用于磨料抛光。另外，镨在光纤领域的用途也越来越广。

1.5.3.4 钕

钕元素凭借在稀土领域中的独特地位，多年来成为市场关注的热点。金属钕的最大用户是钕铁硼永磁材料。钕铁硼永磁体的问世，为稀土高科技领域注入了新的生机与活力。钕铁硼磁体磁能极高，被称为当代“永磁之王”，以其优异的性能广泛用于电子、机械等行业。阿尔法磁谱仪的研制成功，标志着我国钕铁硼磁体的各项磁性能已跨入世界一流水平。钕还应用于有色金属材料，在镁或铝合金中添加 1.5%~2.5%钕，可提高合金的高温性能、气密性和耐腐蚀性，广泛用作航空航天材料。另外，掺钕的钇铝石榴石产生短波激光束，在工业上广泛用于厚度在 10 mm 以下薄型材料的焊接和切削。在医疗上，掺钕的钇铝石榴石激光器代替手术刀用于摘除手术或消毒创伤口。钕也用于玻璃和陶瓷材料的着色及橡胶制品的添加剂。随着科学技术的发展，稀土科技领域的拓展和延伸，钕元素将会有更广阔的利用空间。

1.5.3.5 钷

钷为核反应堆生产的人造放射性元素，钷的主要用途有：(1) 可作热源，为真空探测和人造卫星提供辅助能量。(2) ^{147}Pm 放出能量低的 β 射线，用于制造钷电池。作为导弹制导仪器及钟表的电源。此种电池体积小，能连续使用数年之久。此外，钷还用于便携式 X 射线仪、制备荧光粉、度量厚度及航标灯中。

1.5.3.6 钐

钐是做钐钴系永磁体的原料，钐钴磁体是最早得到工业应用的稀土磁体，这种永磁体有 $SmCo_5$ 系和 Sm_2Co_{17} 系两类。20 世纪 70 年代前期发明了 $SmCo_5$ 系，后期发明了 Sm_2Co_{17} 系，现在以后者的需求为主。钐钴磁体所用的氧化钐的纯度不需要太高，从成本方面考虑，主要使用 95%左右的产品。此外，氧化钐还用于陶瓷电容器和催化剂方面；钐还具有核性质，可用作核反应堆的结构材料、屏蔽材料和控制材料，使核裂变产生的巨大能量得以安全利用。

1.5.3.7 铕

铕大部分用于荧光粉，Eu^{3+} 用于红色荧光粉的激活剂，Eu^{2+} 用于蓝色荧光粉。现在 $Y_2O_2S:Eu^{3+}$ 是发光效率、涂敷稳定性、回收成本等最好的荧光粉，再加上其对提高发光效率和对比度等技术的改进，故正在被广泛应用。近年来，氧化铕还用于新型X射线医疗诊断系统的受激发射荧光粉。氧化铕还可用于制造有色镜片和光学滤光片，用于磁泡储存器件，在原子反应堆的控制材料、屏蔽材料和结构材料中也能一展身手。

1.5.3.8 钆

钆在现代科技革命中将起重要作用，它的主要用途有：(1) 它的水溶性顺磁配合物在医疗上可提高人体的核磁共振（NMR）成像信号。(2) 它的硫氧化物可用作特殊亮度的示波管和X射线荧光屏的基质栅网。(3) 在钆镓石榴石中的钆对于磁泡记忆存储器是理想的单基片。(4) 在无卡诺循环限制时，可用作固态磁致冷介质。(5) 用作控制核电站的连锁反应级别的抑制剂，以保证核反应的安全。(6) 用作钐钴磁体的添加剂，以保证性能不随温度而变化。(7) 氧化钆与镧一起使用，有助于玻璃化区域的变化和提高玻璃的热稳定性。氧化钆还可用于制造电容器、X射线增感屏。世界上目前正在努力开发钆及其合金在磁致冷方面的应用，现已取得突破性进展，室温下采用超导磁体、金属钆或其合金为磁致冷介质的磁冰箱已经问世。

1.5.3.9 铽

铽的应用大多涉及高技术领域，是技术密集、知识密集型的尖端项目，又是具有显著经济效益的项目，有着诱人的发展前景。主要应用领域有：(1) 用于三基色荧光粉中绿粉的激活剂，如铽激活的磷酸盐基质、硅酸盐基质、铈镁铝酸盐基质，在激发状态下均发出绿色光。(2) 磁光储存材料。近年来，铽系磁光材料已达到大量生产的规模，如用Tb-Fe非晶态薄膜研制的磁光光盘。作为计算机存储元件，存储能力可提高10~15倍。(3) 磁光玻璃。含铽的法拉第旋光玻璃是制造在激光技术中广泛应用的旋转器、隔离器和环形器的关键材料。(4) 铽镝铁磁致伸缩合金（TerFenol）。其是20世纪70年代发现的新型材料，该合金中有一半成分为铽和镝，有时加入钬，其余为铁。当Terfenol置于一个磁场中时，其尺寸的变化比一般磁性材料变化大，这种变化可以使一些精密机械运动得以实现。铽镝铁开始主要用于声呐，目前已广泛应用于多个领域，从燃料喷射系统、液体阀门控制、太空望远镜的调节机构和飞机机翼调节器等领域。

1.5.3.10 镝

镝目前在许多高技术领域起着越来越重要的作用。镝的最主要用途是：(1) 作为钕铁硼系永磁体的添加剂使用。在这种磁体中添加2%~3%的镝，可提高其矫顽力。过去镝的需求量不大，但随着钕铁硼磁体需求的增加，它成为必要的添加元素，其品位必须在95%~99.9%，需求也在迅速增加。(2) 镝用作荧光粉激活剂。+3价镝是一种有前途的单发光中心三基色发光材料的激活离子，它主要由两个发射带组成，一个为黄光发射，另一个为蓝光发射，掺镝的发光材料可作为三基色荧光粉。(3) 镝是制备大磁致伸缩合金铽镝铁（Terfenol）合金的必要的金属原料，能使一些机械运动的精密活动得以实现。(4) 镝金属可用作磁光存储材料，具有较高的记录速度和读数敏感度。(5) 用于镝灯的制备。在镝灯中采用的工作物质是碘化镝，这种灯具有亮度大、颜色好、色温高、体积小、电弧稳定等优点，已用于电影、印刷等照明光源。（6）由于镝元素具有中子俘获截面积大的特性，在原子能工业中用来测定中子能谱或作中子吸收剂。（7）$Dy_3Al_5O_{12}$还可用作磁致冷用磁性工作物质。随着科学技术的发展，镝的应用领域将会不断地拓展和延伸。

1.5.3.11 钬

钬的应用领域目前还有待于进一步开发，用量不是很大。最近，包钢稀土研究院采用高温高真空蒸馏提纯技术，研制出非稀土杂质含量很低的高纯金属钬 $w(Ho)/\Sigma w(RE) > 99.9\%$。目前，钬的主要用途有：（1）用作金属卤素灯添加剂。金属卤素灯是一种气体放电灯，它是在高压汞灯基础上发展起来的，其特点是在灯泡里充有各种不同的稀土卤化物。目前主要使用的是稀土碘化物，在气体放电时发出不同的谱线光色。在钬灯中采用的工作物质是碘化钬，在电弧区可以获得较高的金属原子浓度，从而大大提高了辐射效能。（2）钬可以用作钇铁石榴石或钇铝石榴石的添加剂。（3）掺钬的钇铝石榴石（Ho：YAG）可发射 2 μm 激光，人体组织对 2 μm 激光吸收率高，几乎比 Nd：YAG 高 3 个数量级。因此，用 Ho：YAG 激光器进行医疗手术时，不但可以提高手术效率和精度，而且可使热损伤区域减至更小。钬晶体产生的自由光束可消除脂肪而不会产生过大的热量，从而减少对健康组织产生的热损伤。据报道，美国用钬激光治疗青光眼，可以减少患者手术的痛苦。我国 2 μm 激光晶体的水平已达到国际水平，应大力开发生产这种激光晶体。（4）在磁致伸缩合金 Terfenol-D 中，也可以加入少量的钬，从而降低合金饱和磁化所需的外场。（5）用掺钬的光纤可以制作光纤激光器、光纤放大器、光纤传感器等光通信器件，在光纤通信迅猛发展的今天将发挥更重要的作用。

1.5.3.12 铒

铒的光学性质非常突出，一直是人们关注的重点：（1）Er^{3+}在 1550 nm 处的光发射具有特殊意义，该波长正好位于光纤通信的光学纤维最低损失点，如果把适当浓度的铒掺入合适的基质中，可依据激光原理作用，放大器能够补偿通信系统中的损耗。因此，在需要放大波长 1550 nm 光信号的电讯网络中，掺铒的光纤放大器是必不可少的光学器件，目前掺铒的二氧化硅纤维放大器已实现商业化。据报道，为避免无用的吸收，光纤中铒的掺杂量为 $10^{-5} \sim 10^{-4}$数量级。光纤通信的迅猛发展，将开辟铒的应用新领域。（2）掺铒的激光晶体及其输出的 1730 nm 激光和 1550 nm 激光对人的眼睛安全，大气传输性能较好，对战场的硝烟穿透能力较强，保密性好，照射军事目标的对比度较大，已制成军事上用于对人眼安全的便携式激光测距仪。（3）Er^{3+}加入玻璃中可制成稀土玻璃激光材料，是目前输出脉冲能量最大、输出功率最高的固体激光材料。（4）Er^{3+}还可作为稀土上转换激光材料的激活离子。（5）铒也可应用于眼镜片玻璃、结晶玻璃的脱色和着色等方面。

1.5.3.13 铥

铥的主要用途有：（1）铥用作医用轻便 X 光机射线源。铥在核反应堆内辐照后产生一种能发射 X 射线的同位素，可用于制造便携式血液辐照仪上，这种辐射仪能使^{169}Tm受到高中子束的作用转变为^{170}Tm，放射出 X 射线照射血液并使白细胞含量下降，而正是这些白细胞引起器官移植排异反应的，从而减少器官的早期排异反应。(2) 铥元素还可以应用于临床诊断和治疗肿瘤，它对肿瘤组织具有较高亲合性，重稀土比轻稀土的亲合力更大，尤其以铥元素的亲合力最大。(3) 铥在 X 射线增感屏用荧光粉中做激活剂 LaOBr：Br（蓝色），能够增强光学灵敏度，因而降低了 X 射线对人的照射和危害，与以前钨酸钙增感屏相比可降低 X 射线剂量 50%，这在医学应用中具有重要现实的意义。(4) 铥还可在新型照明光源金属卤素灯作添加剂。(5) Tm^{3+}加入玻璃中可制成稀土玻璃激光材料，这是目前输出脉冲量最大、输出功率最高的固体激光材料。Tm^{3+}也可作稀土上转换激光材料的激活离子。

1.5.3.14 镱

镱的主要用途有：(1) 作热屏蔽涂层材料。镱能明显地改善电沉积锌层的耐蚀性，而且含镱镀层比不含镱镀层晶粒细小，均匀致密。(2) 作磁致伸缩材料。这种材料具有超磁致伸缩性，即在磁场中膨胀的特性。该合金主要由镱-铁氧体合金及镝-铁氧体合金构成，并加入一定比例的锰，以便产生超磁致伸缩性。(3) 用于测定压力的镱元件。试验证明，镱元件在标定的压力范围内灵敏度高，同时为镱在压力测定应用方面开辟了一个新途径。(4) 磨牙空洞的树脂基填料，以替换过去普遍使用银汞合金。(5) 日本学者成功地完成了掺镱钆镓石榴石埋置线路波导激光器的制备工作，这一工作的完成对激光技术的进一步发展很有意义。另外，镱还用于荧光粉激活剂、无线电陶瓷、电子计算机记忆元件（磁泡）添加剂、玻璃纤维助熔剂及光学玻璃添加剂等。

1.5.3.15 镥

镥的主要用途有：(1) 制造某些特殊合金。例如，镥铝合金可用于中子活化分析。(2) 稳定的镥核素在石油裂化、烷基化、氢化和聚合反应中起催化作用。(3) 作钇铁石榴石或钇铝石榴石的添加元素，改善某些性能。(4) 磁泡储存器的原料。(5) 一种复合功能晶体掺镥的四硼酸铝钇钕，属于盐溶液冷却生长晶体的技术领域。实验证明，掺镥 NYAB 晶体在光学均匀性和激光性能方面均优于 NYAB 晶体。(6) 经国外有关部门研究发现，镥在电致变色显示和低维分子半导体中具有潜在的用途。此外，镥还用于能源电池技术以及荧光粉的激活剂等。

1.5.3.16 钇

钇是一种用途广泛的金属，主要用途有：(1) 钢铁及有色合金的添加剂。FeCr 合金通常含 0.5%~4%钇，钇能够增强这些不锈钢的抗氧化性和延展性；MB26 合金中添加适量的富钇混合稀土后，合金的综合性能得到明显的改善，可以替代部分中强铝合金用于飞机的受力构件上；在 Al-Zr 合金中加入少量富钇稀土，可提高合金导电率；该合金已为国内大多数电线厂采用；在铜合金中加入钇，提高了导电性和机械强度。(2) 含钇 6%和铝 2%的氮化硅陶瓷材料，可用来研制发动机部件。(3) 用功率 400 W 的钕钇铝石榴石激光束来对大型构件进行钻孔、切削和焊接等机械加工。(4) 由钇铝石榴石单晶片构成的电子显微镜荧光屏，荧光亮度高，对散射光的吸收率低，抗高温和抗机械磨损性能好。(5) 含钇达 90%的高钇结构合金，可以应用于航空和其他要求低密度和高熔点的场合。(6) 目前备受人们关注的掺钇 $SrZrO_3$ 高温质子传导材料，对燃料电池、电解池和要求氢溶解度高的气敏元件的生产具有重要意义。此外，钇还用于耐高温喷涂材料、核反应堆燃料的稀释剂、永磁材料添加剂以及在电子工业中作吸气剂等。

1.5.3.17 钪

钪比起钇和镧系元素来，由于离子半径特别小，氢氧化物的碱性也特别弱，因此，钪和稀土元素混合在一起时，用氨（或极稀的碱）处理，钪将首先析出，故应用分级沉淀法可比较容易地把它从稀土元素中分离出来。另一种方法是利用硝酸盐的分级分解进行分离，由于硝酸钪最容易分解，从而达到分离的目的。(1) 在冶金工业中，钪常用于制造合金（合金的添加剂），以改善合金的强度、硬度和耐热性能。例如，在铁水中加入少量的钪，可显著改善铸铁的性能，少量的钪加入铝中，可改善其强度和耐热性。(2) 在电子工业中，钪可用作各种半导体器件，如钪的亚硫酸盐在半导体中的应用已引起了国内外的注意，由钪的铁氧体在计算机磁芯中也颇有前途。(3) 在化学工业上，用钪化合物作酒精脱氢及脱水剂，生产乙烯和用废盐酸生产氯时的高效催化剂。(4) 在玻璃工业中，可以制造含钪的特种玻璃。(5) 在电光源工业中，由钪和钠制成的钪钠灯，具有效率高和光色正的优点。(6) ^{46}Sc 作为示踪剂，已在化工、冶金及海洋学等方面使用；在医学上，国外还有人研究用 ^{46}Sc 医治癌症。

1.5.4 稀土应用产品

稀土应用通常可划分为传统应用和高技术应用两大类，也有人称为传统市场和高技术市场。从 2024 年世界稀土消费的应用领域（见表 1-14）来看，稀土新材料与传统消费占比近乎相当，这表明稀土已迈入“新材料时代”或“高新技术时代”。即便在传统应用领域，也融入新材料成分。比如冶金行业，稀土不仅用于钢铁生产，还以镁、铝等轻合金“金属材料”的形式应用于航空、航天与汽车；又如玻璃领域还有稀土激光玻璃等。

微课1-7
稀土元素的
重要应用

表 1-14 2024 年全球稀土消费领域分布

应用领域	消费量/万吨	占比/%	主要稀土元素	关键驱动因素
永磁材料	14~16	45~50	Nd，Pr，Dy，Tb	新能源车、风电、工业电机高效化
抛光粉	3.5~4.5	10~12	Ce(>90%)	半导体、显示面板需求增长
汽车尾气催化	1.8~2.2	6~7	Ce，La，Zr	国六标准实施，汽油车存量需求
石油裂化催化剂	2.0~2.5	6~8	La，Ce	炼油产能扩张（尤其亚太地区）
冶金/合金	2.5~3.0	8~9	La，Ce，Y	钢铁、铝合金添加剂（提升性能）
陶瓷/玻璃	2.0~2.8	7~8	La，Y，Gd	特种玻璃（紫外屏蔽）、电子陶瓷
荧光粉	0.7~1.0	2~3	Eu，Y，Tb	LED 替代加速，需求持续萎缩
储氢材料	0.8~1.2	2~4	La，Ce	混合动力汽车、备用电源（缓慢下降）
其他（农业、光纤等）	1.5~2.0	5~6	多种	新兴应用（如稀土肥料、激光材料）

稀土永磁材料多用于PC中的硬盘驱动器，手提电脑、数码相机等用的活动硬盘，彩电、手机、MP3播放机等的声振元件，光纤通信中的光隔离器及汽车电机等器件。用于医疗诊断的MRI（磁共振成像仪）和磁选机也是不可忽视的领域，一台永磁型MRI要用3 t钕铁硼永磁材料，磁选机不仅用于选矿，在食品和环保等产业也有广阔的应用前景。

稀土在玻璃中的消费居各稀土材料之首，而其中最大的用户是CRT（阴极射线管），当前世界的PC与彩电的产量共约2.7亿台/年，其中大多数是CRT，为玻璃脱色和防止玻璃变暗，需数千甚至上万吨的CeO_2加入量。在数码相机、摄像机等镜头玻璃中加入La_2O_3。光纤通信中用掺铒的玻璃光纤作光放大器。此外，在汽车、建筑等行业所用防紫外线玻璃中的REO每年就达千吨以上。

每年用于抛光的REO超过万吨，除PC、电视、手机、数码相机等的屏幕和各种镜头的抛光外，还有玻璃硬盘中的玻璃基板、集成电路中的光掩膜等半导体的抛光。由于应用不同，稀土抛光粉的品种、规格、档次越来越丰富。

稀土荧光材料主要用于各种彩色显示屏幕和三基色灯。现在，正在开始发展的PDP（等离子显示）大屏幕彩电和发光二极管照明灯又给稀土荧光材料提供了新的机遇。

稀土储氢材料主要用作镍氢电池，这种电池已用于数码相机、MP3、小灵通和电动汽车、电动自行车等器件。日本富士数码相机配上1800 mA · h镍氢电池，可拍上千张照片。日本松下的MP3播放机上用镍氢电池，可连续使用50 h。日本丰田汽车厂已将镍氢动力电池作为油电混合小轿车的能源。

稀土陶瓷有功能陶瓷、结构陶瓷与工艺陶瓷。功能陶瓷用途广泛而且发展较快，主要用于多层陶瓷电容器、彩电消磁元件所需的正温度系数热敏电阻、汽车尾气净化器配套的氧传感器、固体氧化物燃料电池的固体电解质等。

汽车与摩托车用的尾气净化催化剂是稀土应用中增长较快的领域。此外，我国研发的稀土顺丁橡胶作汽车轮胎也是催化的一种应用。

稀土铽、镝、钆是用于磁光盘（MO）的磁光材料的重要组分，磁光盘早就应用于PC的数据备份，现在由于价格下跌，正在逐步打开市场。最近，日本奥林巴斯又将8.89 cm（3.5英寸）MO用于数码相机。这种移动存储器无须通过PC而由数码相机直接传输，只需一按相机中的照片就拷贝到MO上，还能制成数码相册。其读写与硬盘一样方便，可重写1000万次以上，保持时间超过40年，还具有防尘、防磁、防水、防划痕的特点。

Nd：YAG激光器早已用于医疗、机械加工、测距、军事等领域，如汽车工业就用稀土激光器进行打孔、切割、焊接等机械加工。现在又有Ho：YAG与Er：YAG用于激光外科，其最大好处是“微创伤”，几乎不伤皮肉，患者无痛苦、恢复快。

稀土在冶金行业主要用于炼钢、铸铁（球铁、蠕铁和高牌号灰铸铁等）、有色金属及合金材料生产，使用的稀土产品主要有混合稀土金属（MM）、稀土硅化物（稀土硅铁镁）的中间合金、稀土有色金属中间合金等。利用稀土金属的高活泼性，使其脱去金属液中的氧、硫及其他有害杂质，起净化金属液的作用；控制硫化物及其他化合物的形态，起变质、细化晶粒和强化基体等作用。利用稀土易氧化、燃烧的特性，稀土还被用作制备打火石和各类军用发火合金。

稀土在石油化工领域中的应用形式是含稀土的分子筛催化剂，用作石油裂解的裂化催化剂。稀土原子由于具有可变的配位数，它们的催化活性优于不含稀土的分子筛催化剂，可以提高汽油等轻质油的产率5%，提高裂解装置能力20%~30%。稀土化合物还可用作合成氨、有机化学氧化过程、硫酸生产及工业废气净化等的催化剂，用作工程塑料的改性剂，用作油漆、染料的成分等。

中国稀土还用于农业，将稀土用作植物生长的生理调节剂，每亩农田仅施用15~20 g REO，可使粮食作物增产10%，经济作物增产15%。现在中国已将稀土用于多元复合肥的微量元素。

综合以上对稀土材料和应用器件的概略评述，可将稀土应用归纳为以下主要行业：电子、信息、通信、汽车，包括医疗器械在内的精密机电，以及传统的石油、玻璃、冶金等。在稀土产业链的后续环节，即稀土新材料、元器件及终端应用上，多属高新技术产业。这些产业的高速增长为我国稀土工业提供了良好的机遇，我国稀土工业的发展也必将为人类社会的进步做出应有的贡献。

稀土的产品种类很多，按加工深度，可将其分为选冶产品和应用产品。前者是指稀土矿山和冶炼企业生产的稀土精矿、单一和混合的稀土氧化物、金属及其合金、单一及混合稀土盐类等，共计300多个品种、500多个规格。后者是指一切含稀土的制成品，如稀土永磁体、稀土荧光粉、稀土抛光粉、稀土微肥、稀土激光晶体、稀土储氢材料等。目前没有统一的分类法，界限也不明确，大体分为：矿产品、初级产品（或粗产品），称上游产品；深加工产品（或单一产品、高纯产品），称中游产品；应用材料和应用产品（或器件），称下游产品。从稀土原料到最终成品要经过从原料、材料、器件到产品几个阶段，且每一个环节都有关键的技术，越接近最终产品，其技术含量也越高，当然附加值也就越高。因此，发展稀土应用产品和高附加值产品是中国稀土未来的希望。

知识拓展

白云鄂博铁矿的发现者——丁道衡

丁道衡（1899—1955年），号仲良，织金县人，幼年在私塾读书，1919年在贵州省立模范中学毕业后，考入北京大学预科甲部，1921年升入本科地质系。1926年，毕业时他以成绩优异留校任助教，从事地质古生物研究。1927年，他应本校徐炳昶教授领导的西北科学考察团邀请，负责地质古生物及沿途矿产的考察。1927年5月，考察团从北京出发，当时气候恶劣，征途艰险，他们横穿戈壁，翻越天山，直到新疆塔什库尔干，历时3年，完成了西北科学考察任务。丁道衡在这次考察中首次发现白云鄂博铁矿，绘制地质图100多幅，采集地质实物标本35箱。经过内蒙古、宁夏、甘肃、新疆等地时，沿途收集当地风土物品3箱，为祖国开发西北留下了极其珍贵的资料。1930年10月，丁道衡仍回北京大学任助教。次年 3—8 月，兼任北京女子师范学院讲师，同时整理发表了西北考察资料《新疆矿产志略》等论著。

1934 年 8 月，丁道衡留学于德国柏林大学地质系，师从斯梯勒（Stine）教授攻地质构造。1935 年，转德国马堡大学随卫德肯（Wcdckina）教授研究无脊椎动物化石，完成古林海、十字珊瑚、波哈特贝及鄂头贝等研究，获博士学位，被英国皇家学会聘为会员。

1937 年 12 月，丁道衡任云南省建设厅技正。1939 年 9 月—1940 年 3 月，为川康科学考察团专家，在四川、西康一带实地考察，中途遇匪，被洗劫一空，未达夙愿。1940 年 3 月，受聘于武汉大学，任矿冶系教授，时值抗日战争时期，武汉失守，武汉大学迁四川乐山，矿冶系仅一绘图员无助教，所有六门地质课程（地质、矿物、岩石、矿床、光性矿物、地史学）均由丁道衡兼任。他上午教课，下午带领学生实习，数年如一日。在此期间，发表论文《十字珊瑚之意义》。

1942 年 8 月，丁道衡回到贵州，目睹贵州落后状态，遂矢志教育，培养家乡人才。他创建工农学院于安顺，并附设工业职业学校，亲任校长；后学院迁贵阳，改组并入贵州大学工学院，丁道衡任院长，与教授乐森积极建议设地质系。1946 年，贵州大学地质系成立，丁道衡任文理学院院长兼地质系主任。丁道衡为创建地质教育事业奔走，并亲自任课，同时还对西南石炭纪、二叠纪岩层中的铝矾土矿作首次研究，确定其层位和初步远景。1948 年，丁道衡被选为贵州大学教授会主席。1949 年初，丁道衡应重庆大学地质系邀请前往讲学，时值重庆人民反饥饿运动。回校后，师生邀请丁道衡介绍赴重庆大学讲学实况，当讲到“社会存在各种黑暗必须铲除”“师生温饱应该得到保障”“内战应该停止”时，听众掌声经久不息。旋即由贵州大学联系贵阳医学院、贵州师范学院师生在贵阳举行示威游行，开展罢教罢课活动，引起国民党政府的仇视，以鼓动“学潮”和“宣传共产主义”的罪名，于 1949 年 8 月 8 日将其秘密拘留于贵州绥靖公署。其弟丁道谦（当时在贵州企业公司任职）致书国民政府行政院长翁文灏（翁文灏与丁道衡是北京大学同学）及英国皇家学会，经多方营救，丁道衡才于同年 10 月 24 日恢复自由。

新中国成立后，丁道衡被任命为贵州大学接管委员会主任委员，当选贵州省人民委员会委员。西南军政委员会成立后，丁道衡任委员兼文化教育委员会副主任。1952 年 12 月，丁道衡任重庆大学地质系主任、教授。1953 年，丁道衡当选为重庆市第一届人民代表大会代表、重庆市政协常委、九三学社中央委员兼重庆分会副主任委员、中国地质学会重庆分会理事长。1954 年，丁道衡当选为第一届全国人民代表大会代表。1955 年 2 月 21 日病逝于重庆，葬于重庆市小龙坎平顶山巅。

综合练习

1-1 稀土元素是哪些元素，为何说稀土矿处理过程中实际上只有 15 种稀土元素？

1-2 稀土元素是如何分组的，可分为几组，各组分别包括哪几种稀土元素？

1-3 稀土元素在地壳中的储量如何，其分布的丰度值有何特点？

1-4 稀土元素的核外电子层如何排布？试写出各稀土元素的核外电子排布式。

1-5 稀土元素的物理性质和化学性质有何特点，与其核外电子排布有何关系？

1-6 稀土金属的主要物理性质有哪些，主要化学性质有哪些？

1-7 简述稀土主要化合物的性质，并设想主要化合物产品的生产工艺。

1-8 稀土元素的重要有机配合物有哪些，各有何应用？

1-9 稀土元素在地壳中有哪几种赋存状态？写出氟碳铈矿、独居石、离子矿的化学式及大致成分范围。

1-10 稀土工业矿物有哪些，我国处理的主要稀土工业矿物有哪些？

1-11 针对稀土工业的发展过程，归纳稀土矿物的主要处理方法。

1-12 稀土元素在传统应用和高技术应用领域各有哪些应用产品？

项目 2 稀土精矿分解

项目2
课件

项目引入

稀土矿在地壳中主要以矿物形式存在，其赋存状态主要有三种：作为矿物的基本组成元素，稀土以离子化合物形式赋存于矿物晶格中，构成矿物的必不可少的成分。这类矿物通常称为稀土矿物，如独居石、氟碳铈矿等；作为矿物的杂质元素，以类质同晶置换的形式，分散于造岩矿物和稀有金属矿物中，这类矿物可称为含有稀土元素的矿物，如磷灰石、萤石等；呈离子状态被吸附于某些矿物的表面或颗粒间，这类矿物主要是各种黏土矿物、云母类矿物，这类状态的稀土元素很容易提取。

项目分析

1970 年，在过去长达 175 年的稀土矿产资源开发利用史中，人们发现自然界中含稀土元素及其化合物的矿物多达 200 种，但真正实际有工业利用价值的稀土矿物原料却为数不多，数量有十种左右，主要为独居石、铈硅石、氟碳铈矿、硅铍钇矿、磷钇矿、褐帘石、铌钇矿、黑稀金矿。这些矿物中大部分含有一定数量的铀或钍，而且稀土矿物均以固态、矿物相矿物形态存在，它们往往是与放射性元素共生或伴生。

学习目标

知识目标：

（1）熟悉稀土精矿的种类、品级、质量标准；

（2）掌握稀土精矿分解的常用方法。

能力目标：

（1）会书写酸法和碱法分解包头稀土矿主要过程中的化学反应方程式；

（2）能够进行分解率的计算、稀土精矿的化学成分和矿物组成的计算；

（3）了解各种稀土精矿分解方法的原理、工艺和设备，能够完成稀土精矿分解任务操作。

素质目标：

培养开发新型分解技术的意识，提升稀土资源利用率和循环利用率的科学探索精神。

相关知识

2.1 稀土精矿

2.1.1 稀土精矿质量标准

稀土精矿是经过矿石开采和选矿过程选出的富集了稀土矿物的有价产品。

微课2-1
稀土精矿

稀土矿通常是含有多种有用矿物的复合矿，工业上利用的稀土岩矿一般含百分之几至百分之十几的稀土矿物，而稀土砂矿和离子型矿仅含千分之几至万分之几的稀土（按氧化物计）。因此，开采得到的稀土矿必须经过处理，才能得到满足冶炼要求的稀土精矿或稀土化合物，同时回收其他有用矿物。否则，随后的化合物提取或金属提取，其效率就会更低、成本就会更高且更难以生产出高纯状态的产品。稀土精矿的成本主要取决于矿石的类型、采选工艺及费用、生产量和生产率及所要求的精矿品位。

我国白云鄂博的铁-铌-稀土矿床稀土储量占世界首位，对该矿最主要的处理流程是通过选矿抛弃脉石矿物；开采得到的矿石经过破碎、磨矿，用磁选法选出铁精矿；从选铁尾矿中浮选得到稀土粗精矿，然后采用重选-浮选流程得到氟碳铈矿-独居石混合精矿，质量标准见表 2-1。

表 2-1 氟碳铈矿-独居石精矿质量标准

级　别	REO（质量分数）/%	杂质（质量分数）/%	
		F	CaO
特一级品	≥68	≤8	≤4.5
特二级品	≥65	≤8.5	≤6.5
一级品	≥60	≤10	≤9
二级品	≥55	≤12	≤13
三级品	≥50	≤13	≤15
四级品	≥45	≤14	
五级品	≥40	≤16	
六级品	≥35	≤18	
七级品	≥30	≤20	

注：1. 特一级品至三级品中的氧化钡含量，提供实测数据；
2. 七级品中的磷和全铁的含量，提供实测数据。

我国山东、四川等地有储量很大的氟碳铈矿矿床。这类矿床的稀土品位低，风化严重，矿泥含量较多。采出后经过磨矿，先用摇床富集稀土矿物和脱除矿泥，然后用浮选法获得稀土精矿和重晶石精矿。氟碳铈矿精矿质量标准见表 2-2。

表 2-2 氟碳铈矿精矿质量标准

牌号	REO（质量分数）/%	杂质（质量分数）/%				
		F	TiO_2	P_2O_5	CaO	TFe
REO68	≥68				≤2.5	≤2.0
REO63	≥63					
REO60	≥60			≤1.0		
REO55	≥55					
REO50	≥50	≤7	≤0.5		不规定	不规定
REO45	≥45					
REO40	≥40					
REO35	≥35			≤1.5		
REO30	≥30					

注：REO63～REO30 八个牌号中的 F、CaO、TiO_2、TFe 含量供方提供分析数据，但不作考核依据。

我国的独居石砂矿分布广泛，规模较大，易于开采，不需要破碎和磨矿，还可以综合回收其他重稀土矿物。一般在砂矿床就地粗选，将富集有用矿物的粗精矿送入稀土冶炼厂分选和精选，得到独居石、磷钇矿及其他重稀土矿物的精矿。独居石精矿质量标准见表 2-3。

表 2-3 独居石精矿质量标准

级别	$REO+ThO_2$（质量分数）/%	杂质（质量分数）/%		
		TiO_2	ZrO_2	SiO_2
一级品	≥65	≤1.0	≤1.5	≤2.5
二级品	≥63	≤1.5	≤2.0	≤3.0
三级品	≥60	≤2.5	≤2.5	≤3.5
四级品	≥58	≤3.0	≤3.0	≤4.5

注：如需对产品有特殊要求，由供需双方商定。

我国中南地区的离子吸附型稀土矿一般不用经过选矿，用 NaCl 或 $(NH_4)_2SO_4$ 等稀溶液渗浸，可将稀土元素提取到溶液中，然后沉淀回收稀土化合物。

对于其他稀有金属为主的复合矿石，稀土元素属于选矿或冶炼过程的综合回收对象，所占比例有限。

2.1.2 稀土精矿分解方法

稀土精矿中的主要成分是稀土矿物（即含稀土元素的天然化合物）。即使是品位很高的稀土精砂，仍含有一定量的非稀土矿物，在一般情况下，精矿中的稀土还不能直接利用。为了获得便于利用的稀土产品，首先需要将稀土精矿分解，使稀土元素和其他伴生元素分离。

微课2-2
稀土精矿的分解

稀土精矿分解是通过焙烧或在分解剂作用下，破坏矿物的晶体结构，使矿物中的主要成分转变成易溶于水或酸的化合物。然后经过浸出、净化、浓缩或灼烧等工序，制成各种混合稀土化合物产品。在分解工艺中，有时还进行某种稀土元素的分离（如对 Ce^{4+} 的分离）或稀土元素的分组分离。

工业上常用于生产稀土化合物的稀土精矿有氟碳铈矿-独居石混合精矿、氟碳铈矿精矿、独居石精矿和磷钇矿等，精矿中的主要稀土矿物分属于碳酸盐类和磷酸盐类矿物，这两类矿物的物理化学性质存在很大差异。因此，应根据精矿的类型、品位、伴生元素等特点及产品方案，遵循有利于综合利用精矿中的有价组分，便于控制污染和技术先进、经济合理等一系列可以确定适当的精矿分解工艺。

对于碳酸盐类矿物，如氟碳铈矿，加热到矿物的热分解温度以上就可使矿物分解，生成稀土氧化物和氟氧化物，放出 CO_2。因而氟碳铈矿精矿常用氧化焙烧的方法分解，在焙烧过程中铈氧化成+4 价。随后用硫酸溶液浸出稀土，并用复盐沉淀的方法制取铈产品和富镧产品。

对于磷酸盐类矿物，如独居石，矿物结构非常稳定，需用强酸或强碱等分解剂，并加热到接近于分解剂的分解温度或沸点以下的温度使其分解。在工业生产中，独居石精矿曾用浓硫酸分解，现在全部采用烧碱液分解工艺。浓硫酸法的最大优点是对精矿的适应性强，即使精矿中有价元素含量低、颗粒较粗，也能获得较为满意的结果。其缺点是废气易腐蚀设备，给劳动防护与环境保护带来很大困难，精矿中含量仅低于稀土的磷难以回收利用。而烧碱分解工艺要求精矿中的杂质含量尽量少，分解前需将精矿磨细。但是，烧碱工艺中的设备腐蚀、劳动防护与环境保护等问题都较易解决，独居石中的磷元素也能得以回收。有关稀土的著作中，称这种工艺为世界上无公害的碱法。

包头钢铁公司除生产氟碳铈矿精矿外，还生产大量的混合型稀土精矿，精矿中氟碳铈矿与独居石的相对含量为（9∶1）~（1∶1）。由于精矿成分复杂，我国的科技人员研究开发了多种分解方法，如硫酸焙烧法、烧碱分解法、纯碱焙烧法、高温氯化法等。对于含氟碳铈矿较高的混合型精矿，还研究了氧化焙烧法。从所用分解剂的角度看，这些方法与其他类型稀土矿的分解相同，但因精矿原料不同，所用工艺流程差异很大。尤其在工业生产实践中，有不少创造性的突破。目前工业生产中采用浓硫酸法和烧碱法分解混合型稀土精矿。

工业上衡量精矿分解工艺过程的好坏，除以上必要条件外，很重要的就是了解稀土元素或杂质组分的分解率、回收率、分解过程的选择性、试剂消耗量等指标。

稀土元素分解率是指稀土组分从精矿中转入分解产物（如稀土元素进入浸出液）的量占原料中该稀土总量的百分比，即：

$$\eta = \frac{V\rho}{Wa} \times 100\% = \frac{Wa - M\delta}{Wa} \times 100\% \tag{2-1}$$

式中 W——原料质量（干计），kg；

a——稀土元素品位（质量分数），%；

V——浸出液的体积，m^3；

ρ——浸出液中稀土元素的质量浓度，kg/m^3；

M——浸出渣的质量，kg；

δ——渣中稀土元素品位,%。

稀土元素回收率是指稀土组分从精矿、浸出液、化合物等原料转入下一工序化合物产品中的量占原料中该稀土总量的百分比，计算方法与分解率相似。

精矿分解的选择性，是稀土元素分解率与杂质组分分解率的比值：

$$\beta = \frac{\eta_1}{\eta_2} \tag{2-2}$$

式中 η_1——稀土元素的分解率，%；

η_2——杂质元素的分解率，%。

β 越接近于1，则浸出过程的选择性越差。

2.1.3 稀土精矿的化学成分和矿物成分 【案例】

稀土精矿质量标准中规定了各品级精矿 REO 含量的下限和主要杂质含量的上限。在分解时，通常需要进行稀土精矿的化学成分分析，必要时还需要进行矿物分析，以分析数据作为配料计算、物料平衡计算、稀土回收率计算和产品质量控制的依据。

表2-4~表2-6列出了我国主要稀土精矿的历次多元素分析结果，在稀土精矿分解工艺中具有重要的参考价值。值得注意的是，随着矿山开采的进度和选矿工艺的改变，稀土精矿的多元素分析结果也常常发生变化。

表2-4 氟碳铈矿-独居石混合精矿的主要化学成分（质量分数） （%）

REO	TFe	F	P	SiO_2	CaO	BaO	S	ThO_2	Nb_2O_5
31. 19	12. 90	14. 80	2. 80	0. 97	10. 50	14. 50	3. 25	0. 163	0. 122
34. 39	13. 60	7. 10	3. 00	1. 23	10. 58	8. 26	2. 40	0. 270	0. 130
40. 60	14. 30	6. 55	3. 95	2. 07	11. 00	1. 92	1. 10	0. 240	0. 170
50. 40	3. 70	5. 90	3. 50	0. 55	5. 55	7. 58	2. 17	0. 490	0. 052
54. 70	2. 10	6. 20	4. 65	0. 67	7. 65	4. 59	1. 64	0. 170	0. 017
60. 12	3. 05	6. 20	4. 80	1. 28	5. 80	2. 42	0. 65	0. 210	0. 023
65. 20	1. 70	5. 40	3. 12	0. 62	3. 25	1. 08	0. 42	0. 232	0. 116
67. 26	2. 20	5. 00	4. 20	0. 59	2. 10	0. 84	0. 34	0. 176	0. 094

表2-5 氟碳铈矿精矿的主要化学成分（质量分数） （%）

产地	REO	TiO_2	CaO	BaO	TFe	SiO_2	P_2O_5	F
山东	30. 40	0. 25~0. 43	3~4. 5	10~14	3~5	10~17	0. 35~0. 50	3. 5~4. 8
	40. 1~50. 0	0. 25~0. 43	3~4. 5	8~11	2~4	8~11	0. 35~0. 50	4~5. 5
	50. 1~60. 0	0. 25~0. 43	1. 5~3. 0	2. 1~4. 5	2~4	4~5. 5	0. 35~0. 50	5~6. 5
	60. 1~68. 0	0. 25~0. 43	1~2	1. 1~4. 7	1~3	0. 5~1. 8	0. 45~1. 0	6~7. 2
四川	67. 40	0. 23	1. 32	5. 63	0. 73	1. 08	0. 84	
包头	68. 40		3. 60	1. 11	0. 80	0. 45	1. 91	8. 60

表 2-6 独居石精矿的主要化学成分（质量分数） （%）

REO	CaO	ThO_2	P_2O_5	U_3O_8	Fe	TiO_2	SiO_2	ZrO_2
45.70	—	5.26	22.80	0.29	1.80	0.99	4.38	1.42
49.40	40.44	7.18	24.24			1.71	2.54	3.59
51.74	40.12	5.50	24.33			1.64	4.70	4.38
55.70	16.18	4.30	28.10	0.30	3.60	3.40	3.00	0.94
58.90	24.44	4.60	30.10	0.32	2.20	0.70	2.70	1.41
60.30	21.52	4.70	31.50	0.22	1.80	2.30	1.46	0.71
65.91	30.63	0.38	26.94		1.80		0.69	

根据稀土精矿的化学多元素分析数据，可以大致估算稀土精矿的矿物成分。例如，表 2-7 为包头稀土精矿的化学成分，由有关的矿石及选矿资料可列出精矿的矿物组成：氟碳铈矿、独居石、萤石、重晶石、磷灰石、赤铁矿、褐铁矿、白云石、方解石、铌铁矿、硅酸盐矿物等。根据包头稀土精矿的矿物组成，确定计算的主要矿物成分有氟碳铈矿、独居石、磷灰石、萤石，以及铁矿物和硅酸盐类矿物等。矿物成分与化学成分的系数矩阵见表 2-8。

表 2-7 包头稀土精矿的主要化学成分（质量分数） （%）

元素	REO	P	F	CaO	TFe	ThO_2
含量	52.19	4.10	8.79	7.90	5.40	0.21

表 2-8 主要矿物的化学成分系数矩阵（质量分数） （%）

<table>
<tr><th colspan="2" rowspan="2">化学成分</th><th colspan="4">矿物名称</th></tr>
<tr><th>氟碳铈矿（$RECO_3F$）X_1</th><th>独居石（$REPO_4$）X_2</th><th>磷灰石[$Ca_5(PO_4)_3F$]X_3</th><th>萤石（CaF_2）X_4</th></tr>
<tr><td>REO</td><td>Y_1</td><td>0.750</td><td>0.698</td><td></td><td></td></tr>
<tr><td>P</td><td>Y_2</td><td></td><td>0.132</td><td>0.184</td><td></td></tr>
<tr><td>CaO</td><td>Y_3</td><td rowspan="2">0.086</td><td></td><td>0.556</td><td>0.718</td></tr>
<tr><td>F</td><td>Y_4</td><td></td><td>0.037</td><td>0.487</td></tr>
</table>

由表 2-8 列出如下方程组，可用迭代法求解。

$$0.75X_1 + 0.698X_2 = 52.19$$

$$0.132X_2 + 0.184X_3 = 4.10$$

$$0.556X_3 + 0.718X_4 = 7.90$$

表 2-7 中稀土精矿的 DTA-TG 曲线如图 2-1 所示，加热至 900 ℃总失重 11.35%。将其在 390~470 ℃温度范围失重值 10.27%视为氟碳铈矿分解放出的 CO_2 量，折算为氟碳铈矿 $X_1 = 10.27/0.2 = 51.35\%$。将 X_1 值代入方程组，依次得到独居石 $X_2 = 19.60\%$、磷灰石 $X_3 = 8.22\%$、萤石 $X_4 = 4.64\%$。其他矿物含量按照化学成分估算，铁矿物含量（质量分数）（以 Fe_2O_3 代表）7.72%，其余矿物含量 8.47%。

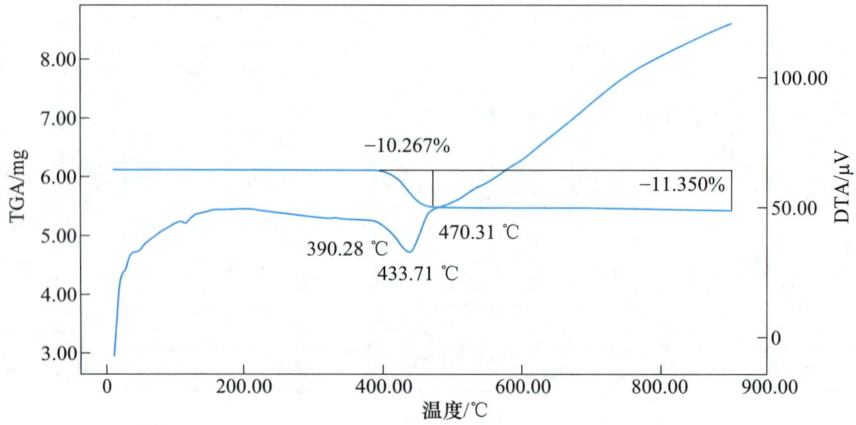

图 2-1 包头稀土精矿的 DTA-TG 曲线

2.2 浓硫酸焙烧分解混合型稀土精矿

2.2.1 浓硫酸焙烧分解工艺的发展

浓硫酸焙烧法是目前分解混合型稀土精矿的主要工艺之一。按照处理的精矿品位、焙烧温度和浸出后稀土提取方法的不同，又分为低温焙烧、高温焙烧、高温强化焙烧等工艺方法。

低温焙烧法在 20 世纪 70 年代初开始用于处理低品位精矿，当时只能得到含 REO 20%~35%的混合型稀土精矿，其中铁等杂质含量高，约占 REO 质量分数的 50%，部分铁进入浸出液。为得到合格的混合稀土氯化物产品，不得不用复盐沉淀、碱转化、酸溶解等冗长的流程操作除去杂质，整个工艺流程的稀土回收率约 80%，而且稀土的回收率不易保证。

随着选矿工艺取得突破性进展，能得到 REO 60%以上的精矿，杂质含量显著降低。此时考虑某些杂质硫酸盐（如硫酸铁）在较高温度下分解成不易溶解的物质的特性，提高了浓硫酸分解精矿的温度，在不影响稀土回收率的前提下，抑制杂质进入浸出液，简化了工艺流程，降低了生产成本。高温焙烧法于 20 世纪 80 年代初期实现了工业化，适于分解 REO 30%~60%的混合型稀土精矿，浸出液经净化后，用环烷酸或脂肪酸萃取转型，萃取铁后生产混合稀土氯化物。这一工艺流程的稀土总回收率约 87%，比低温焙烧工艺提高 4%~8%。

高温强化焙烧工艺分解 REO 50%~60%的混合型稀土精矿，浸出液经净化后，用 P_{204} 直接从硫酸稀土溶液中进行萃取分组、萃取分离钕、萃余液的萃取转型等，得到氧化钕、中稀土富集物、重稀土富集物和低钕混合轻稀土氯化物四种产品，稀土总收率大于 80%。

浓硫酸高温焙烧或高温强化焙烧工艺具有工艺简单、流程短、便于大规模生产的优点。其主要缺点是废渣、废气、废水量大，且治理的难度较大，不利于劳动防护和环境保护。近几年包头华美稀土公司实现了年处理4万吨混合型稀土精矿的清洁生产，有效地进行了浓硫酸焙烧的综合治理。此外，有关单位正在开发浓硫酸低温焙烧高品位稀土精矿工艺，以期使钍进入浸出液而集中分离，避免高温下硫酸的大量分解。

本节主要介绍浓硫酸高温焙烧分解混合型稀土精矿、焙烧矿的浸出和除杂等工艺的原理和设备。工业上从硫酸稀土溶液中沉淀碳酸稀土、浸出液的萃取转型或分组等工艺环节将在后面有关章节介绍。

2.2.2 浓硫酸焙烧分解工艺的原理

浓硫酸分解混合型稀土精矿的热力学分析和动力学分析的研究已取得一定成果。高温阶段，稀土硫酸盐的热力学稳定区低于820 ℃，铁的各级硫酸盐至650 ℃左右分解完毕，钍硫酸盐的分解温度较高（825 ℃），但它能在较低温度下与磷酸生成难溶复盐。

2.2.2.1 硫酸盐的分解与平衡

高温焙烧时，生成物究竟是硫酸盐还是氧化物，以及其中杂质硫酸盐含量的多少，均取决于焙烧温度和炉气成分。

稀土氧化物的硫酸化反应为：

$$RE_2O_3 + 3SO_3 \xlongequal{\quad} RE_2(SO_4)_3$$

反应平衡常数 $K = \dfrac{a_{RE_2(SO_4)_3}}{a_{RE_2O_3} \cdot P_{SO_3}^3}$，因 $RE_2(SO_4)_3$ 和 RE_2O_3 均为纯物质，活度为1，故可得：

$$P_{SO_3} = K^{-\frac{1}{3}} \tag{2-3}$$

硫酸盐的分解压 P_{SO_3} 仅与温度有关，温度一定，P_{SO_3} 即为定值。

反应气体的成分取决于体系中 SO_3 的分解与平衡条件，由反应 $SO_2 + \dfrac{1}{2}O_2 = SO_3$ 的平衡常数

$$K = \frac{p_{SO_3}}{p_{SO_2} \cdot p_{O_2}^{\frac{1}{2}}} \tag{2-4}$$

和限制条件

$$\begin{cases} p_{SO_2} = 2p_{O_2} \\ p_{SO_3} + p_{SO_2} + p_{O_2} = p_{总} \end{cases} \tag{2-5}$$

以及反应自由能变化

$$\Delta G = -RT\ln K = -94.558 + 0.089T \quad (kJ/mol)$$

可以求出不同温度下该反应的 K 值，即可求得给定 $p_{总}$ 时的平衡气体成分，得到焙烧条件下气相的实际成分：

$$p_{SO_3} = K \cdot p_{SO_2} \cdot p_{O_2}^{\frac{1}{2}} \tag{2-6}$$

比较硫酸盐的分解压 P_{SO_3} 和反应达到平衡的压力 p_{SO_3} 可知，在一定温度下，当 $P_{SO_3} < p_{SO_3}$ 时，则生成硫酸盐；反之则硫酸盐分解成氧化物。当 $P_{SO_3} = p_{SO_3}$ 时，硫酸盐和氧化物则成为平衡的两相。

图 2-2 所示为几种硫酸盐分解时，SO_3 的压力随着温度变化的关系。硫酸盐的分解压 P_{SO_3} 随着温度的升高而增大；气相分压 p_{SO_3} 随着温度的升高而减小。在焙烧条件下，$p_{总}$ 约为 2×10^4 Pa，因此硫酸盐的 P_{SO_3} 线与 p_{SO_3}（$p_{总}=2\times10^4$ Pa）线相交点对应的温度即为该硫酸盐的分解温度。低于分解温度时，$P_{SO_3} < p_{SO_3}$，硫酸盐能稳定存在或氧化物生成硫酸盐；反之，$P_{SO_3} > p_{SO_3}$，硫酸盐分解为碱式盐或氧化物等水不溶物。

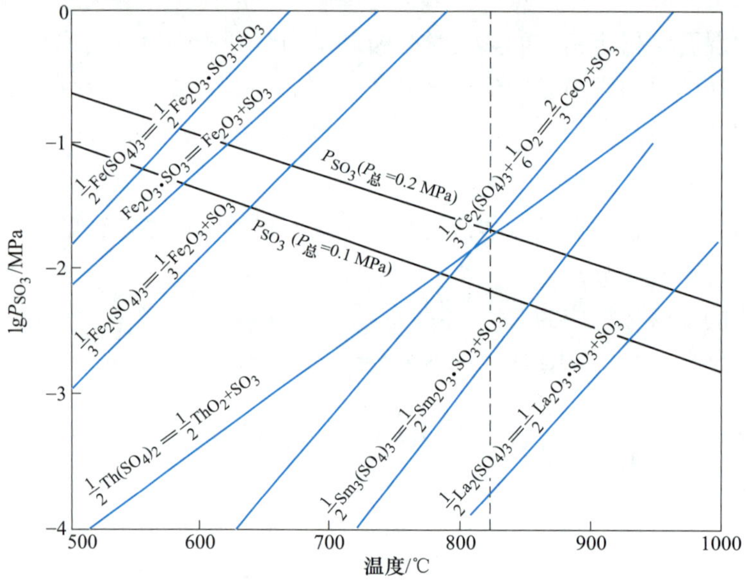

图 2-2 硫酸盐分解 SO_3 的压力（根据自由能计算）

焙烧分解时，增加硫酸用量可提高气相中的 SO_3 分压，有利于 $RE_2(SO_4)_3$ 的生成，同时也可提高其分解温度，使之趋于稳定。

2.2.2.2 热分析实验结果与反应历程

图 2-3 和图 2-4 为 REO 60%混合型稀土精矿浓硫酸焙烧的 DTA 与 TG 曲线。随着温度升高，反应体系温度至约 300 ℃失重最多（19.7%），DTA 曲线上第一个吸热峰（181 ℃）峰宽为 150~320 ℃。在这个阶段，浓硫酸分解稀土矿物的主反应和分解脉石矿物的副反应应该基本完成，即：

$$2RECO_3F + 3H_2SO_4 = RE_2(SO_4)_3 + 2HF\uparrow + 2CO_2\uparrow + 2H_2O$$

$$2REPO_4 + 3H_2SO_4 = RE_2(SO_4)_3 + 2H_3PO_4$$

$$ThO_2 + 2H_2SO_4 = Th(SO_4)_2 + 2H_2O$$

$$CaF_2 + H_2SO_4 = CaSO_4 + 2HF\uparrow$$

$$Fe_2O_3 + 3H_2SO_4 = Fe_2(SO_4)_3 + 3H_2O$$

反应产物 HF 与矿物中 SiO_2 反应：

$$SiO_2 + 4HF = SiF_4\uparrow + 2H_2O$$

此外，在 200~300 ℃，磷酸脱水转变成焦磷酸，焦磷酸与硫酸钍作用生成难溶的焦磷酸钍：

$$2H_3PO_4 = H_4P_2O_7 + H_2O$$

$$Th(SO_4)_2 + H_4P_2O_7 = ThP_2O_7\downarrow + 2H_2SO_4$$

生成焦磷酸钍的反应趋势随着温度的升高而增强，当焙烧温度超过 200 ℃时，ThP_2O_7 的生成量明显增加。

第二个吸热峰（338 ℃）所对应的化学反应主要是 H_2SO_4 的分解：

$$H_2SO_4 = SO_3\uparrow + H_2O$$

第三个吸热峰（400 ℃）对应失重曲线上失重 2.9%，这表明发生了硫酸铁分解成碱式硫酸铁和焦磷酸脱水等反应：

$$Fe_2(SO_4)_3 = Fe_2O(SO_4)_2 + SO_3\uparrow$$

$$H_4P_2O_7 = 2HPO_3 + H_2O$$

622 ℃和 645 ℃两个吸热峰部分重叠，失重 5.6%。这说明焙烧温度达到 600~700 ℃时至少存在两个化学反应，目前可以确定的反应是碱式硫酸铁的继续分解：

$$Fe_2O(SO_4)_2 = Fe_2O_3 + 2SO_3\uparrow$$

在 800 ℃的吸热峰无失重，至 1000 ℃失重 8.2%。在此温度下稀土硫酸盐开始分解成碱式硫酸盐，至 1000 ℃继续分解成稀土氧化物：

$$RE_2(SO_4)_3 = RE_2O(SO_4)_2 + SO_3\uparrow$$

$$RE_2O(SO_4)_2 = RE_2O_3 + 2SO_3\uparrow$$

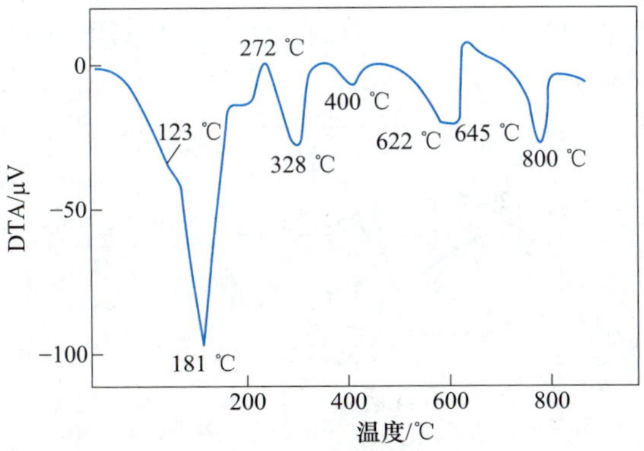

图 2-3　混合稀土精矿浓硫酸焙烧 DTA 曲线

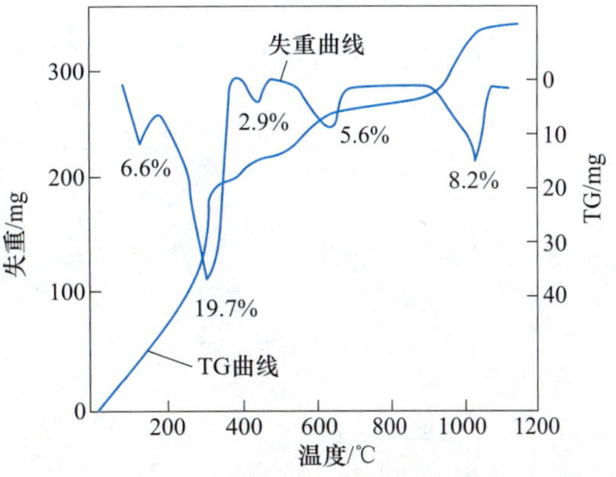

图 2-4　混合稀土精矿浓硫酸焙烧 TG 曲线

综上所述，混合稀土精矿浓硫酸焙烧分解的热力学分析和 DTA、TG 曲线所描述的反应历程是一致的。约 300 ℃时，浓硫酸就可使精矿中的稀土转变成易溶于水的硫酸盐，同时伴随着生成焦磷酸钍，除去部分磷和钍。300~650 ℃温度范围内，主要反应为硫酸的热分解、硫酸铁的逐级热分解和焦磷酸脱水，进一步除去铁、磷、钍等杂质。

2.2.2.3 酸矿比计算

酸矿比是指浓硫酸和稀土精矿的质量比。根据浓硫酸分解稀土精矿的化学反应式可计算耗酸量。为确保精矿分解完全，浓硫酸用量通常超过理论耗酸量。理论耗酸量和硫酸过量数之和与精矿的质量比即为酸矿比。分析以上化学反应式可知，若反应较为完全，则反应体系的耗酸量只需计算 H_2SO_4 与 $RECO_3F$、$REPO_4$、CaF_2、Fe_2O_3 等矿物的反应即可。因分解产物为硫酸盐，可依据稀土精矿化学成分中各金属氧化物含量计算耗酸量。含 REO 60%的混合稀土精矿化学成分及耗酸量见表 2-9。

表 2-9 浓硫酸焙烧稀土精矿的化学成分与耗酸量

成　分	REO	CaO	BaO	Fe_2O_3	ThO_2
含量（质量分数）/%	61.6	6.44	1.11	7.14	0.18
分子质量/($g\cdot mol^{-1}$)	165	56.08	153.33	159.69	264.04
物质的量/mol	0.3733	0.1148	0.0072	0.0447	0.007
耗酸量/($mol\cdot 100\ g^{-1}$矿)	0.5599	0.1148	0.0072	0.1341	0.0014

由表 2-9 可计算出，分解 100 g 该精矿，理论耗酸 0.817 mol，质量为 80.13 g。硫酸过量的多少，着重考虑精矿的分解率和硫酸的参与反应率，根据精矿粒度、炉温、压力、传热效率等工艺技术条件决定。回转窑焙烧一般控制硫酸过量 25%~35%，如果使用 93%工业硫酸，精矿含水 0.2%，则分解该精矿所需硫酸为：

$$耗酸量 = 80.13 \times (1 + 35\%) \times 99.8\%/93\% = 116$$

即酸矿比为 1.16∶1。

2.2.2.4 浓硫酸焙烧物料平衡计算【案例】

图 2-5 为表 2-7 所示包头稀土精矿浓硫酸低温焙烧的 DTA-TG 曲线。随着温度升高，

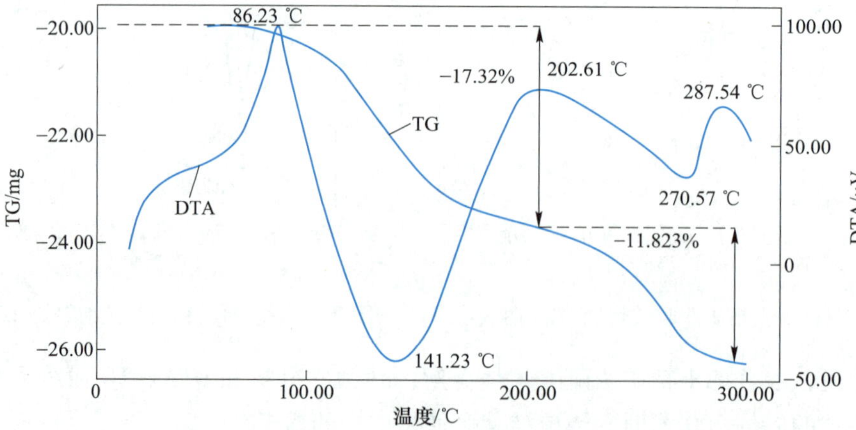

图 2-5 包头稀土精矿浓硫酸低温焙烧的 DTA-TG 曲线

DTA 曲线上有两个吸热峰（141.23 ℃与 270.57 ℃处）。反应体系至 200 ℃失重 17.32%，浓硫酸分解稀土矿物的主反应与分解脉石矿物的副反应已基本完成。200～300 ℃反应体系失重 11.823%，磷酸脱水转变成焦磷酸，焦磷酸与硫酸钍作用生成难溶的焦磷酸钍，同时伴随着 H_2SO_4 的挥发。由估算的稀土精矿矿物成分和有关化学反应式计算反应物的产率，列出 200 ℃时物料平衡见表 2-10。

表 2-10 浓硫酸焙烧包头稀土精矿物料平衡表

反应物			凝聚相产物		气相产物/g			
名称	质量/g	耗酸量/g	名称	质量/g	CO_2	H_2O	HF	H_2SO_4
$RECO_3F$	51.35	34.34	$RE_2(SO_4)_3$	66.55	10.27	4.20	4.67	
$REPO_4$	19.60	12.26	$RE_2(SO_4)_3$	23.76				
			H_3PO_4	[8.17]				
ThO_2	0.21	0.16	$Th(SO_4)_2$	[0.34]		0.03		
$Ca_5(PO_4)_3F$	8.22	7.99	$CaSO_4$	11.10			0.32	
			H_3PO_4	[4.79]				
CaF_2	4.64	5.83	$CaSO_4$	8.10			2.38	
Fe_2O_3	7.72	14.22	$Fe_2(SO_4)_3$	19.33		2.61		
其他矿物	8.26	8.10	$CaSO_4$	11.24	3.63	1.49		
H_2SO_4	140		H_2SO_4	45.64		7.00		4.2
小计	240	83.16		199.02	13.90	15.33	7.37	4.2
共计	240		240(气相产物共计 40.8,失重率 17%)					
[H_3PO_4]	[12.90]		$H_4P_2O_7$	[11.71]		1.25		27.14
[$Th(SO_4)_2$]	[0.34]		ThP_2O_7	0.32				
			$H_4P_2O_7$	[-0.14]				
			H_2SO_4	0.156				
H_2SO_4	45.64		H_2SO_4	18.5				
小计			170.95		28.39,失重率 11.83%			

注：表中其他矿物以 $CaCO_3$ 代表。

加热至 200 ℃时，反应体系气相产物质量为 40.8 g，失重率为 17%，与图 2-5 所示 200 ℃左右失重率 17.32%相符。其中 H_2SO_4 挥发 4.2 g 为估计值，挥发率约为 4.2/140＝3%。气相产物中 HF、H_2SO_4 等有害气体 11.57 g，占 28.3%。由此可知，尽管矿物成分的估算是粗略的，反应产物也与表 2-10 存在一定差异，但引起的误差均在物料平衡计算的允许误差范围内。200～300 ℃失重率 11.8%，显然是由 H_2SO_4 挥发引起的失重所致，H_2SO_4 挥发率达到 27.14/140＝19.4%。浓硫酸低温焙烧实验结果表明，当配料酸矿比为 1.4∶1 时，在 200 ℃左右温度下焙烧就可使稀土矿物分解，稀土的浸出率达到 97.6%。浓硫酸低温焙烧分解包头稀土精矿可避免硫酸的大量挥发，从而减轻了有害烟尘和尾气治理的压力。

2.2.3 浓硫酸焙烧分解工艺【案例】

2.2.3.1 浓硫酸焙烧分解工艺设备

浓硫酸焙烧分解工艺设备布置如图 2-6 所示，可分为精矿的干燥系统、加料系统、加热系统、回转窑及传动系统、尾气净化系统等。

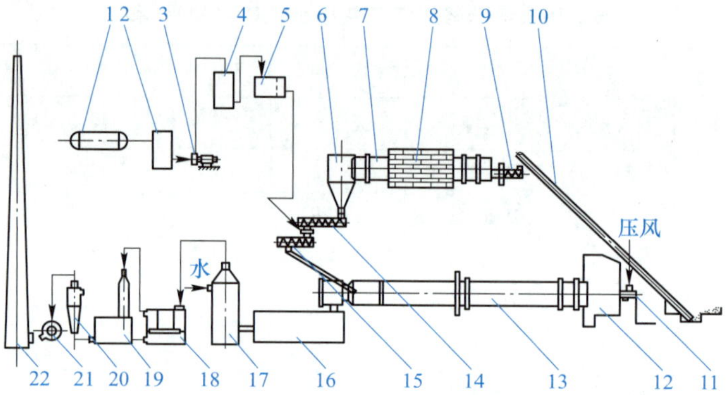

图 2-6 浓硫酸焙烧分解工艺设备布置示意图

1—硫酸储罐；2—硫酸计量槽；3—氟耐酸泵；4—高位稳压槽；5—U 形液面计；6—干精矿仓；7—加热炉；8—外热式干燥窑；9—螺旋输送机；10—链式提升机；11—燃烧器；12—燃烧室；13—焙烧窑；14—给料机；15—混料机；16—沉渣室；17—喷淋塔；18—氟吸收室；19—喷射吸收塔；20—旋风除沫器；21—高压风机；22—烟囱

精矿一般含水 5%~10%。浓硫酸焙烧的一个重要工艺条件是酸矿比，酸多会造成浪费，酸少则精矿分解不完全。常用的螺旋给料机、圆盘给料机等对湿料的计量不准确，即不能精确控制酸与精矿的质量比。另外，许多工厂浓硫酸焙烧所用回转窑窑体为无内衬钢管，易受稀硫酸腐蚀，因此精矿在分解前需经过干燥。

精矿的干燥窑多为钢制外热式回转窑，采用电阻丝加热，或者用煤气或重油在燃烧室内燃烧等方法加热窑体外壁，燃烧室温度控制在 400~500 ℃，窑体的长径比为 10~12，倾斜度 2%~3%，转速 2~3 r/min，1 台 ϕ1 m×12 m 的干燥窑日处理含水 10%以下的精矿约 20 t，要求烘干后精矿中水分低于 0.2%。

浓硫酸焙烧窑的加热系统包括窑头与燃烧室，燃料可用重油、柴油、煤气或煤。内热式回转窑窑头与燃烧室合一，燃烧气体进入窑体内直接加热。加料系统包括浓硫酸高位槽、硫酸流量计、干精矿料仓、精矿给料机、矿酸混合器，下流导料管等，矿酸混合物经导料管由窑尾加入窑内。窑头设有卸料孔，焙烧矿从窑体流动到窑头，经过卸料孔落入打浆槽，送往水浸出工序。

回转窑窑体目前多采用无内衬的钢管，长径比为 15~20，倾斜度为 1.5%~4%，窑体由 2~3 组托轮支撑，通过减速箱的齿轮与窑体上的大齿圈传动，窑体转速为 1~3 r/min。这种窑有多种规格，产能为 0.5~0.6 t/(d · m^3)，随规格增大产能降低。例如，直径 1.3 m、长 25 m 的回转窑，有效容积约为 33 m^3，日处理精矿可达 10~15 t，产能为 0.3~0.45 t/(d · m^3)。

回转窑的窑尾包括窑尾室与沉渣室。窑尾室为生铁铸成的异形三通，与转动的窑体采用动圈式连接或迷宫式密封连接，沉渣室与窑尾室相连。沉渣室的横截面面积数倍于窑体横截面，因此气流进入沉渣室后流速大幅降低，气流中夹带的固体粉末自然沉降，经过沉渣室的尾气再通过排气导管进入尾气净化系统。

2.2.3.2 浓硫酸焙烧分解工艺条件

回转窑焙烧是一个连续的动态过程，矿酸混合料从窑尾加入，在窑体转动时推动湿料向窑头方向移动，与窑头产生的燃烧烟气逆向流动，依靠烟气热量对物料加热促进其分解，焙烧矿从窑头落入打浆槽。

焙烧矿一般为直径 5~50 mm 大小不等的疏松小球，遇水后易分散成浆状物。焙烧矿中，稀土矿物的分解率应大于 95%。工业实践中影响分解率的主要因素有精矿粒度、酸矿比、焙烧温度和焙烧时间等。

精矿颗粒越细，比表面积越大，矿与酸的接触面积越大，对精矿的分解就越有利。通常要求粒度小于 0.047 mm 的精矿大于 90%。

酸矿比与焙烧温度对稀土矿物分解率及杂质浸出浓度的影响见表 2-11。同一酸矿比条件下，随着温度的升高，浸出液酸度下降，稀土和杂质的浸出率也下降，但杂质浸出率下降的比例大得多。同一温度时，随着酸矿比的增加，浸出液酸度、稀土和杂质的浸出率均增加。从工业生产的实际结果看，酸矿比随精矿中稀土品位的增加而减少。例如，REO 47.6%~56%的精矿酸矿比（1.1~1.3）：1，REO 29%~31.5%的精矿酸矿比 1.4：1，均可达到 94%的分解率。

表 2-11 酸矿比及温度对分解率的影响

焙烧条件		分解率/%	浸出液						
			Fe		P		Th		[H^+]
酸：矿	温度/℃		g/L	Fe/REO/%	g/L	P/REO/%	mg/L	Th/REO/%	mol/L
1.5：1	450	98.64	0.49	0.72	0.34	0.50	53	0.078	0.31
1.5：1	500	95.25	0.048	0.057	0.038	0.045	7	0.0085	0.041
1.5：1	550	94.40	0.03	0.035	0.018	0.021	6	0.0071	0.019
1.5：1	600	91.34	0.041	0.057	0.015	0.021	6	0.0084	0.014
1.4：1	450	97.72	0.22	0.28	0.114	0.14	28	0.035	0.11
1.4：1	500	93.80	0.03	0.051	0.004	0.006	6	0.01	pH=3

精矿的实际焙烧温度取决于回转窑的燃烧温度和传热、传质效率。在实际操作中，窑头温度一般夏天控制在 820~880 ℃，冬天控制在 880~950 ℃；窑尾温度控制在 200~250 ℃；窑头负压控制在 29~49 Pa。

焙烧过程为液固两相反应，需要足够的时间才能反应完全。因此，焙烧的时间短，分解不完全。焙烧时间与物料在窑内流速有关，流速又与加料量的多少有关。例如，ϕ1.3 m

的回转窑，加料量（精矿）一般为8.5~9.0 kg/min。若控制在8 kg/min以下，在相同条件下，精矿的分解率相应下降。这是由于焙烧矿流速小，反应时间延长而引起了过烧结，焙烧时间过长还会增加耗酸量和降低产量。因此，应根据矿物分解完全的程度来确定焙烧时间，实践中一般控制物料在窑内的停留时间为60~90 min。

2.2.3.3 回转窑操作

回转窑操作的内容包括烘窑、开窑、停窑，以及异常情况的预防和处理。

窑头燃烧室砌好后，应经过一天半时间的自然干燥，然后烘窑。烘窑一般用木柴烧到窑头温度300 ℃左右，即可喷重油或煤气燃烧，使燃烧室耐火砖和耐火水泥中的水分蒸发，并积蓄热量达到一定温度。对ϕ1.3 m×25 m无内衬窑，烘烤和加热时间常为1~2昼夜。短时间停产，如停产1~3天的窑，仅需加热6~8 h便可投料生产。

在升温和投料生产之前，要对窑体、尾气净化系统及其附属设备，如电机、泵、减速器、窑尾风机等进行检查和空车运转，使整个系统处于负压状态，并开启喷淋塔、氟吸收塔的洗涤冷水，然后按预定的升温制度升温；当窑温达100 ℃时，开启窑体传动电机，使窑体开始转动，便于窑体均匀受热；窑温高于150 ℃时，可喷油点火燃烧，并调节油量和风量，按50~100 ℃/min的速度逐步升温到750 ℃，便可从窑尾投料，开始生产。

停窑时，应先停止加料，停料4 h后调节油量和风量，使窑温按50 ℃/h的速度下降至400 ℃以下，停止喷油熄火。窑继续回转至窑内物料全部排出，窑内温度降至室温，最后关闭冷却水，停尾气风机。不论什么原因造成停车，都必须进行“盘车”，在降温过程中每隔10~15 min转一圈窑体，以防造成筒体塌腰变形。

回转窑操作中遇到的异常情况主要是窑内结壳。由于配料时酸矿比例失调，造成酸少矿多，或窑尾温度过高造成大量硫酸分解，都会使物料黏度变大，黏附在窑体内壁而形成结壳。

窑内是否出现结壳，可从窑头观察孔和窑尾三通处进行观察判断。从窑头看，正常情况下物料翻滚距离较大，物料呈绿豆大小颗粒，物料量适当；硫酸过量时，物料较“潮”，物料翻滚前移时常呈团块，这种情况下物料受热不均匀，有部分精矿得不到分解而被排出；当硫酸量不足时，物料较“干”，料色发白，如发现物料流量突然减少，并有大块壳，即可判定窑中间可能有结壳现象发生。从窑尾主要看物料层变动情况，料层堆积较快，往往是酸矿比偏低；料层较薄，说明物料流动性较好；物料流速较快，则酸矿比可能偏高。因此，应随时检查酸矿比，并及时调整至规定范围。窑尾温度也需控制在规定值内，可有效预防结壳。

如果发现窑内有结壳迹象，应果断给予处理。结壳较轻时，可停止给矿一段时间，用少量硫酸冲洗，使结壳物料与过量硫酸较快反应以除去结壳。结壳较严重时，除采取以上措施外，还应用钢钎将结壳捅掉；或者采取降温办法，通过热胀冷缩作用使结壳掉下来，壳掉后立即升温，并适当降低物料流量，以保证物料的反应时间。

2.2.3.4 尾气净化系统

尾气中的固体粉尘、未燃烧完全的碳氢化合物及酸雾大部分在沉渣室中被除去，留在尾气中的 HF、SiF_4 及少量的酸雾再经过喷淋塔、喷射吸收塔等用水吸收。

浓硫酸焙烧过程中产生大量的烟气。假定焙烧重油耗量为 0.16 t/t 矿，重油燃烧产物（标态，下同）为 12.67 m^3/kg，按照浓硫酸焙烧过程气相平衡的计算，焙烧每吨精矿将排出窑外约 2600 m^3 尾气，其中 CO_2 13%，H_2O 17.6%，N_2 59.5%，HF、SiF_4、SO_3、SO_2 等有害气体约占 5%，如果直接排放会造成严重环境污染。例如，年焙烧 2000 t 精矿，则会排硫 358 t、氟 138 t，因此必须回收尾气中的有害气体，使之净化后排空。

目前，浓硫酸焙烧尾气的处理采用喷淋吸收的方法回收混酸。其原理是利用物质沸点的不同，尾气经除尘、冷凝后，再用水喷淋吸收 H_2SO_4（沸点 330 ℃）、HF（沸点 19.4 ℃）、SiF_4（沸点 19.5 ℃）、SO_3 等有害气体，混酸回收工艺较简短的流程设沉渣、喷淋吸收塔、风机排风等工序。沉渣室为一内尺寸 ϕ2.5 m×16 m 的卧式烟道，内衬石墨碳砖，外层为钢制夹套，通冷却水散热。从回转窑尾部排出的尾气（250~300 ℃）经沉渣室沉降烟尘和凝结部分酸雾，定期取出沉降物与焙烧矿合并供水浸处理。沉渣后尾气（150 ℃左右）进入喷淋塔，喷淋吸收有害气体。喷淋塔出口气体温度 60 ℃，再经旋流分离器进一步洗涤净化后排入大气。喷淋塔中循环喷淋液的酸浓度达到要求后，就可放出，其大致组成为 H_2SO_4 5%~10%、HF 20%~30%、H_2SiF_6 约 5%。回收的混酸可用来制造冰晶石、氟硅酸钠等产品。

2.2.4 焙烧矿水浸及净化工艺

水浸是利用选定的溶剂分离固体混合物中可溶性组分的单元操作。根据稀土硫酸盐的可溶性，用水浸出焙烧矿中的硫酸稀土，其他难溶物质则留在渣中，使稀土与杂质得到分离。浸出时有少量 Fe、P、Th 等杂质进入浸出液中，加入 $FeCl_3$ 调整铁磷比，加入氧化镁或方解石粉调整酸度，沉淀除去 Fe、P、Th 等杂质。

2.2.4.1 稀土硫酸盐的溶解

硫酸焙烧矿浸出过程的主要反应是稀土硫酸盐从固相转入溶液的简单溶解，反应方程式为：

$$RE_2(SO_4)_3(s) + aq \longrightarrow RE_2(SO_4)_3(l)$$

焙烧矿中含有一定量 H_2SO_4，水浸时 H_2SO_4 也进入浸出液，与某些难溶化合物作用使部分杂质进入溶液，例如：

$$Fe_2O_3 + 3H_2SO_4 \longrightarrow Fe_2(SO_4)_3 + 3H_2O$$

$$ThP_2O_7 + 2H_2SO_4 + H_2O \longrightarrow Th(SO_4)_2 + 2H_3PO_4$$

稀土硫酸盐的浸出受溶解度规律支配。稀土硫酸盐容易吸水，溶于水时放热，溶解度随着温度升高而下降。无水盐的溶解度较含水盐的溶解度小，但含水盐溶解较慢，故在实践中用常温水直接浸出热焙烧矿。在 20 ℃时，稀土硫酸盐的溶解度随原子序数的变化是由 Ce 至 Eu 依次下降，而由 Gd 至 Lu 又依次上升，如图 2-7 所示。+2 价稀土硫酸盐难溶于水。按轻稀土配分的质量百分数计算，20 ℃时平均溶解度约为 REO 86 g/L，40 ℃时平均溶解度大约降至 REO 45 g/L。

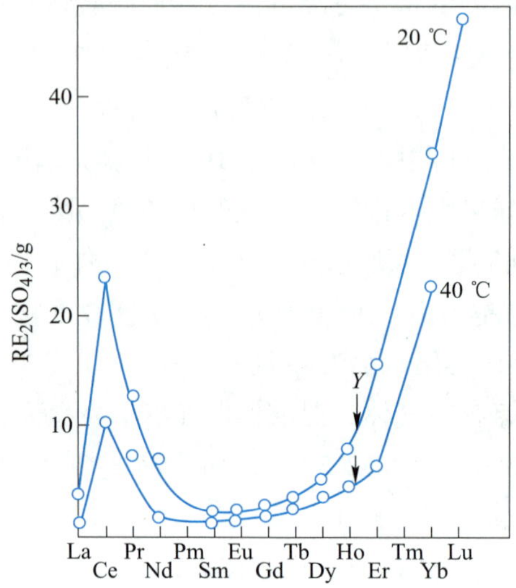

图 2-7 稀土硫酸盐在水中的溶解度等温线

浸出过程还受动力学因素制约，简单溶解的动力学方程为：

$$\ln \frac{C_S}{C_S - C} = k\tau$$

式中 C——溶质在 τ 时刻的浓度；

C_S——在实验温度下化合物在水中的溶解度；

k——速度常数；

τ——反应时间。

在简单溶解过程中，有一饱和区迅速在固-液相界面处形成，从而观察到的速度就是溶剂化了的分子由饱和区扩散到本体中的速度。显然，此时溶解速度与焙烧矿粒度、温度和搅拌速度等因素有关。

2.2.4.2 稀土硫酸盐的水浸液除杂实验

溶液除杂的反应情况比较复杂，这是因为组分的活度是温度与组成的复杂函数。在一定温度下，平衡常数随组分的浓度而变化，因此实际溶液一般根据平衡时的实验数据来计算平衡常数。表 2-12 为方解石粉（−0.125 mm）用量与中和后溶液的 pH 值及去除杂质的情况。当溶液酸度从［H^+］=0.2 mol/L 降至 pH 值 3.4 时，铁与磷沉淀的比例很高，且稀土损失很少。再增加方解石粉提高溶液的 pH 值时，铁不再沉淀而稀土损失量陡增。

表 2-12 方解石用量对 pH 值及去除杂质的情况

方解石粉加入量/g	溶液 pH 值	REO 浓度/(g·L^{-1})	稀土损失率/%	铁浓度/(g·L^{-1})	除铁率/%	磷浓度/(g·L^{-1})	除磷率/%
［H^+］=0.2mol/L		48.4	0	3.4	0	2.34	99
25	2.3	47.94	1.0	0.12	96.5	2.4×10^{-2}	99

续表 2-12

方解石粉加入量/g	溶液 pH 值	REO 浓度 /(g·L^{-1})	稀土损失率 /%	铁浓度 /(g·L^{-1})	除铁率/%	磷浓度 /(g·L^{-1})	除磷率 /%
26.5	3.4	47.68	1.5	0.05	98.5	5×10^{-4}	>99.9
28	3.8	45.68	5.2	0.05	98.5	$<5\times10^{-4}$	>99.9
37	4.4	46.04	4.9	0.05	98.5	$<5\times10^{-4}$	>99.9
53	4.6	45.22	6.6	0.05	98.5	$<5\times10^{-4}$	>99.9
63	4.9	44.66	7.7	0.05	98.5	$<5\times10^{-4}$	>99.9
87	5.0	43.26	10.6	0.05	98.5	$<5\times10^{-4}$	>99.9

进一步研究表明，对于高铁低磷的溶液，随着方解石粉的加入，pH 值上升，铁沉淀量也增加。但当溶液的 pH 值达 4.0 后，铁浓度下降至 0.04 g/L，再提高 pH 值不能减少溶液中铁含量，不过稀土损失也无明显增加。高磷低铁的溶液则不然，pH 值上升，磷沉淀量增加，稀土损失也显著增加，原因是沉淀物主要为磷酸稀土。按 $REPO_4$ 计算，1 单位质量的磷带入沉淀的 REO 约为 5.3 单位。为了除磷而又不增加稀土的损失，浸出液中加入 $FeCl_3$，使其生成 $FePO_4$ 沉淀。当加入 $FeCl_3$ 使水浸液达到 $w(Fe)/w(P)=2\sim3$ 时，再用方解石粉中和至 pH 值为 3.5~4，除磷效果好且稀土损失小。

2.2.4.3 溶液净化过程的离子沉淀

在溶液净化过程中，杂质离子在沉淀剂的作用下呈难溶化合物的形态沉淀，而稀土元素留在溶液中，达到稀土元素与杂质彼此分离的目的。硫酸稀土水浸液的净化过程以去除铁、磷、钍等杂质为目的，采用形成难溶氢氧化物的水解法和呈磷酸盐沉淀的选择分离法。

硫酸稀土水浸液为多元混合盐溶液，沉淀物中有硫酸盐、硅酸盐、磷酸盐和氢氧化物，以及各种碱式盐和复合盐，溶液中主要含硫酸稀土和硫酸。浸液中铁、磷、钍等杂质浓度已降至几十至几百毫克每升（见表 2-11），但仍影响以后工艺的进行和混合稀土化合物产品质量。在中和过程中，起初只有酸被中和，当 pH 值达到开始形成 $Fe(OH)_3$ 和 $Th(OH)_4$ 的数值时，如继续加入碱，便会导致铁和钍水解生成难溶氢氧化物沉淀，通式为：

$$Me^{z+} + zOH^- \longrightarrow Me(OH)_z(s)$$

因为 $Me(OH)_z$ 的溶度积 $K_{sp}=a_{Me^{z+}}\cdot a_{OH^-}^z$，并注意到水的离子积 $K_w=a_{H^+}a_{OH^-}$，溶液中金属离子的活度与开始沉淀的 pH 值关系可写成以下形式：

$$pH = \frac{1}{z}\lg K_{sp} - \lg K_w - \frac{1}{z}\lg a_{Me^{z+}} \tag{2-7}$$

将溶液中 Fe 浓度 3.4 g/L、$K_{sp}=6.92\times10^{-38}$ 及 Th 浓度 0.14 g/L、$K_{sp}=1.26\times10^{-45}$ 分别代入式（2-7），可计算 $Fe(OH)_3$ 和 $Th(OH)_4$ 开始沉淀的 pH 值分别为 2.02 和 3.58。

溶液中有磷存在时，随 pH 值增大，金属离子将首先与磷生成更难溶的磷酸盐沉淀。理论分析与实践都表明，钍与磷在酸性溶液中就开始形成沉淀。硫酸稀土溶液中+3 价离

子以 $MePO_4$ 沉淀的过程由以下两个反应综合而成：

$$MePO_4 \xlongequal{} Me^{3+} + PO_4^{3-}$$

$$K_{sp} = a_{Me^{3+}} \cdot a_{PO_4^{3-}} \tag{2-8}$$

$$H_3PO_4 \xlongequal{} 3H^+ + PO_4^{3-}$$

$$K_i = \frac{a_{H^+}^3 \cdot a_{PO_4^{3-}}}{a_{H_3PO_4}} = 2.1 \times 10^{-22} \tag{2-9}$$

pH 值和离子活度的关系，可通过 K_{sp} 和 K_i 推导出来，以二式相除得到：

$$pH = \frac{1}{3}(\lg K_{sp} - \lg K_i - \lg a_{Me^{3+}} - \lg a_{H_3PO_4}) \tag{2-10}$$

将溶液中 Fe 浓度 3.4 g/L、$K_{sp} = 5\times10^{-26}$，REO 浓度 48.4 g/L、$K_{sp} = 1.6\times10^{-23}$（$CePO_4$），以及 P 浓度 2.34 g/L 代入式（2-10），可计算 $FePO_4$ 和 $REPO_4$ 开始沉淀的 pH 值分别为-0.425 和 0.179。在应用以上规律时，应注意沉淀物的形成 pH 值与被沉淀金属的离子活度有关，并随着 $a_{Me^{3+}}$ 的减小而增大。如溶液净化至 $C_{Fe}<0.05$ g/L，$C_P<0.005$ g/L，按式（2-10）计算 $FePO_4$ 和 $REPO_4$ 的形成 pH 值均为 1.07，即二者同时形成沉淀。

在净化工艺中值得注意的是，两种金属在溶液与沉淀物达成平衡的共沉淀问题。对阴离子相同的两种盐来说，若有两种沉淀物从同一溶液中析出，并且两种金属呈独立的固相沉淀，则可导出类质同晶型的共沉淀定律如下：

$$D = \frac{[a_{Me1}]}{[a_{Me2}]} = \frac{K_{sp1}}{K_{sp2}} \tag{2-11}$$

比例系数 $D=K_{sp1}/K_{sp2}$ 就是分配系数。系数 D 值越大于 1，则对两种组分分离的条件越有利。当两种金属呈独立的固相沉淀，平衡时两种金属在溶液中的含量之比等于二者的溶度积之比，并且与阴离子的活度无关。为使主要金属 Me2 保留在溶液中而将杂质 Me1 沉淀除去，那么杂质在经过净化以后溶液中的最小浓度取决于 $a_{Me1} = (K_{sp1}/K_{sp2}) \cdot a_{Me2}$ 的平衡。如果要使溶液净化到 Me1 的活度 a_{Me1} 低于 $a_{[Me1]}$，则主要金属也将开始沉淀。由硫酸稀土溶液净化实验数据表 2-12 可知，pH 值 3.4 时，$D = a_{[Fe]}/a_{[RE]} = (0.05/55.85)/(47.68/164) = 3.08\times10^{-3}$。已知 25 ℃时，$LaPO_4$ 的 $K_{sp}=4\times10^{-23}$，$CePO_4$ 的 $K_{sp}=1.6\times10^{-23}$，由 $D=\dfrac{K_{sp,\ FePO_4}}{K_{sp,\ CePO_4}}=3.08\times10^{-3}$，估算 $FePO_4$ 的 $K_{sp}=5\times10^{-26}$。通常浸液中 REO 浓度控制在 40 g/L，则 Fe 的平衡浓度为 $[Fe]=D[RE]=3.08\times10^{-3}\times(40/164)\times55.85=0.042$ g/L。若溶液中还有过量的 PO_4^{3-}，就引起 Fe 与 RE 同时沉淀，增大了稀土的损失。因此，在净化工艺中控制 $[Fe]/[P]=2\sim3$，Fe 沉淀至平衡浓度时，溶液中 P 则降至溶度积决定的平衡浓度，避免了稀土沉淀损失。

2.2.4.4 水浸与净化工业实践【案例】

烧结矿水浸与净化工艺流程如图 2-8 所示。

在工业生产实践中，焙烧矿从回转窑排出，直接进入打浆槽，用洗渣水打浆。浆料进入

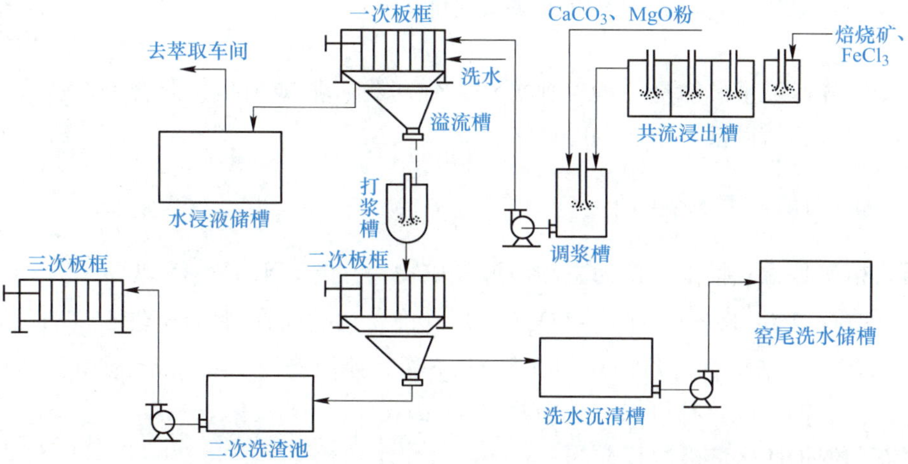

图 2-8　焙烧矿水浸与净化工艺流程

浸出槽，加水至固液比 1∶（8~10）后开始搅拌。充槽时间为 3~4 h，搅拌浸出时间 4 h。

焙烧矿浸出过程中，取样分析水浸液中 Fe、P 含量，加入 $FeCl_3$ 调整[Fe]/[P]=2~3，随后加入 MgO 粉或方解石粉，调整 pH 值为 3.5~4.5，沉淀除去 Fe、P、Th 等杂质。中和反应式为：

$$H_2SO_4 + MgO = MgSO_4 + H_2O$$
$$H_2SO_4 + CaCO_3 = CaSO_4 + H_2O + CO_2$$

用方解石粉中和，价格较低，但生成的 $CaSO_4$ 溶解度小，渣量较多，渣中夹带稀土而影响稀土收率。用氧化镁中和生成的 $MgSO_4$ 溶解度较大，渣量少，稀土收率较好。但氧化镁加料不匀易造成“滞后反应”，使溶液的 pH 值波动，进而影响稀土收率。

操作中根据分析结果计量加入三氯化铁并搅拌 0.5 h，再缓慢加入方解石粉，调 pH 值至 4~4.5，然后继续搅拌 0.5 h。澄清一段时间后取样分析，并打入板框过滤机过滤，滤液静置 12 h 后，进入后面工序处理。滤渣经两次搅拌洗涤回收稀土，第二次洗渣水加少量硫酸，洗渣液返回用于第一次洗渣，第一次洗渣液返回用于浸出焙烧矿。洗渣固液比 1∶10，洗渣时间 2 h，洗渣酸度 pH=2。弃渣中 REO<3%，返洗液中 REO<1%，稀土回收率 96%。水浸液控制指标为 REO 约 40 g/L，[Fe]<0.05 g/L，[P]<0.005 g/L，[Th]<0.001 g/L，pH 值 4~4.5。

近年来，多数工厂采用 1995 年通过鉴定的除磷科技成果。由于白云鄂博矿的深入开采，混合稀土精矿中氟碳铈矿与独居石的比例，已由以往的（6~2）∶1 变为 4∶6，精矿中铁磷比大为降低，由以往的 2.5 降至 1.0，造成稀土与磷生成沉淀而使稀土大量损失，从焙烧到水浸的稀土收率由原来的 90%~92%降至 73%左右。该方法是将含铁较高的矿物加入稀土精矿中，调整铁与磷的合适比例，经过焙烧和浸出后，稀土收率从 73.59%提高到 86.98%，即稀土回收率提高 10%以上。

2.3 NaOH 溶液常压分解独居石精矿

微课2-3
独居石精矿
的分解

用 NaOH 分解稀土矿物是一种经典方法，独居石、氟碳铈矿、混合型稀土矿和磷钇矿等精矿都可用 NaOH 分解。

2.3.1 NaOH 分解独居石的原理

独居石精矿是含轻稀土元素为主的磷酸盐矿物，并含有磷（P_2O_5 20%~33%）和放射性元素钍（ThO_2 4%~10%）、铀（U_3O_8 0.2%~0.8%），脉石矿物有金红石（TiO_2）、钛铁矿（$FeO \cdot TiO_2$）、锆英石（$ZrSiO_4$）以及 SiO_2 等。独居石是具有综合利用价值的矿物，除稀土外，钍、铀、磷等都可以综合回收。

独居石与 NaOH 水溶液的反应为：

$$REPO_4 + 3NaOH \xlongequal{\quad} RE(OH)_3 + Na_3PO_4 \tag{2-12}$$

反应式（2-12）的平衡常数 K 为：

$$K = \frac{C_{PO_4^{3-}}}{C_{OH^-}^3} = \frac{C_{RE^{3+}} \cdot C_{PO_4^{3-}}}{C_{RE^{3+}} \cdot C_{OH^-}^3} = \frac{K_{sp,REPO_4}}{K_{sp,RE(OH)_3}} \tag{2-13}$$

式中 $C_{PO_4^{3-}}$，C_{OH^-}，$C_{RE^{3+}}$——反应平衡时 PO_4^{3-}、OH^- 和 RE^{3+} 的浓度；

$K_{sp,\ REPO_4}$，$K_{sp,\ RE(OH)_3}$——$REPO_4$ 和 $RE(OH)_3$ 的溶度积。

根据化学反应等温方程式，反应式（2-12）的自由能变化为：

$$\Delta G = -RT\ln K + RT\ln C_{PO_4^{3-}}/C_{OH^-}^3 \tag{2-14}$$

由热力学原理可知，当 $\Delta G<0$ 时，反应式（2-12）才能进行。

某些元素的氢氧化物的溶度积以及在 25 ℃和 $C_{Me^{z+}}=1$ 时，生成氢氧化物的 pH 值和有关数据见表 2-13。

表 2-13 某些金属在 25 ℃时形成氢氧化物的溶度积及有关数据

氢氧化物	K_{sp}	溶解度/($mol \cdot L^{-1}$)	ΔG/kcal	形成 $Me(OH)_z$ 的 pH 值
$U(OH)_4$	1.26×10^{-52}	1.37×10^{-11}	−70.77	1.03
$Ce(OH)_4$	3.98×10^{-51}	2.74×10^{-11}	−68.73	1.40
$Th(OH)_4$	1.26×10^{-45}	3.45×10^{-11}	−61.23	2.78
$Fe(OH)_3$	6.92×10^{-38}	2.25×10^{-10}	−50.89	1.62
$Al(OH)_3$	1.78×10^{-33}	2.82×10^{-9}	−44.66	3.08
$Lu(OH)_3$	1.9×10^{-24}	5.15×10^{-7}	−32.35	6.09
$Yb(OH)_3$	2.5×10^{-24}	5.51×10^{-7}	−32.19	6.13
$Er(OH)_3$	4.1×10^{-24}	6.24×10^{-7}	−31.91	6.20
$Eu(OH)_3$	9.0×10^{-24}	7.60×10^{-7}	−31.44	6.32

续表 2-13

氢氧化物	K_{sp}	溶解度/(mol·L^{-1})	ΔG/kcal	形成 Me(OH)$_z$ 的 pH 值
$Gd(OH)_3$	1.4×10^{-23}	8.48×10^{-7}	−31.12	6.38
$Y(OH)_3$	1.6×10^{-23}	8.87×10^{-7}	−31.04	6.42
$Sm(OH)_3$	8.4×10^{-23}	1.33×10^{-6}	−30.11	6.64
$Ce(OH)_3$	1.0×10^{-22}	1.39×10^{-6}	−30.00	6.70
$Nd(OH)_3$	3.2×10^{-22}	1.86×10^{-6}	−29.32	6.84
$Pr(OH)_3$	6.7×10^{-22}	2.23×10^{-6}	−28.87	6.94
$La(OH)_3$	1.7×10^{-19}	8.91×10^{-6}	−25.60	7.74
$Sn(OH)_2$	4.9×10^{-26}	2.31×10^{-9}	−34.52	1.34
$Cu(OH)_2$	1.07×10^{-19}	2.99×10^{-7}	−25.88	4.52
$Ni(OH)_2$	1.51×10^{-16}	3.36×10^{-6}	−21.58	6.09
$Zn(OH)_2$	1.66×10^{-16}	3.46×10^{-6}	−21.58	6.11
$Fe(OH)_2$	1.91×10^{-15}	7.93×10^{-6}	−20.08	6.64
$Mn(OH)_2$	4.0×10^{-14}	2.15×10^{-5}	−18.28	7.30
$Mg(OH)_2$	8.71×10^{-12}	1.3×10^{-4}	−15.09	8.47

稀土磷酸盐的溶度积在 10^{-23} 数量级，对轻稀土而言（反应过程中 $Ce(OH)_4$ 的生成量极少，可忽略不计），均有 $K_{sp,REPO_4} < K_{sp,RE(OH)_3}$， 即 $K<1$。由等温方程 $\Delta G=-RT\ln K$ 可知，反应式（2-12）的 $\Delta G>0$，因此，该反应不能自发进行。

但增加 NaOH 用量可提高溶液中 C_{OH^-}，从而能使反应式（2-12）的 $\Delta G<0$。令 $\Delta G = -RT\ln K+RT\ln C_{PO_4^{3-}}/C_{OH^-}^3<0$，有 $C_{PO_4^{3-}}/C_{OH^-}^3<K$，故取 $C_{OH^-}>\sqrt[3]{C_{PO_4^{3-}}/K}$。例如，用 50% NaOH 溶液分解独居石精矿，碱液浓度 $C_{OH^-}=500\times1.53/40.01=19.12$ mol/L，反应完全时溶液分解独居石 $C_{PO_4^{3-}}=19.12/3=6.37$ mol/L。由表 2-13，取

$$K=\frac{K_{sp,REPO_4}}{K_{sp,La(OH)_3}}=\frac{10^{-23}}{1.7\times10^{-19}}=0.588\times10^{-4}$$

将 $C_{PO_4^{3-}}$ 和 K 代入计算得：$C_{OH^-} > \sqrt[3]{6.37/0.588\times10^{-4}}=47.67$ mol/L，即要使反应式（2-12）的$\Delta G<0$，NaOH 用量应为理论需要量 19.12 mol/L 的 2.49 倍。换算为矿碱质量比，理论比(6.37×235.4)：(19.12×40.01)= 1：0.51，而实际达到(6.37×235.4)：(47.67×40.01)= 1：1.27，增大 2.49 倍，才能使反应向生成 $RE(OH)_3$ 的方向进行。

由热力学计算可知，反应式（2-12）的热焓 $\Delta H>0$，为吸热反应。由下式可知：

$$\frac{\mathrm{d}\ln K}{\mathrm{d}T}=\frac{\Delta H}{RT^2} \tag{2-15}$$

对于吸热反应，温度升高，K 值增大，有利于反应的进行。因此，在工业上提高反应温度进行分解，可降低耗碱量。常将温度控制在 140 ℃以上，或采用压热法使分解温度进一步

提高。

由于反应式（2-12）是在固-液两相界面上进行的，反应生成物 $RE(OH)_3$ 膜包覆在矿物颗粒的表面上，反应速度受到 NaOH 溶液中 OH^- 向固体表面扩散速度的控制。按照生成致密固体产物的动力学方程，独居石的分解率 x 与分解时间的关系式为：

$$1-\frac{2}{3}x-(1-x)^{\frac{2}{3}}=\frac{C_0k}{r_0^2\rho}t \tag{2-16}$$

式中 r_0——独居石颗粒的原始半径；

C_0——NaOH 的初始浓度；

ρ——矿粒的密度；

k——常数，与扩散系数和温度有关；

t——反应时间。

可见，通过细磨矿石，提高 NaOH 浓度和延长分解时间均可提高独居石的分解率。

尽管提高 NaOH 浓度和反应温度可加速分解反应的进行，但由于 NaOH 浓度过高，物料变得黏稠，引起局部过热，从而导致分解产物中铈被氧化，而难溶于酸。

2.3.2 NaOH 溶液常压分解工艺 【案例】

NaOH 溶液分解独居石精矿的工艺流程如图 2-9 所示。该过程的实质是在 140 ℃左右的温度下用 NaOH 溶液分解独居石，使稀土、钍、铀等生成氢氧化物沉淀，与 Na_3PO_4 实现分离。然后用盐酸溶解沉淀物，使稀土元素优先溶解，而钍、铀及其他杂质仍留在残渣中达到分离。主要反应为：

$$REPO_4+3NaOH=\!=\!=RE(OH)_3+Na_3PO_4$$

$$Th_3(PO_4)_4+12NaOH=\!=\!=3Th(OH)_4+4Na_3PO_4$$

$$2U_3O_8+O_2+6NaOH=\!=\!=3Na_2U_2O_7+3H_2O$$

部分+4 价铀以氢氧化铀 $U(OH)_4$ 沉淀析出，而在过量 NaOH 的溶液中，$U(OH)_4$ 又按下列反应生成配合物进入溶液中：

$$U(OH)_4+OH^-=\!=\!=H_3UO_4^-+H_2O$$

其反应平衡常数为 1.7×10^{-4}。

在分解过程中，精矿中少量的脉石矿物部分与 NaOH 反应：

$$ZrSiO_4+4NaOH=\!=\!=Na_2ZrO_3+Na_2SiO_3+2H_2O$$

$$TiO_2+2NaOH=\!=\!=Na_2TiO_3+H_2O$$

$$SiO_2+2NaOH=\!=\!=Na_2SiO_3+H_2O$$

$$Al_2O_3+2NaOH=\!=\!=2NaAlO_2+H_2O$$

由于独居石精矿中的脉石矿物分解成可溶于酸的锆、钛、硅、铝的钠盐，形成凝聚的高分子胶状化合物，使溶液黏度变大。严重时会在反应槽底部结垢造成反应体系“发胀”，或会导致反应过程中产生的气体不易散出引起“冒槽”等事故，同时会给分解后的固液分离带来困难。因此，碱液分解对独居石精矿质量有一定要求，要求精矿中 $w(REO)\geqslant$

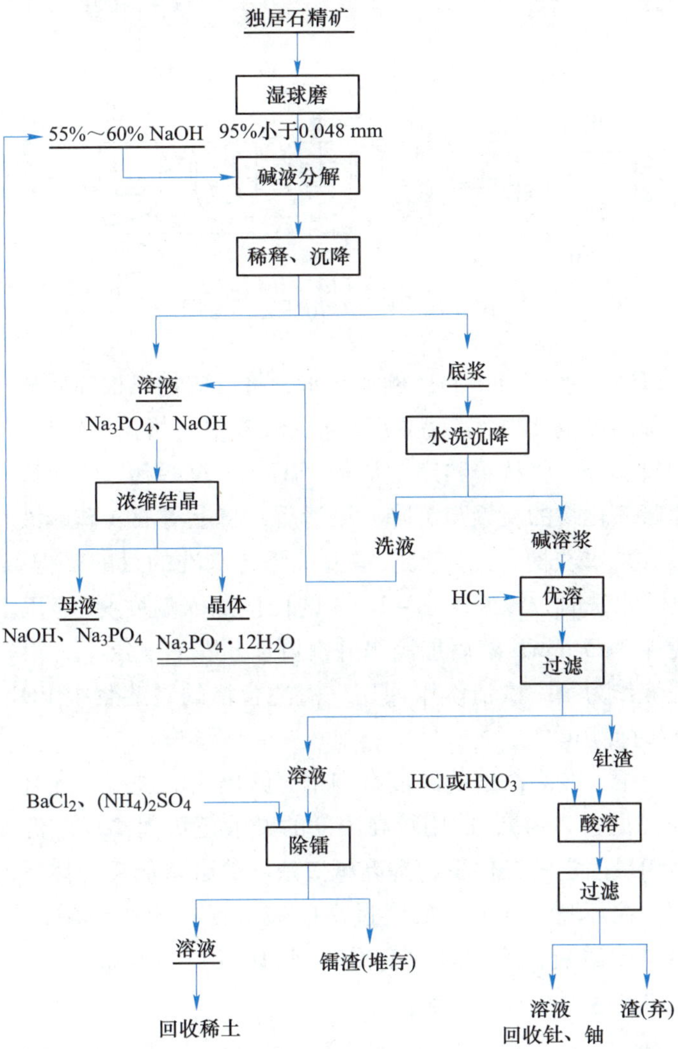

图 2-9 NaOH 溶液分解独居石精矿的工艺流程

65%、$w(ZrO_2)<1.8\%$、$w(TiO_2)<1\%$、$w(SiO_2)<3\%$、$w(Fe)<1\%$。

为了提高分解率和加快反应速度，分解前要湿球磨精矿，达到矿泥粒度-0.046 mm（320 目）不小于 99%，其中-0.04 mm（360 目）不小于 95%，矿泥含水量控制在 26%~30%。根据矿种的不同，以矿碱比 1：(0.95~1) 确定每批配料的矿浆体积和 50%碱溶液的体积，将二者计量放入调浆槽，搅拌调匀后用砂浆泵输入计量高位槽。连续分解作业是在 5 个串联成一组的钢制反应槽中按串联并流连续工艺进行，如图 2-10 所示。反应槽的温度达到 135~140 ℃时，开启计量高位槽阀门，湿磨矿浆和 NaOH 溶液混合物按规定流量流入第一个反应槽。反应槽的夹套中通入蒸汽加热，为了保证温度均匀，在槽底的外部也可用电阻丝加热。在搅拌下，反应物料在槽内停留一段时间后连续流入第二个反应槽，依次类推，反应物料最后溢流入稀释槽，在槽内的总反应时间为 8~12 h。

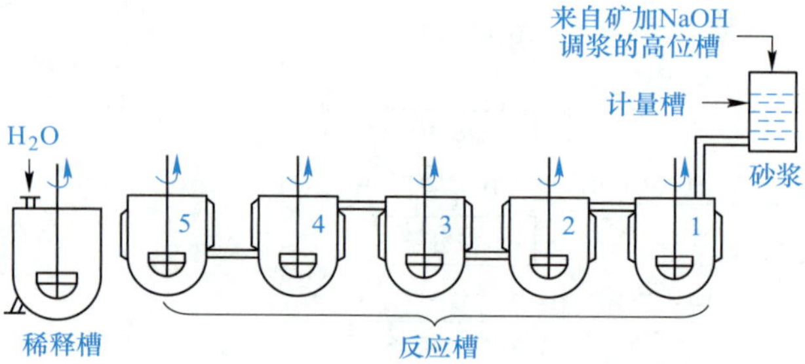

图 2-10 连续分解工艺示意图

在稀释槽中，以浆：水=2：1 的比例加热水，将反应物料稀释后放出。稀释的目的是固液容易分离，稀释温度约 100 ℃。温度过低，碱液中易析出 Na_3PO_4；温度过高，则因物料翻动而影响物料沉降。将稀释料定期从稀释槽送入沉降槽，在沉降槽中经过约 1 h 的陈化，以利于固体氢氧化物的凝聚与沉降。澄清后，将上清液（磷碱液）虹吸至蒸发器浓缩处理。将碱溶浆放入水洗槽，经过数段错流洗涤，水洗的目的是把碱溶浆中的 Na_3PO_4 和 NaOH 洗出回收。水洗时，以浆：水=1：4 的比例加入温度 90 ℃以上的热水，加水至槽容积的 3/4 时搅拌 3~5 min，然后加满水并沉降 1 h 左右。第一、第二次的洗液与磷碱液合并，第三次洗液作为第一次清洗水回用。清洗合格的碱溶浆中 PO_4^{3-} 的质量分数小于 1.2%，以备酸溶解时使用。

在碱液分解过程中，较高浓度的碱液有利于分解反应的进行。此外，碱液的沸点随其浓度的增加而上升（见表 2-14），即用较高浓度的碱液还可提高反应温度，也有利于分解反应。但是，在碱用量固定的条件下，提高碱液浓度势必降低反应体系的液固比，致使其流动性变差。同时，在环境温度下，浓度过高的碱液易析出固体碱，从而使输送管道堵塞。故生产中用 50%的碱液，溶碱时浓度需达到 50 Be′①。实验证明，在此碱液浓度下，在 140 ℃分解 5 h 即可达到 97%的分解率。

表 2-14 NaOH 溶液浓度与沸点的关系

NaOH 浓度（质量分数）/%	37.58	48.30	60.13	69.97	77.53
沸点/℃	125	140	160	180	200

分解反应消耗体系中的碱，NaOH 浓度随之降低，碱液的沸点同时降低。碱液的沸点降至低于当时体系的温度时，则体系过热，料液大量溢出，发生“冒槽”事故。此时应及时补加适量新碱液或加快加料速度。

2.3.3 从碱溶浆提取稀土和除镭

独居石精矿经过碱液分解和澄清沉降后，得到的碱溶浆含稀土、钍、铀和一部分未分解的脉石及分解后的锆、钛等钠盐的沉淀物。碱溶浆经充分洗涤除去 PO_4^{3-} 后，一般用盐

① Be′表示波美浓度，是用波美密度计浸入溶液中所测得的度数来表示的溶液浓度，如 50 Be′碱液的密度为 1.53 g/mL。

酸优先将稀土溶解出来，而使钍和铀留在沉淀中。盐酸优先溶解得到氯化稀土溶液，经过净化除镭后，蒸发结晶制取混合稀土氯化物产品。

经水洗后的氢氧化稀土，用盐酸优先溶解稀土。该溶液既可经浓缩结晶制取混合稀土氯化物产品，也可作为稀土分组或单一稀土分离的原料。盐酸溶解 $RE(OH)_3$ 的反应式为：

$$RE(OH)_3 + 3HCl \xlongequal{\quad} RECl_3 + 3H_2O \tag{2-17}$$

$$Th(OH)_4 + 4HCl \xlongequal{\quad} ThCl_4 + 4H_2O \tag{2-18}$$

反应式（2-17）的标准自由能变化为：

$$\Delta G = \Delta G_{RE^{3+}} + 3\Delta G_{H_2O} - (3\Delta G_{OH^-} + 3\Delta G_{H^+})$$

计算得 $\Delta G = -1299$ kJ/mol，且由等温方程式 $\Delta G = -RT\ln K$ 求得该反应的平衡常数 $K = 10^{277}$。计算结果表明，该反应的标准自由能 ΔG 远远小于零，平衡常数 K 值也相当大，说明该反应能自发进行，且进行得很完全。

用盐酸溶解 $RE(OH)_3$ 的反应发生在悬浮于液体中的 $RE(OH)_3$ 固体颗粒表面上。对于颗粒半径为 γ_0、密度为 ρ 的物料，反应服从一级反应，则用反应分数 x 与时间 t 的关系表示的反应动力学方程为：

$$1 - (1 - x)^{\frac{1}{3}} = \frac{C_0 k}{r_0 \rho} \cdot t \tag{2-19}$$

对于电化学溶解反应：

$$Ce(OH)_4 + 4H^+ + e \xlongequal{\quad} Ce^{3+} + 4H_2O$$

按电化学速度模型，其动力学方程为：

$$1 - (1 - x)^{\frac{1}{3}} = \frac{k_S}{r_0 \rho} \cdot t \tag{2-20}$$

在动力学区域内，反应分数 x 随速度常数 k 的增加而提高。根据 Arrhenius 公式 $\ln k = -E/RT + B$，对大多数化学反应，活化能 E 值一般为几十千焦耳，因此温度每升高 10 ℃，反应速度增大 2~4 倍。盐酸的初始浓度 C_0 提高，溶解速度和溶解程度均随之增大。对于电化学溶解，k_S 为表面反应的比速度，与阴阳极的表面积、反应速度及离子的活度系数有关。

盐酸优先溶解是利用钍、铀、稀土的氢氧化物在盐酸溶液中溶解度的不同，使得钍、铀与稀土得到有效分离。由溶度积原理可以确定使 $RE(OH)_3$ 尽可能溶解，同时又使钍、铀等杂质保留在沉淀物中的 pH 值范围。通常认为，溶液中金属离子的浓度小于 10^{-5} mol/L 即已“沉淀完全”，根据这一指标计算 Th^{4+}、U^{4+}、Fe^{3+} 形成沉淀的 pH 值。

U^{4+}：$[10^{-5}][OH^-]^4 = 1.26 \times 10^{-52}$，　$[OH] = 1.88 \times 10^{-12}$，　pH = 2.28；

Th^{4+}：$[10^{-5}][OH^-]^4 = 1.26 \times 10^{-45}$，　$[OH^-] = 1.06 \times 10^{-10}$，　pH = 4.02；

Fe^{3+}：$[10^{-5}][OH^-]^3 = 6.92 \times 10^{-38}$，　$[OH^-] = 1.91 \times 10^{-11}$，　pH = 3.28。

从计算结果可知，只要将溶液的 pH 值控制在 4 以上，即可将 U^{4+}、Th^{4+}、Fe^{3+} 等杂质元素除去。由前述可知，将溶液的 pH 值控制在 6 以下即可将 $RE(OH)_3$ 全部溶解，故在盐酸溶解时常将最终 pH 值控制在 4~4.5 范围，以使 $RE(OH)_3$ 完全溶解并尽量除去非稀土杂质。

在生产实践中，先在水洗槽内将碱溶浆搅拌均匀，使其浓度达到60 Be′。将料浆转入酸溶反应槽，加入工业级盐酸（10~12 mol/L），搅拌并加热至90~100 ℃进行溶解反应。先将反应酸度控制在pH值1.5~2.0，然后再用碱溶浆回调到pH值4.5。pH值调整好后再煮沸1 h，以保证钍、铀沉淀完全。这样可得到较高的稀土溶出率（90%左右），而且溶液中非稀土杂质含量较低，符合制取混合稀土氯化物产品的要求。

生产中常用板框式压滤机过滤优先溶解后的料浆，滤饼中稀土约为精矿中稀土总量的10%，而钍、铀几乎全部集中在滤饼中。滤饼用浆：水=1：1.5体积比的90~100 ℃热水调浆，进行第二次板框压滤。二次滤液并入第一次压滤清液中，二次滤饼用90~100 ℃热水清洗3~4次，至洗液中氯离子浓度小于0.6 g/L为止。最终滤饼可用硝酸或盐酸溶解，得到的溶液采用溶剂萃取法分离提取其中的稀土、钍、铀。

由于用盐酸优先溶解得到的稀土氯化物溶液中一般含有微量放射性元素镭（$<10^{-10}$ mol/L），故必须净化除镭，目前普遍采用硫酸钡共沉淀法除镭。由于镭和钡的离子半径很相近（Ba^{2+} 0.138 nm，Ra^{2+} 0.141 nm），因此产生同晶共沉淀现象，在硫酸钡沉淀的同时将镭共载沉淀：

$$Ba^{2+}(Ra^{2+}) + SO_4^{2-} = Ba(Ra)SO_4$$

为了提高除镭效果，需要足够量的Ba^{2+}和SO_4^{2-}。操作时，先将稀土溶液加热至70~80 ℃，然后在搅拌下按每立方米溶液加入2 kg硫酸铵和3.5 kg氯化钡的水溶液，控制离子溶度积［Ba^{2+}］［Ra^{2+}］约10^{-4}数量级，大大超过$BaSO_4$和$RaSO_4$的溶度积（25 ℃时分别为1.1×10^{-10}和4.2×10^{-11}），则$RaSO_4$随大量$BaSO_4$的沉淀而共沉淀。加完溶液后继续搅拌10 min，加聚丙烯酰胺溶液，继续搅拌2 min，反应后使其在室温下陈化较长时间，以利于充分共载沉淀和沉淀的过滤。

除镭后的稀土氯化物溶液质量控制指标为：REO浓度不小于160 g/L，$w(SO_4^{2-})/w(REO)\leqslant0.003\%$，放射性强度不大于$3.7\times10^4$ Bq/L，pH值4~5，可经过蒸发结晶制取混合稀土氯化物产品。

2.3.4 磷酸三钠的回收及除铀

独居石精矿经碱液分解后，经过数次清洗碱溶浆，磷以可溶的Na_3PO_4形态留在磷碱液中。此时磷碱液浓度约10 Be′，其中NaOH浓度为2 mol/L左右、P_2O_5的浓度为20 g/L左右。将其蒸发浓缩至溶液沸点达135 ℃时，NaOH浓度约为0.94 mol/L。20 ℃时，Na_3PO_4在36% NaOH溶液中的溶解度仅为0.3%，因此，浓缩后的磷碱液冷却即析出$Na_3PO_4\cdot12H_2O$结晶。结晶母液中除含有NaOH，还含有硅等杂质。加入石灰使杂质生成硅酸钙沉淀：

$$Na_2SiO_3 + Ca(OH)_2 \longrightarrow CaSiO_3\downarrow + 2NaOH$$

回收的碱液可再返回碱分解独居石工序使用。

工业实践中，在列文蒸发器中浓缩磷碱液，这种蒸发器又称管外沸腾式蒸发器，适用于处理浓稠的易于结晶和生垢的溶液。磷碱液在列文蒸发器中浓缩至浓度达 36 Be′后，放入结晶槽中用夹套水冷却 6 h 左右，待结晶完全析出后，吸出上清液，得到磷酸三钠结晶。

在冷却结晶时，微量的+6 价铀会带入结晶体中，故应进一步除铀。先用热水溶解粗结晶，加热至沸腾，随后加还原剂锌粉和硫酸亚铁，再加入石灰水，则+6 价铀被还原成+4 价状态，并以氢氧化铀沉淀除去：

$$UO_2^{2+} + Zn + 2H_2O = U^{4+} + 4OH^- + Zn^{2+}$$

$$UO_2^{2+} + 2Fe^{2+} + 2H_2O = U^{4+} + 2Fe^{3+} + 4OH^-$$

$$U^{4+} + 2Ca(OH)_4 = 2Ca^{2+} + U(OH)_4$$

$$2Fe^{3+} + Ca(OH)_2 = 2Fe(OH)_3 + Ca^{2+}$$

以上反应中，加入锌粉可使+6 价铀有效地还原，但因铀量很少，只加锌粉不可能使 $U(OH)_4$ 完全沉淀下来。加入硫酸亚铁生成的 $Fe(OH)_2$ 则能很好地将 $U(OH)_4$ 共载沉淀。

除铀后的溶液再在结晶槽中冷却结晶，得到 $Na_3PO_4 \cdot 12H_2O$ 产品，其放射性比活度值可达到允许范围。一般每分解 1 t 独居石精矿可获得 1 t 以上磷酸三钠副产品。

2.4 NaOH 分解混合型稀土精矿【案例】

混合型稀土精矿是氟碳铈矿和独居石的混合矿物，其中主要杂质矿物有萤石、方解石、磷灰石和铁矿物。为保证碱分解过程的顺利进行和提高稀土产品质量，必须在碱分解前用盐酸将萤石等杂质除去。然后用 NaOH 将精矿中稀土转化为氢氧化物，再用盐酸溶剂将稀土转入溶液中，其工艺流程如图 2-11 所示。

2.4.1 化学选矿

所谓化学选矿是用稀盐酸将精矿中的含钙矿物（如萤石等）浸出并分离出去。用稀盐酸对稀土矿进行化学选矿时，主要反应如下：

$$CaCO_3 + 2HCl = CaCl_2 + H_2O + CO_2\uparrow$$

$$Ca_5F(PO_4)_3 + 10HCl = 5CaCl_2 + 3H_3PO_4 + HF$$

$$CaF_2 + 2HCl = CaCl_2 + 2HF$$

$$RE_2(CO_3)_3 \cdot REF_3 + 6HCl = 2RECl_3 + REF_3 + 3H_2O + 3CO_2$$

$$RECl_3 + 3HF = REF_3\downarrow + 3HCl$$

精矿中的钙 30%~40%以方解石和磷灰石的形式存在，易溶于稀酸；大量的钙赋存于萤石。若要使萤石溶解，则需要较浓的酸在较高温度下进行，这就可能使氟碳铈矿 $RE_2(CO_3)_3 \cdot REF_3$ 中的 $RE_2(CO_3)_3$ 部分溶解，造成稀土损失。但是，萤石溶解时有 F^- 进入溶液，会与已进入溶液的 RE^{3+} 形成 REF_3 又沉淀于精矿中，即相对于 REF_3，CaF_2 是强电解质。CaF_2 的溶解产生了同离子效应使溶液中的 RE^{3+} 浓度降低，减少了稀土损失。另外，REF_3 的沉淀又使溶液中的 F^- 浓度降低，促进 CaF_2 继续溶解。显然，尽管氟碳铈矿在化学选矿条件下有部分稀土被溶解，但由于萤石和磷灰石溶解时生成的 HF 又与已溶解的

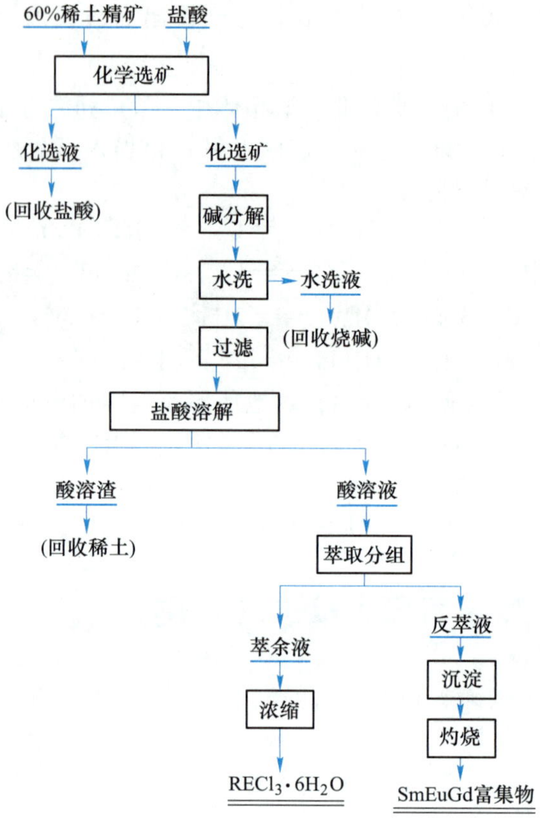

图 2-11 NaOH 分解混合型稀土精矿工艺流程

稀土生成 REF_3 沉淀，从而减少了稀土的损失。

用不同浓度和不同体积的盐酸在 90~95 ℃下浸出 3 h，滤液中离子溶度积$[RE^{3+}]\cdot[F^-]^3$与$[Ca^{2+}]\cdot[F^-]^2$（精矿中仍有大量的 REF_3 和少量的 CaF_2，因此也可将这两个溶度积视为该条件下的溶度积）皆随着滤液的 pH 值增加而降低。但对同一种滤液，$[Ca^{2+}]\cdot[F^-]^2(C_{PC})$比$[RE^{3+}]\cdot[F^-]^3(C_{PR})$大 100~300 倍。选择较佳的条件能使化学选矿中的 CaO 含量降至 0.2%，而稀土损失约 2%。此外，对钙含量较高的矿物，要提高除钙率和减少稀土损失，化学选矿过程就必须在较高酸度下进行。图 2-12 所示为化学选矿滤液酸度与钙、稀土、氧在滤液中除去率的关系。对于钙含量高的精矿，当化选滤液酸度接近 1.5 mol/L 时，可除去精矿中约 95%的钙，损失于滤液的稀土量也降至最小值，而达到最大氟除去率。

化学选矿工艺操作在化选反应槽中进行。在反应槽中先加入工业盐酸，加水调配至酸度 2.5 mol/L。升温并在搅拌下缓慢加入稀土精矿，至固液比 1∶(5~7)。温度高于 90 ℃搅拌 2~3 h，澄清 2 h 后，将上清液虹吸至盐酸槽净化回收盐酸。反应槽中的沉淀，加水在 60~70 ℃搅拌 0.5 h 后澄清。虹吸出洗液，再加水进行二次洗涤。洗好后将料浆打入真

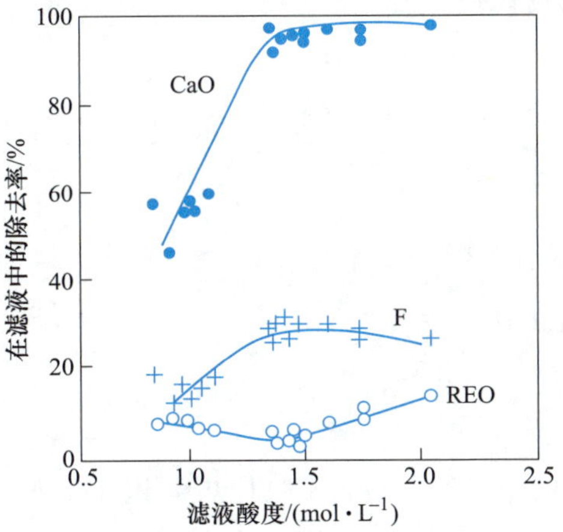

图 2-12 化学选矿滤液酸度与钙、稀土、氧在滤液中除去率的关系

空过滤器过滤，抽真空至滤饼出现裂纹，然后用热水淋洗滤饼，抽干后挖出滤饼，转入碱分解工序。60% REO 稀土精矿用 2.5 mol/L HCl 溶解时，要求化选矿中 w(REO)>68%，w(CaO)<4%，$w(Fe_2O_3)$<1.5%；化选液中 C_{REO}<0.1 g/L，C_{CaO}>15 g/L，C_{H^+}<1.2 mol/L。必须掌握每批精矿的化学成分，随时调整化选条件，以达到上述质量指标。

化选液可在常温下除钙净化。化选液加入硫酸后与钙作用生成硫酸钙沉淀物，反应式为：

$$CaCl_2 + H_2SO_4 \xlongequal{\quad} CaSO_4\downarrow + 2HCl$$

氧化钙与硫酸用量为 w(CaO)：$w(H_2SO_4)$ = 1：5，反应时间 2~3 h，澄清 10~12 h。除钙的化选液中 C_{H^+}=2~2.3 mol/L、C_{CaO}<3 g/L，可返回至配酸岗位继续用于化学选矿。

2.4.2 NaOH 分解化选矿

NaOH 与化选矿的反应式如下：

$$RE_2(CO_3)_3\cdot REF_3 + 9NaOH \xlongequal{\quad} 3RE(OH)_3 + 3NaF + 3Na_2CO_3$$

$$REPO_4 + 3NaOH \xlongequal{\quad} RE(OH)_3 + Na_3PO_4$$

$$REF_3 + 3NaOH \xlongequal{\quad} RE(OH)_3 + 3NaF$$

在一般条件下，上述反应不能自发进行。因此，必须使 NaOH 过量，即使 ΔG<0。提高 NaOH 浓度或升高反应温度，均可使反应速度加快。实践证明，用浓度（质量分数）为 50%的 NaOH 在 140 ℃时，分解时间长达 4~6 h，而用 70%的 NaOH 在 170 ℃下，分解时间仅为 30 min。

实际上，稀土矿物与 NaOH 溶液的反应属于多相反应，也即分解反应发生在固液两相界面上。反应生成物 $RE(OH)_3$ 固体又附着在尚未分解矿物的表面上，且 Na_2CO_3、NaF、Na_3PO_4 溶液在固体颗粒周围形成液膜层。当矿物颗粒与 NaOH 溶液开始接触时，反应进行得很快。随着反应的进行，$RE(OH)_3$ 固体层和钠盐的液体膜形成，且变得越来越厚，阻碍了 OH^- 向矿物颗粒表面扩散。因此，稀土矿物的分解速度又取决于 OH^- 向矿物颗粒表面的扩散速度，扩散速度方程为：

$$\frac{dC_P}{dt}=\frac{DA}{\delta V}(C_1-C_2) \tag{2-21}$$

式中 D——扩散系数；

A——矿物比表面积；

C_1——NaOH 的初始浓度；

C_2——两相界面的 NaOH 浓度；

δ——液膜厚度；

V——溶液体积。

显而易见，提高 NaOH 浓度 C_1，增大矿物比表面积 A（细磨精矿），加强搅拌（减少液膜厚度 δ 和降低相界面 NaOH 浓度 C_2）均可使分解反应加速进行。当然，过高的碱液浓度也增加了液体黏度而不利于扩散。另外，反应的碱液浓度与温度过高，由于是在空气中进行分解，分解产物中的 Ce^{3+} 易氧化成 Ce^{4+}，致使在盐酸溶解碱饼形成氯化稀土溶液时，溶液中 $w(CeO_2)/w(REO)$ 比值降低。

NaOH 分解 68%REO 化选矿时，稀土矿物消耗的 NaOH 理论需要量不超过精矿量的 50%。实际上，必须增加 NaOH 用量才有利于反应向生成 $RE(OH)_3$ 的方向进行。使化选矿分解完全所需碱量，既与矿物的稀土配分有关，也与化选矿中各种矿物的比例有关。例如，混合型稀土精矿中氟碳铈矿与独居石的比例为 6∶4 时，分解 1 kg 氟碳铈矿需 NaOH 500 g，若取独居石中 La_2O_3 配分为 20%，估算该化选矿需 NaOH 为 769.5 g，再加上其他稀土矿物消耗的 NaOH；在一定条件下，NaOH 用量达到精矿量的 80%时，稀土矿物分解比较完全。

NaOH 溶液分解混合型稀土精矿的研究与生产经历了三个阶段，即碱液常压分解、固碱电场分解与浓碱液电加热分解。后二者是向分解槽中通入低压交流电，为分解反应提供了热源，有利于碱液及反应产物的扩散，从而可在高浓度碱液和更高温度下分解，大大缩短了反应时间和烧碱单耗。三种碱法的分解率都相当高，但从碱饼中 P_2O_5 和 F 的含量及除去率来看，碱液常压分解法效果稍好。但碱液常压分解法的工业生产表明，分解槽内壁易被腐蚀，分解槽用夹套式蒸汽加热，易发生事故，因此多已停止生产。另两种碱法工艺均为电加热，分解槽壁为单层，故无此问题。固碱电场法曾一度用于生产，碱分解工序劳动强度较大，设备尚有需改进之处，目前浓碱液电加热法现仍用于生产。

碱液常压分解可在多级共流分解槽中进行，也可在单级分解槽中进行。在单级分解槽中分解时，先在溶碱池中溶碱，测碱液浓度达到 50%后将其送入分解槽，分解槽的夹套中通蒸汽加温，在搅拌下缓缓加入计算量的化选矿。矿碱比 1∶(1~1.2)，升温至 120~140 ℃，保温反应 6~8 h。取样测定分解率大于 95%，游离碱度小于 80 g/L 后，将料浆用泵打入水洗槽进行水洗。

浓碱液电加热分解工艺的碱浓度 60%，矿碱比 1∶0.8。因溶碱时碱液浓度达不到工艺要求，故在混料时补加部分片碱或碎碱。将碱液、化选矿及少量片碱按计算量加入分解槽，搅拌混料 30 min。分解槽为湿法冶金常用的锥底反应槽，槽内插入三块导电板，呈三角形布置，外接操纵盘及变压器。混好料后，停止搅拌，开始通电，并观察槽内反应情况。在通电 20~30 min 时，电流强度逐步上升至最高点 2000~3000 A 后迅速下降，分解温度逐步上升至 160~170 ℃，碱分解反应即已完成。至电流下降到低点时，停电降温 1 h，取样分析分解率大于 97%。加水并搅拌调浆，放出料浆，用泵打入水洗槽进行水洗。浓碱液电加热分解的操作周期由传统碱液分解的 10 h 降至 2 h，能耗和碱耗也分别降低了 1/8 和 1/3，从而提高了工艺效率，延长了设备寿命。

2.4.3 水洗碱溶浆及回收烧碱

碱分解后的料浆，即碱溶浆，在水洗槽中用热水洗去 Na_2CO_3、NaF、Na_3PO_4 及过剩的游离碱，洗至中性后过滤，得到氢氧化稀土滤饼。水洗过程中用水量大，热能消耗高，一般洗 7~8 次才能达到要求。为节约能源和减少稀土损失，应将前批料的后一次水洗液作为后批料的前一次水洗的洗涤用水，依次往前推。只排放每批料的第一次水洗液，并回收烧碱。水洗工艺条件为：固液比 1∶10，水洗温度 60~70 ℃，搅拌 1 h，澄清时间 2 h，洗涤次数 7~8 次，最终洗液 pH 值 7~8。将洗好的物料打入真空过滤器中过滤，所得滤饼即为 $RE(OH)_3$ 产品。取样分析，其质量要求为：$w(REO)>75\%$，$w(Fe_2O_3)<1.5\%$，$w(CaO)<4.0\%$，$w(H_2O)<40\%$。

水洗液中含大量的碱，$NaOH+Na_2CO_3$ 浓度为 100~120 g/L，将其回收可降低生产成本。回收采用苛化-浓缩法。水洗液中加入石灰进行苛化，过滤后苛化液经蒸发浓缩，至碱浓度为 40%时，盐类析出，碱液回用。

苛化时，将水洗液加热至约 70 ℃，加入生石灰，CaO 加入量为生成 NaOH 量的 1.5 倍，然后在 85~95 ℃下搅拌 2.5~3 h，澄清时间 6 h，苛化率大于 90%。苛化反应式如下：

$$Na_2CO_3 + CaO + H_2O \xlongequal{} 2NaOH + CaCO_3\downarrow$$

$$2NaF + CaO + H_2O \xlongequal{} 2NaOH + CaF_2\downarrow$$

$$2Na_3PO_4 + 3CaO + 3H_2O \xlongequal{} 6NaOH + Ca_3(PO_4)\downarrow$$

废碱液的主要成分是 NaOH 与 Na_2CO_3，可近似地将其视为 $NaOH\text{-}Na_2CO_3\text{-}H_2O$ 三元体系。蒸发浓缩苛化液时，体系成分向 NaOH 浓度增大的方向变化。为了加速体系的平衡，采用常压搅拌浓缩的方式，浓缩的目标是获得约 50%碱液。在 39~100 ℃温度范围内，体系成分皆在 Na_2CO_3 及其饱和溶液的相区内，平衡时晶体为 Na_2CO_3，而液相中 Na_2CO_3 浓度（质量分数）小于 0.5%。从操作条件考虑，体系冷却到 50 ℃过滤，除去析出的 Na_2CO_3、NaF、Na_3PO_4 等盐类。工业生产中，滤液约为 40%的碱液，返回碱分解工序配碱后使用，也可将滤液继续蒸发至 500 ℃，冷却后可得到品位大于 95%的固体烧碱。

2.4.4 碱分解产物的酸溶解

经水洗后的氢氧化稀土，用盐酸优先溶解稀土。该溶液既可经浓缩结晶制取混合稀土氯化物产品，也可作为稀土分组或单一稀土分离的原料。

盐酸溶解稀土及铁、钍的反应较为完全，影响反应速度的因素有氢氧化物粒度、体系温度和盐酸浓度。生产实践中用工业盐酸（10~12 mol/L）溶解碱饼，将工业盐酸打入酸溶槽，在搅拌下缓缓加入计量碱饼并加热。当温度升至95 ℃，碱饼加完后，保持体系pH值小于1，继续保温并搅拌2~3 h，使碱饼完全溶解。然后在搅拌下慢慢加入少量碱饼或NH_4OH，调pH值至4~4.5，使Fe、Th水解沉淀。盐酸用量按碱饼完全溶解的物料平衡计算。例如用36%工业盐酸，所用盐酸质量大约为碱饼中REO质量的2.5倍。盐酸溶解时若有少量SO_4^{2-}进入溶液，必须除去。在搅拌下加入计算量的$BaCl_2$，使其生成$BaSO_4$沉淀下来，反应式如下：

$$BaCl_2 + SO_4^{2-} \longrightarrow BaSO_4 \downarrow + 2Cl^-$$

然后加入一定体积的0.3%的3号凝聚剂（聚丙烯酰胺）溶液，搅拌几分钟后停止搅拌，澄清2 h后取样分析。将澄清后的酸溶液虹吸至储液槽。将酸溶槽底部的渣液放出，经过滤器过滤，渣集中堆放，滤液与虹吸液合并，也可用板框过滤机过滤，此时可将溶液全部过滤。氯化稀土溶液控制指标为：$C_{REO}>230$ g/L，$C_{(CaO+MgO)}<10$ g/L，$C_{Fe_2O_3}<0.5$ g/L，$C_{Ba^{2+}}\leqslant 0.05$ g/L，$C_{SO_4^{2-}}\leqslant 0.1$ g/L，pH值4~4.5。

酸溶时，碱饼中含有的少量钙将发生如下反应：

$$Ca_3(PO_4)_2 + 6HCl = 3CaCl_2 + 2H_3PO_4$$

$$CaF_2 + 2HCl = CaCl_2 + 2HF$$

$$RE^{3+} + PO_4^{3-} = REPO_4 \downarrow$$

$$RE^{3+} + 3F^- = REF_3 \downarrow$$

从以上反应式可知，由于生成$REPO_4$沉淀而降低了浸出率，稀土收率约85%。酸溶渣中REO达10%~20%，再以硫酸溶解其中的稀土与钍，或用盐酸溶解渣。硫酸溶解渣后过滤，渣量约为化选矿质量的5%，其中含REO 30%~40%、ThO_2 0.3%~0.5%、Fe_2O_3约25%、P_2O_5约5%、F约3%，密封堆存。硫酸浸液中REO浓度约50 g/L、ThO_2浓度约2 g/L，以伯胺为萃取剂萃取钍，并制得钍富集物（含ThO_2约25%）。萃余液中的稀土以硫酸钠复盐沉淀形式回收，再用氢氧化钠转化成稀土氢氧化物，最后经盐酸溶解得到稀土氯化物溶液。

NaOH分解混合型稀土矿工艺的稀土回收率：化学选矿98%，碱分解95%，水洗氢氧化稀土98%，盐酸溶解氢氧化稀土85%，氯化稀土浓缩结晶97%，工艺总收率75.2%；主要原材料消耗指标：以每生产1 t $RECl_3 \cdot 6H_2O$的消耗计算，需60%混合型稀土精矿1 t、95%烧碱1 t、35%盐酸2.5 t。

微课2-4
氟碳铈矿
精矿的分解

2.5 稀土精矿的焙烧分解-酸浸及提铈方法【拓展】

稀土矿的焙烧分解主要有氟碳铈矿的氧化焙烧分解和混合型稀土矿的纯碱焙烧分解，焙烧过程中铈被氧化为+4价。分解产物用硫酸溶液浸出稀土，从浸液中沉淀+3价的硫酸稀土复盐或萃取+4价铈，从而实现了+3价稀土与铈的分离。

2.5.1 氟碳铈矿的氧化焙烧-酸浸分解

2.5.1.1 工艺流程

氟碳铈矿精矿现已成为稀土工业的主要原料。在工业生产中，目前有两种分解该精矿的工艺流程：一种是生产混合稀土氯化物的 HCl-NaOH 方法，另一种是生产单一稀土化合物（如氧化铕或氧化铈）的氧化焙烧-酸浸方法。这里介绍氧化焙烧氟碳铈矿制取氧化铈工艺，其工艺流程如图 2-13 所示。

微课2-5
氟碳铈矿生产稀土

微课2-6
白云鄂博氟碳铈矿精矿的分解

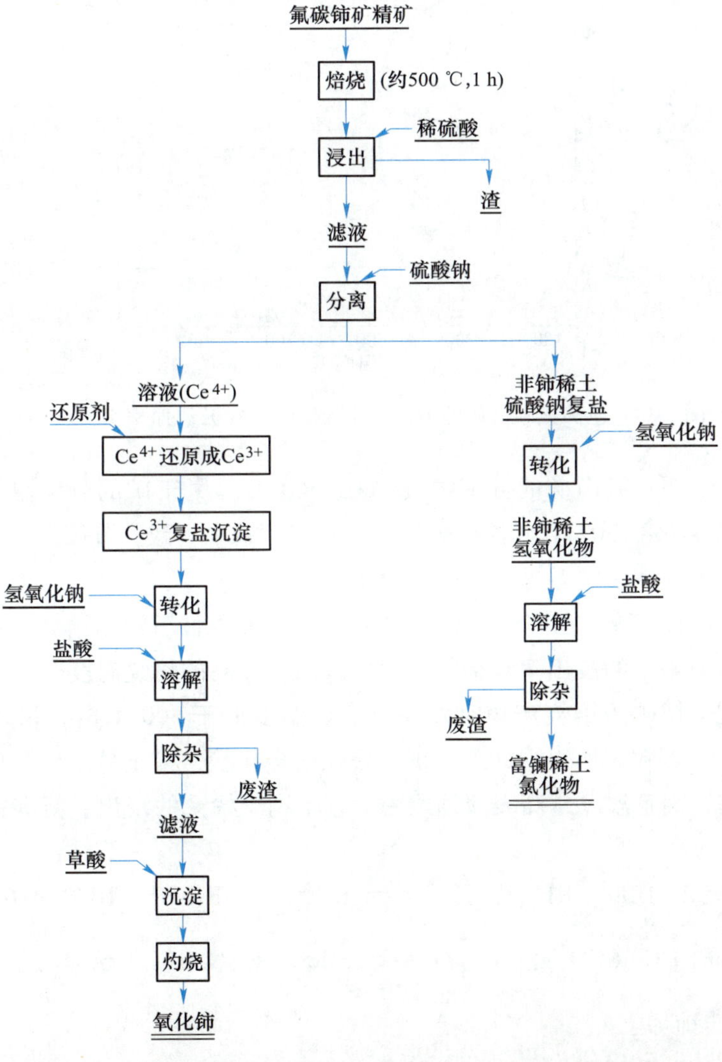

图 2-13 氧化焙烧-酸浸法从氟碳铈矿制取氧化铈的工艺流程

2.5.1.2 氧化焙烧

氟碳铈矿的分子式可写成 $REFCO_3$ 或 $REF_3 \cdot RE_2(CO_3)_3$，这种矿物易受热分解。图 2-14

为包头氟碳铈矿的热重-差热分析曲线。在 290~342 ℃，由于矿物中 Fe^{2+} 被氧化为 Fe^{3+}，发生放热反应。从 398~562 ℃，氟碳铈矿发生热分解反应，DTA 曲线上出现了两个吸热峰，铈同时被氧化，总失重率 16.21%。对不同温度下得到的焙烧产物进行 X 射线衍射结构分析，表明在 400 ℃以下氟碳铈矿仅部分分解。焙烧温度高于 450 ℃时，氟碳铈矿完全分解为稀土氧化物和氟氧化物，铈氧化率大于 95%。

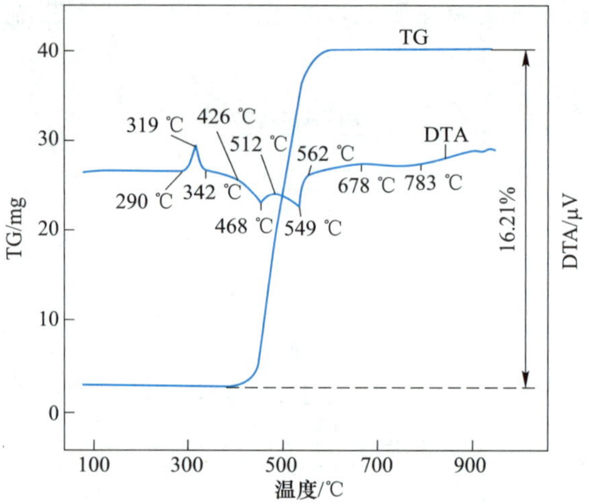

图 2-14 包头氟碳铈矿的 DTA-TG 分析曲线（升温速率 7 ℃/min）

同样的实验表明：微山矿的分解温度 400~560 ℃，冕宁矿的分解温度 442~585 ℃，德昌矿的分解温度 368~502 ℃。各种矿的热分解特性基本一致，分解温度不同可能是几种精矿在化学成分上存在一定差异所致，见表 2-5。

用 2.5 mol/L 的硫酸、在固液比为 1∶5、60~80 ℃条件下浸出焙烧产物 40 min，发现焙烧温度 500 ℃时稀土的浸出率和铈的氧化率最高。过高的焙烧温度会使稀土的浸出率降低，用显微镜观察精矿的焙烧产物时发现，焙烧温度低于 300 ℃时，精矿颗粒外观无变化；400~500 ℃时颗粒表面出现许多裂纹，呈疏松多孔状，稀土易浸出；高于 500 ℃，颗粒表面变得致密，而且温度越高表面越致密，越不利于稀土的浸出。氟碳铈矿的热分解反应式为：

$$2[REF_3 \cdot RE_2(CO_3)_3] \xlongequal{\quad} RE_2O_3 + 3REOF + REF_3 + 6CO_2$$

$$2[CeF_3 \cdot Ce_2(CO_3)_3] + \frac{3}{2}O_2 \xlongequal{\quad} 3CeO_2 + 3CeOF_2 + 6CO_2$$

式中，RE 表示非铈稀土。

2.5.1.3 焙烧矿的浸出

将冕宁精矿在 500 ℃下焙烧 1 h，然后用稀硫酸浸出，结果表明氟碳铈矿精矿经氧化焙烧后易被浸出。硫酸浸出液的化学分析结果见表 2-15。

表 2-15 硫酸浸出液的化学分析结果

REO	$w(CeO_2)/w(REO)$	F	Fe	CaO	H^+	$w(Ce^{4+})/w(CeO_2)$	ThO_2
86.2	49.78%	8.16 g/L	0.35 g/L	0.12 g/L	2.3 mol/L	97.57%	0.13 g/L

焙烧产物中铈是以+4价态存在的，用硫酸浸出时，Ce^{4+}与F^-生成［CeF_3］$^+$配位离子。因此，焙烧产物与硫酸的反应式为：

$$RE_2O_3 + REF_3 + 3REOF + 3CeOF + 3CeO_2 + 3CeOF_2 + 15H_2SO_4 = 3RE_2(SO_4)_3 + 2Ce(SO_4)_2 + 4[CeF_3]^+ + 2SO_4^{2-} + 15H_2O$$

式中，RE表示非铈稀土。

在浸出过程中，由于Ce^{4+}与F^-生成［CeF_3］$^+$，不会生成氟化稀土沉淀，可得到相当高的浸出率。正因为有［CeF_3］$^+$存在，硫酸浸液中稀土浓度高达0.45 mol/L时，也不会有硫酸稀土结晶析出。

有关实验表明，焙烧产物的硫酸浸出率，随焙烧温度的升高而增加，500 ℃时达到最大值，随后随着温度的升高而降低。低于500 ℃时，铈与非铈稀土同步溶解；高于500 ℃时，铈的溶解率高于非铈稀土。热分解过程中，铈的氧化率随着温度的升高而迅速增加，到400 ℃时达到最大值，且不再随着温度的升高而变化。

2.5.2 混合型稀土精矿碳酸钠焙烧-酸浸分解

2.5.2.1 工艺流程

混合型稀土精矿碳酸钠焙烧法主要通过高温使精矿中的稀土和碳酸钠作用，生成稀土氧化物，同时铈被氧化成+4价，然后用稀硫酸溶解焙烧产物，形成稀土的硫酸盐溶液，供进一步分离使用。其原则流程如图2-15所示。

2.5.2.2 焙烧分解

混合型稀土精矿加Na_2CO_3焙烧的热重-差热分析曲线图，如图2-16所示。在348~455 ℃有一个明显的吸热峰，外延起始温度为378 ℃，峰值温度430 ℃；此间有明显失重，外延起始温度为398 ℃时，失重率为9.5%，表明稀土氟碳酸盐在此温度区间发生了分解反应。在557~665 ℃有弱的放热峰，外延起始温度为583 ℃，峰值温度625 ℃，且有明显失重；其外延起始温度545 ℃，失重率8.7%，表明稀土磷酸盐与碳酸钠发生了反应。

焙烧产物的X射线衍射谱分析表明，生成物相为CeO_2和$Na_3Nd(PO_4)_2$（Ce、Nd可代表RE）。在600 ℃焙烧3 h和800 ℃焙烧3 h产物中的氟含量分别为3.03%和1.4%，表明焙烧产物中的氟含量随焙烧温度的升高而减少。物相分析表明，精矿中$REFCO_3$和$REPO_4$与Na_2CO_3发生了较彻底的反应，同时铈被氧化为+4价；有极少部分稀土进入Na_3PO_4晶格形成$Na_3RE(PO_4)_2$。焙烧产物的衍射峰随着焙烧条件的强化，有宽化的趋势。这是由于结晶形态不规则，形成类质同晶固溶体所致。

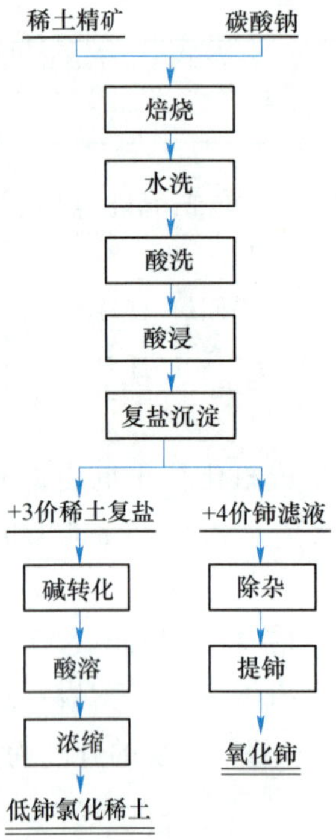

图 2-15　纯碱焙烧法分解混合型稀土精矿的原则流程

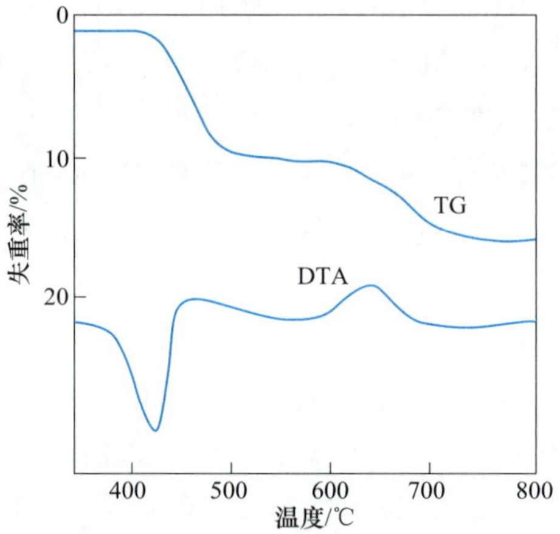

图 2-16　混合型稀土精矿碳酸钠焙烧 TG-DTA 曲线

工业上将混合型稀土精矿与 20%~25%（质量分数）碳酸钠混匀后，在回转窑内或反射炉内焙烧。焙烧温度 600~700 ℃，时间 1~2 h，焙烧过程中仅产生 CO_2 气体，主要化学反应式为：

$$2REFCO_3 + Na_2CO_3 = RE_2O_3 + 2NaF + 3CO_2\uparrow$$

$$2CeFCO_3 + Na_2CO_3 + \frac{1}{2}O_2 = 2CeO_2 + 2NaF + 3CO_2\uparrow$$

$$2REPO_4 + 3Na_2CO_3 = RE_2O_3 + 2Na_3PO_4 + 3CO_2\uparrow$$

$$2CePO_4 + 3NaCO_3 + \frac{1}{2}O_2 = 2CeO_2 + 2Na_3PO_4 + 3CO_2\uparrow$$

$$Th_3(PO_4)_4 + 6NaCO_3 = 3ThO_2 + 4Na_3PO_4 + 6CO_2\uparrow$$

在焙烧温度下还发生下列副反应：

$$CaF_2 + Na_3PO_4 = 2NaF + NaCaPO_4$$

$$REF_3 + NaF = NaREF_4$$

$$REPO_4 + nNaF = Na_nREPO_4F_n$$

$NaREF_4$ 和 $Na_nREPO_4F_n$ 较易溶于酸。

应当指出，精矿与碳酸钠的焙烧反应比较复杂。焙烧过程中生成的 Na_3PO_4 与 $CaCO_3$ 和 $BaCO_3$ 可能发生下列反应：

$$2Na_3PO_4 + 3CaCO_3 = Ca_3(PO_4)_2 + 3Na_2CO_3$$

$$2Na_3PO_4 + 3BaCO_3 \longrightarrow Ba_3(PO_4)_2 + 3Na_2CO_3$$

正因为有以上副反应的存在，两个实际生产中存在的问题可以得到合理的解释：

（1）实践证明，当纯碱用量低于理论需要量时，精矿也能得以完全分解，这是由于反应过程中生成的 Na_3PO_4 进一步参与精矿的分解反应所致；

（2）如果没有上述副反应存在，主反应生成的 NaF 和 Na_3PO_4 应当在水洗过程中除去。但是实际上，绝大部分的磷和一部分氟是在酸洗过程中才被除去。

2.5.2.3 硫酸浸出

经过碳酸钠焙烧，稀土矿物分解成了稀土氧化物，氟、磷、钙、铁等杂质以金属盐或低熔点共熔体形式存在。当精矿中萤石含量较高时，部分焙烧产物呈块状。

从回转窑出来的焙烧产物，经过湿球磨后进行水洗。水洗的目的是除去分解生成的 NaF、Na_3PO_4、过剩 Na_2CO_3 等可溶性钠盐，从而避免了后续工序硫酸浸出时稀土生成硫酸复盐及氟化物沉淀损失。水洗在 80 ℃下进行，固液比为 1∶5，搅拌 1~2 h。实际上在水洗时只有约 20%的磷被洗去，这是因焙烧时生成难溶的 $Ca_3(PO_4)_2$ 和 $Ba_3(PO_4)_2$。水洗可除去约 35%的氟离子，以萤石状态存在的氟不能被洗去。然后再用稀盐酸或硝酸洗去反应生成的碳酸钙和碳酸钡，酸洗过滤后的滤饼用 1.5~2 mol/L H_2SO_4 在 60~65 ℃下搅拌浸出 1~2 h。酸浸时的主要反应是：

$$RE_2O_3 + 3H_2SO_4 \longrightarrow RE_2(SO_4)_3 + 3H_2O$$

$$CeO_2 + 2H_2SO_4 \longrightarrow Ce(SO_4)_2 + 2H_2O$$

$$ThO_2 + 2H_2SO_4 \longrightarrow Th(SO_4)_2 + 2H_2O$$

杂质铁等也生成硫酸盐进入溶液中。浸出时间不宜过长，且酸浸后应立即过滤。滤渣用 1 mol/L H_2SO_4 洗涤。酸浸过程中有部分萤石与硫酸作用使 F^- 进入溶液中：

$$CaF_2 + H_2SO_4 \longrightarrow CaSO_4 + 2HF$$

由于+4 价铈对 F^- 的配合作用，并不会生成 REF_3 沉淀。

2.5.3 酸浸液处理及分离 CeO_2

氧化焙烧分解氟碳铈矿及碳酸钠焙烧分解混合型稀土矿和氟碳铈矿都有应用，用稀硫酸浸出焙烧产物，过滤后得到硫酸稀土浸出液。酸浸液含稀土和少量钍及其他杂质，可用硫酸复盐法沉淀+3 价稀土，或用溶剂萃取法分离稀土。

2.5.3.1 稀土硫酸钠复盐沉淀

硫酸稀土浸液可用复盐法沉淀+3 价稀土使之与+4 价铈分离，硫酸稀土能与 Na_2SO_4 形成难溶于过量 Na_2SO_4 或 H_2SO_4 溶液的复盐。浸液中有相当量 SO_4^{2-}，因此加入较 Na_2SO_4 便宜的 NaCl 即可生成+3 价稀土的复盐沉淀：

$$RE_2(SO_4)_3 + 2NaCl + H_2SO_4 + nH_2O \longrightarrow RE_2(SO_4)_3 \cdot Na_2SO_4 \cdot nH_2O + 2HCl$$

复盐中，$n=1\sim2$。

中重稀土硫酸钠复盐的溶解度比轻稀土复盐大。工业实践证明，浸液中 $C_{H^+}>1$ mol/L

时，若用 NaCl 为沉淀剂，中重稀土复盐溶解度下降，则其损失降低。此外，NaCl 的使用，可减少杂质钙的沉淀量。因稀土复盐溶解度随温度升高而降低，故沉淀反应在 90 ℃以上进行 30 min，$w(NaCl):w(REO)=(1.4\sim1.5):1$，反应完成后热过滤，$Ce^{4+}$ 留在母液中，从而使铈与非铈稀土分离。沉淀中 $w(CeO_2)/w(REO)<15\%$，母液中 $w(REO)/w(CeO_2)<1\%$。

向复盐沉淀后的母液中加入还原剂，Ce^{4+} 被还原成 Ce^{3+}，即得硫酸铈复盐沉淀，过滤后用氢氧化钠溶液将其转化成 $Ce(OH)_3$。用盐酸溶解 $Ce(OH)_3$，再经除铁、钍等杂质，加入草酸沉淀出草酸铈，焙烧后即得 CeO_2 产品。

2.5.3.2 碱转化稀土复盐

+3 价稀土硫酸复盐能与浓碱液反应生成溶解度更小的氢氧化稀土，而硫酸钠及部分钙、镁、磷酸钠等杂质留在碱转化液中得到分离。主要反应式为：

$$RE_2(SO_4)_3\cdot Na_2SO_4+6NaOH=\!=\!=2RE(OH)_3\downarrow+4Na_2SO_4$$

为有利于反应的进行，碱用量 $w(NaOH):w(REO)=1:1$，碱浓度 NaOH 为 8~10 mol/L，并须保证游离 $C_{OH^-}>0.5$ mol/L，95 ℃条件下搅拌 4~6 h。反应结束后澄清，虹吸上清液，热水（70 ℃）洗涤，如此数次，直至清液的 pH 值为 7~8。为节约用水和减少废液排放量，可将后一次水洗液作为下一批料前一次水洗的洗涤用水，只有第一次水洗液排放或回收硫酸钠。

工业生产中，碱转化稀土的回收率为 95%~96%，主要损失于多次洗涤、虹吸等过程中。碱饼控制指标为：$w(REO)>75\%$，$w(Fe_2O_3)<1.5\%$，$w(CaO)<4.0\%$，$w(SO_4^{2-})<1.5\%$，$w(H_2O)<50\%$。用浓盐酸溶解碱饼中的 $RE(OH)_3$，盐酸用量 $w(HCl):w(REO)=2.5:1$，控制 pH 值为 1，$C_{REO}>230$ g/L，95 ℃条件下搅拌 2~3 h。少量铁、钍等杂质也溶入稀土氯化物溶液中，可再加入 $RE(OH)_3$ 浆或稀氨水，将溶液的 pH 值调至 4~4.5，沉淀铁、钍。为除去溶液中少量 SO_4^{2-}，以 $BaCl_2:SO_4^{2-}=(0.8\sim1.2):1$ 的用量加入 $BaCl_2$，生成 $BaSO_4$ 沉淀除去。

工业生产中盐酸溶解工序稀土的回收率约 95%，氯化稀土溶液的控制指标为：$C_{REO}\geqslant 230$ g/L、$w(SO_4^{2-})\leqslant0.1\%$、$w(Ba^{2+})\leqslant0.05\%$、$w(CaO+MgO)\leqslant10\%$、pH 值 4~4.5。酸溶过程中聚丙烯酰胺凝聚剂的用量为 0.3%。

2.5.3.3 碳酸盐转化稀土复盐

乔军等人对稀土硫酸钠复盐的碳酸盐转化过程进行了实验研究。采用硫酸铈硫酸钠复盐、少铈稀土硫酸钠复盐和混合稀土硫酸钠复盐三种原料，分别进行了转化实验，转化率均接近 100%。取一定量的稀土硫酸钠复盐，加入一定量的碳酸钠溶液，于加热条件下进行转化。转化结束后，水洗去除 Na^+、SO_4^{2-} 等杂质，过滤后得到碳酸稀土。实验测定了碳酸钠加入量、碳酸钠浓度、转化温度、转化时间对转化率的影响，确定了碳酸盐转化的最佳工艺条件。实验结果表明，稀土硫酸钠复盐的碳酸钠转化最佳工艺条件为：碳酸钠加入量与复盐中 REO 量之比为 1.5∶1，碳酸钠浓度为 25%，转化温度 70 ℃，搅拌时间 1 h。

该实验未测定碳酸稀土的成分，实验提出如需纯化时，可再通过酸溶、过滤等步骤，得到满足该工序需求的氯化稀土溶液。

2.6 从离子吸附型稀土矿提取稀土【拓展】

我国南岭地区独特的花岗岩风化壳离子吸附型稀土矿床，具有储量大、分布广、中重稀土含量高、配分全、采冶性能好和放射性活度低等特点。目前，国内外市场对离子型稀土需求量大增，离子型稀土已成为中重稀土的主要来源之一。

微课2-7
南方稀土矿的处理

2.6.1 离子吸附型稀土矿床的类型与稀土配分

离子吸附型稀土矿床一般都属于岩浆型原生稀土矿床经过风化淋滤所形成的风化壳构造带，以离子吸附相和矿物相含量的多少可分为两大类：一类是以离子吸附型为主的稀土矿床，其特点是母岩中的原生矿物是以氟碳酸盐等易风化的稀土矿物为主；另一类是以磷钇矿、独居石等单一稀土矿物为主，部分稀土呈离子吸附相的稀土矿床，这一类风化壳稀土矿经过采选得到独居石和磷钇矿精矿。

离子吸附型稀土矿床类型主要分为富钇重稀土型、中钇重稀土型、富铕中钇轻稀土型、富镧钕富铕低钇轻稀土型、中钇低铕轻稀土型、富铈轻稀土型和无选择性配分型等，而以前四种类型居多也最重要。主要离子吸附型稀土矿的稀土元素配分见表 2-16。

表 2-16　主要离子吸附型稀土矿的稀土元素配分（质量分数）　（%）

分组	名称	白云母花岗岩富钇重稀土型	黑云母花岗岩富铕中钇轻稀土型	黑云母花岗岩中钇重稀土型	花岗斑岩富镧钕轻稀土型	黑云母花岗岩中钇轻稀土型	二云母花岗岩无选择性配分型
轻稀土	La_2O_3	2.10	20.00	8.45	29.84	27.36	13.09
	CeO_2	<1.00	1.34	1.09	7.18	3.07	1.30
	Pr_6O_{11}	1.10	5.52	1.88	7.41	5.78	4.87
	Nd_2O_3	5.10	26.00	7.36	30.18	18.66	13.44
	Sm_2O_3	3.20	4.50	2.55	6.32	4.28	4.04
	Eu_2O_3	<0.30	1.10	0.20	0.51	<0.30	0.23
	ΣCe_2O_3	12.80	58.48	21.53	81.44	59.39	36.97
重稀土	Y_2O_3	62.90	25.89	49.88	10.07	26.36	41.69
	Gd_2O_3	5.69	4.45	6.75	4.21	4.37	5.05
	Tb_2O_3	1.13	0.56	1.36	0.46	0.70	1.17
	Dy_2O_3	7.48	4.08	8.60	1.77	4.00	7.07
	Ho_2O_3	1.60	<0.30	1.40	0.27	0.51	1.07
	Er_2O_3	4.26	2.19	4.22	0.88	2.26	3.07

续表 2-16

分组	名称	白云母花岗岩富钇重稀土型	黑云母花岗岩富铕中钇轻稀土型	黑云母花岗岩中钇重稀土型	花岗斑岩富镧钕轻稀土型	黑云母花岗岩中钇轻稀土型	二云母花岗岩无选择性配分型
重稀土	Tm_2O_3	0.60	<0.30	1.16	0.13	0.32	1.47
	Yb_2O_3	3.34	1.40	4.10	0.62	1.97	1.98
	Lu_2O_3	0.47	<0.30	0.69	0.13	<0.30	0.47
	ΣY_2O_3	87.47	39.57	78.46	18.54	40.79	63.03

2.6.2 从离子吸附型稀土矿提取稀土的原理

在离子型稀土矿床中，稀土元素的赋存状态是多相的，即离子吸附相、单矿物相和微固体分散相。其中，以离子相稀土为主，其占有率为75%~95%。稀土以离子态吸附在高岭石、埃洛石、白云母、黑云母、水化黑云母和磁铁矿等矿物上。在同一矿床的同一矿体中，以矿物中稀土含量的高低为序则是：水化黑云母>埃洛石（多水高岭石）>高岭石>白云母（或黑云母）>磁铁矿。同时在黏土类矿物上也吸附有不定量的其他阳离子，主要有氢、钾、钠、钙、镁、铝、铁、锰和铅等离子。因此，离子相稀土的含量既取决于含矿母岩的类型和所含的易风化稀土矿物的量及其风化的程度，也取决于所含吸附稀土的矿物类型、含量及其对稀土吸附的饱和程度。一般是稀土的品位与吸附稀土的矿物含量成正比关系。离子相稀土主要富集在粒度小（-0.074 mm）的黏土矿物中。

黏土类矿物程度不同地带有负电，因此，它们必然要从周围介质中吸附金属阳离子来平衡电荷，也可吸附有机物。不仅如此，它们还具有离子相互交换的性能，即已吸附在黏土表面或晶层间的离子可以被其他离子置换出来，这种可以与其他阳离子发生交换反应的阳离子称为可交换性阳离子。黏土中可交换阳离子的容量通常以每100 g干黏土含有多少毫克当量的阳离子度量。吸附在黏土类矿物上的离子态稀土具有类似于离子交换吸附反应的物理化学特征，离子型稀土具有稳定性和可交换性。在无离子的中性水中不溶解，也不被水解。但可与电解质中的阳离子发生交换反应，且反应是可逆的，符合一般的离子交换反应规律。在一定的条件下，离子型稀土可全部被交换下来，这是提取离子型稀土工艺的根据。生产中采用电解质溶液渗浸法直接从原矿中提取稀土元素，当电解质溶液与原矿接触时，吸附于高岭石等铝硅酸盐矿物上的稀土离子和电解质的阳离子发生以下交换反应：

$$[Al_2Si_2O_5(OH)_4]_m \cdot nRE + 3nMe^+ \longrightarrow [Al_2Si_2O_5(OH)_4]_m \cdot 3nMe + nRE^{3+}$$

式中，Me为Na^+或NH_4^+，与稀土离子交换的顺序是：$H^+ \approx NH_4^+ > Na^+$。

2.6.3 从离子吸附型稀土矿提取稀土的工艺 【案例】

工业生产上常用的电解质主要有食盐或硫酸铵的水溶液，处理原矿的方法有淋洗法和搅拌浸出法两种。由于黏土类矿物具有交换酸性，矿层水的pH值约5.5，还具有很强的吸水性，且吸水后体积膨胀，呈黏性和胶状化。这些性能会直接影响到离子型稀土的交换性能，故淋洗法必须用干法开采得到的原矿作原料，并应保证原料有良好的渗透性能。水法开采得到的原矿渗透性受到破坏，效果不好，故可采用搅拌浸出法。由于原矿中稀土含量很低，大约提取 1 kg REO 需 1.5 t 的原矿，因此，通常是在矿区就地处理原矿得到稀土氧化物。为了保护矿区植被和防止污染环境，可在矿体上直接用渗浸淋滤法提取稀土。

用食盐或硫酸铵水溶液淋洗液提取稀土的原则流程如图 2-17 所示。

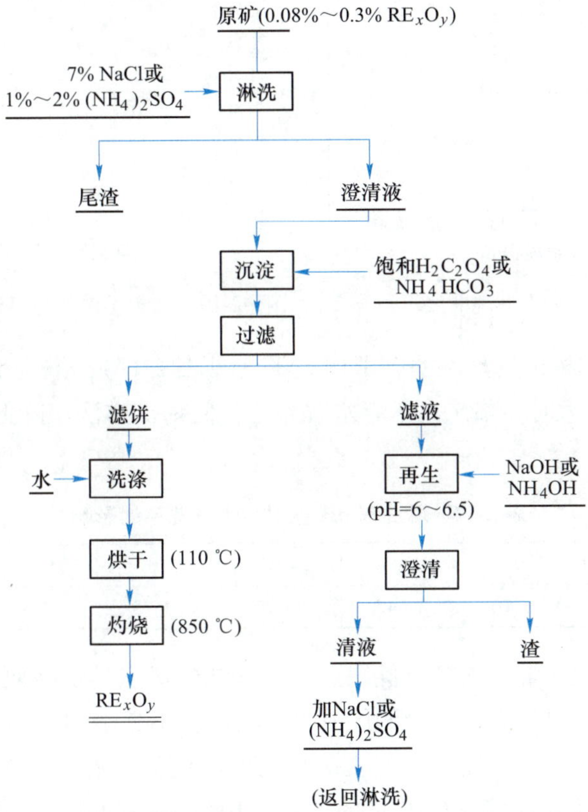

图 2-17 用食盐或硫酸铵水溶液淋洗液提取稀土的原则流程

2.6.3.1 淋洗过程及影响因素

淋洗过程常在水泥槽中进行。将原矿（粒度约 1 mm）堆积在槽底部的滤层上，矿层厚度可为 1.5 m 左右。用 7% NaCl 或 1%~2% $(NH_4)_2SO_4$ 溶液由上往下渗透过矿层，在自然渗透过程中，Na^+ 和 NH_4^+ 将原矿中的 RE^{3+} 交换到溶液中。溶液汇集在有一定倾斜度的槽底部，将溶液按稀土浓度分别收集。先渗出的溶液中稀土浓度较高，平均约 2 g/L REO，可从中直接回收稀土；后渗出的溶液中稀土浓度较低，可返回配淋洗液。稀土淋洗曲线如图 2-18 所示。

淋洗效果不受温度、压力的影响，与原矿的粒度无关。其稀土交换率主要受淋洗剂浓度、pH 值和淋洗速度等因素的影响。

图 2-19 示出了淋洗率与淋洗剂浓度的关系，可见随淋洗剂浓度提高，稀土的淋洗率

增大，采用7% NaCl或1%~2%（$(NH_4)_2SO_2$）溶液则可使被吸附的稀土淋洗率达95%以上。

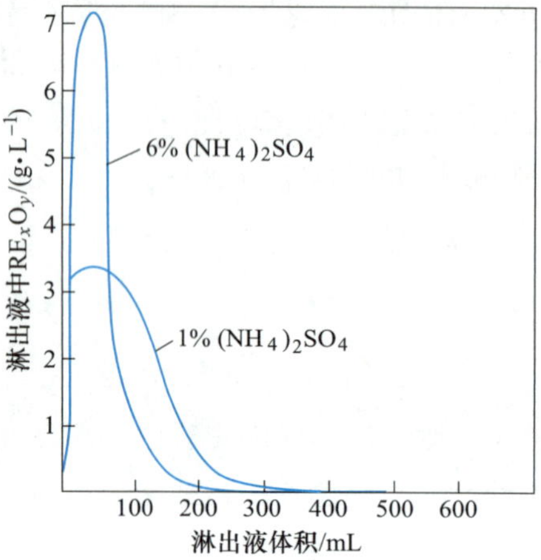

图2-18 稀土淋洗曲线

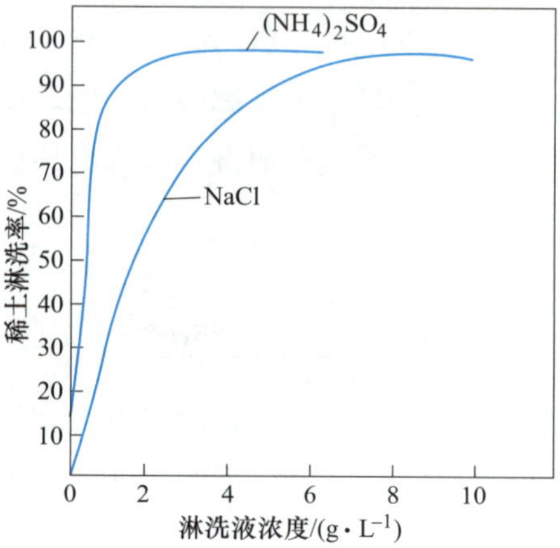

图2-19 稀土淋洗率与淋洗剂浓度的关系

淋洗剂的pH值和稀土的淋洗率有密切关系（见表2-17），淋洗剂pH值为4左右时，淋洗率最高。pH值过大时，稀土离子有水解趋势，使稀土淋洗率降低；pH值过低则杂质铝、铁等溶解增多。

表2-17 淋洗剂pH值对稀土淋洗率的影响

淋洗剂pH值	1.01	2.01	3.00	4.01	5.02	6.06	7.02	8.05
稀土淋洗率/%	75.68	78.00	88.40	96.20	89.78	83.53	72.3	52.21

食盐淋洗法及硫酸铵淋洗法各有优缺点。用食盐的优点是价格便宜、来源广。它的缺点是所需食盐浓度高、单耗大，大量的尾渣对土壤产生不良影响；用草酸从溶液中沉淀稀土时有大量草酸钠一起沉淀，使所得稀土氧化物的纯度低，需对一次灼烧产品充分水洗，经再次灼烧得到纯度较高（92%以上）的产品。用硫酸铵的优点是所需浓度低、消耗量低、对环境污染小，铵离子共沉淀少而且在灼烧产物时易挥发，使所得稀土氧化物一次灼烧产品纯度提高（94%以上）。它的缺点是使用大量硫酸铵，在供应上有一定困难。因此，这两种淋洗剂目前都在使用。

2.6.3.2 从淋洗液中提取稀土

从淋洗液中提取稀土的方法有沉淀法和溶剂萃取法。目前在工业生产中主要用沉淀法，常用沉淀剂为草酸和碳酸氢铵。

A 草酸沉淀法

向稀土淋洗液中加入草酸溶液时则沉淀出稀土草酸盐，对于+3价稀土离子，其反应式为：

$$2RE^{3+} + 2H_2C_2O_4 \xlongequal{} RE_2(C_2O_4)_3 + 6H^+$$

稀土沉淀率随草酸用量增加而增大，但杂质的沉淀亦相应增加，使产品的纯度降低。沉淀物经过滤、烘干、灼烧，便可得到混合稀土氧化物产品。

采用草酸作沉淀剂时，由于大部分非稀土杂质（特别是碱土金属）能与草酸形成配合物留在母液中，故所得产品纯度高。它的缺点是草酸价格高且有毒、消耗大，尤其是重稀土的草酸盐在母液中溶解度较大，使稀土的回收率偏低。在低温季节，重稀土草酸盐的沉降速度很慢，与较多杂质共沉淀而降低了产品纯度。

B 碳酸氢铵沉淀法

在硫酸铵渗浸工艺中，也可采用碳酸氢铵（或碳酸铵）代替草酸而沉淀稀土碳酸盐的方法。对于+3 价稀土离子，其反应式为：

$$2RE^{3+} + 3NH_4HCO_3 \xlongequal{} RE_2(CO_3)_3 + 3NH_4^+ + 3H^+$$

所得沉淀物经过滤、烘干和灼烧便可得混合稀土氧化物产品。该法沉淀率高，稀土收率高，沉淀剂中 NH_4^+ 可以回用，生产成本低，而且生产周期短、污染小，是一种常用沉淀稀土的方法。

由于淋洗液中稀土浓度较低，每升溶液仅含数克稀土氧化物，故也可用价格便宜的萃取法。

2.7 其他稀土矿物的处理【拓展】

2.7.1 磷钇矿的分解

磷钇矿与独居石相似，也是一种稀土磷酸盐矿物，它的特点是：

（1）稀土元素中钇含量高，约占总稀土的 60%；

（2）精矿中钍含量少，一般只含 1%~2%；

（3）比独居石难分解，大多数采用浓硫酸焙烧分解、加压碱液分解、碱熔融或苏打烧结等强化方法处理，用这些方法分解磷钇矿的基本原理及工艺过程与分解独居石类似，只是分解条件有所不同。

用浓硫酸分解磷钇矿精矿时，由于矿物中的重稀土含量高，用复盐沉淀的方法处理稀土硫酸盐溶液时，稀土沉淀不完全。因此，一般采用草酸沉淀法将稀土和钍以草酸盐形态沉淀下来，或者直接用溶剂萃取法分离提取稀土、钍和铀。

用苛性钠溶液压煮法分解精矿时，分解条件为：矿碱比 1∶(2~2.5)，分解温度 210 ℃左右，分解时间为 12 h。若用电场碱法分解，矿碱比可降低至 1∶5，通入交流电产生的热量可使物料的温度迅速上升至 700 ℃左右，在此高温下只需 15 min 左右即可反应完全。

2.7.2 褐钇铌矿的分解

褐钇铌矿的主要成分是铌、钽、和稀土，还含少量钍、铀及微量镭。因此，考虑分解方法时应注意操作的防护措施，最好能将放射性元素集中在某种中间产物中，以便于处理。

工业上处理褐钇铌矿的主要目的是提取铌、钽，同时回收稀土、钍和铀。用氢氟酸分解该精矿可实现铌、钽与稀土、钍和铀的完全分离，且工艺流程短。分解过程的主要化学反应式为：

$$Nb_2O_5 + 14HF = 2H_2NbF_7 + 5H_2O$$

$$Ta_2O_5 + 14HF = 2H_2TaF_7 + 5H_2O$$

$$RE_2O_3 + 6HF = 2REF_3\downarrow + 3H_2O$$

$$ThO_2 + 4HF = ThF_4\downarrow + 2H_2O$$

$$UO_2 + 4HF = UF_4\downarrow + 2H_2O$$

铌和钽进入溶液，过滤渣中主要是稀土（40%～50%）、铀（4%～5%）、钍（3%～4%）的氟化物。可用碱将这些氟化物转化成易溶于酸的产物，反应式为：

$$REF_3 + 3NaOH = RE(OH)_3 + 3NaF$$

$$UF_4 + 4NaOH = U(OH)_4 + 4NaF$$

$$2UF_4 + 10NaOH + O_2 = Na_2U_2O_7 + 8NaF + 5H_2O$$

$$ThF_4 + 4NaOH = Th(OH)_4 + 4NaF$$

用水洗去可溶性的氟化钠后，再用酸溶解并用溶剂萃取法分离稀土、钍和铀。

氢氟酸分解褐钇铌精矿是在钼镍合金、衬铅或衬硬橡胶的带夹套蒸气加热的分解槽内进行。先把浓度为50%的工业氢氟酸加入分解槽内，在不断搅拌下缓慢加入磨细的精矿（90%小于0.043 mm），按1∶1.6的矿酸比加完物料，将温度控制在100 ℃分解2 h，分解率可达98%。

知识拓展

稀土金属冶炼分离专家——张国成

张国成（1931年10月12日—2022年12月21日），男，汉族，出生于云南省昆明市，中国工程院院士，稀土金属冶炼分离专家，北京有色金属研究总院高级工程师、博士研究生导师。

张国成长期从事各种稀土精矿冶炼和单一稀土元素分离的研究，用他的发明专利建成了世界最大的稀土生产厂；积极参与西部大开发，与甘肃稀土公司合作，建成世界规模最大的氧化铕生产线，研制出成功生产高纯氧化铕独特工艺，为彩色电视机荧光材料国产化做出了重要贡献；创造三代酸法冶炼包头稀土精矿（简称“包头矿”）的工艺流程，确立了中国稀土工业在国际上的优势地位；为建成世界最大的氯化稀土生产基地——甘肃稀土公司（简称“甘肃公司”）提供全套工艺技术；开发稀土高科技产品，改变了世界稀土原料品种；与甘肃公司合作，建成世界规模最大的高纯氧化铕生产线。

20世纪70年代，张国成瞄准了中国包头白云鄂博的混合型稀土矿，经过反复实验，提出采用回转窑硫酸焙烧法处理该矿的工艺，产生了第一代酸法工艺：将该矿经过硫酸焙烧-复盐沉淀-碱转化生产混合氯化稀土，为了解决第一代酸法工艺的不足，张国成带领大家有针对性地进行新工艺的研究，最终研究成功第二代酸法新工艺：硫酸强化焙烧萃取法，它的回收率提高了20%左右，成本降低了约25%，从而解决了包头矿冶炼的难题，并成功地应用于生产实践，成为中国处理包头矿生产氯化稀土的主要工艺流程。

20世纪80年代，张国成和同事们又开始了第三代酸法冶炼新工艺的试验，从硫酸溶液中萃取分离稀土新技术的攻关。经过努力，诞生了第三代酸法冶炼新工艺：将包头矿进行硫酸强化焙烧、水浸除杂，得到纯净的硫酸稀土溶液，直接用P_{204}萃取分离，生产钐、铕、钆富集物及纯氧化钕和氯化稀土等产品。

20世纪90年代，张国成在国家自然科学基金和国家重点基础研究项目——“973”专项的支持下，成功开发出针对四川稀土矿的新工艺流程，因为该矿与世界上许多国家稀土矿性质相类似，因此，新工艺不仅有助于该矿资源的开发、应用，而且对世界稀土工业的发展产生了积极影响。

综合练习

2-1 我国的稀土精矿主要有哪几种，各分为几个品级，对杂质元素有哪些要求？

2-2 试根据稀土精矿的类型选择精矿分解方法，并简述理由和分析优缺点。

2-3 某稀土精矿的品位为50% REO，分解100 kg该精矿得到1 m^3浸出液，稀土元素在浸出液中的质量浓度为49.2 kg/m^3，试计算其分解率。

2-4 已知包头稀土精矿的化学成分（质量分数）为REO 61.6%、CaO 6.44%、BaO 1.11%、Fe_2O_3 7.14%、ThO_2 0.18%、F 6.8%、P_2O_5 5.96%、SiO_2 1.61%，热分析失重13.72%，试估算其矿物成分。若用浓硫酸低温焙烧分解，试列出物料平衡表。

2-5 简述浓硫酸高温焙烧分解包头混合型稀土精矿的原理、工艺条件、设备和操作要点。

2-6 简述NaOH分解独居石精矿的原理、工艺条件、设备和操作要点。

2-7 简述NaOH分解包头混合型稀土精矿的原理、工艺条件和操作要点。

2-8 简述$NaHCO_3$焙烧、氧化焙烧等分解稀土精矿的原理、工艺条件。

2-9 简述从离子吸附型稀土矿回收稀土的原理和工艺条件。

2-10 简述用一般化学分离法从各种稀土浸出液中提取稀土的工艺方法，试比较其优缺点。

项目3 稀土萃取分离

项目3
课件

项目引入

20世纪70年代，由于稀土提纯技术落后，我国只能向国外廉价出口稀土精矿和混合稀土，然后再高价进口高纯度稀土产品，稀土分离工艺、生产技术一直被国外少数厂商垄断，被称为高度机密。由于一项技术的出现，至20世纪90年代初，我国单一高纯稀土大量出口，国际稀土价格降为原来的1/4。很多国外稀土生产商不得不减产甚至停产，中国成功改写了国际稀土产业的格局，他们把这称为“China Impact”（中国冲击）。

项目分析

这项技术就是由中国科学院院士徐光宪独创的稀土串级萃取法。徐光宪教授创建了串级萃取理论，建立了稀土串级萃取工艺的最优化参数计算方法，并将其科研成果在全国推广。徐光宪独创串级萃取“流水线”，仿佛魔术师手中的神奇黑箱，只需在一端放入稀土原料，各种高纯度的稀土元素就能从另一端源源不断地输出。同行大为吃惊，不相信徐光宪能用这么简单的办法，完成这项曾被视为世界级难题的工作。这项技术大大降低了稀土净化成本，彻底解决了当时我国稀土深加工产品依赖进口的问题。

学习目标

知识目标：

（1）明确溶剂萃取的概念；

（2）认识常用稀土萃取剂和稀释剂的种类、性质及萃取特点。

能力目标：

（1）会计算萃取过程中的几个基本参数（D、β、R、q、φ、E）；

（2）能比较各种萃取体系、萃取方式、萃取设备，能够根据萃取任务选择萃取方法，完成箱式混合澄清萃取器的有关计算；

（3）会串级萃取工艺计算，能够根据常用萃取分离稀土工艺的原理、分析其典型工艺布置和制定萃取生产过程的主要工艺操作。

素质目标：

培养吃苦耐劳的品质和精益求精的工匠精神。

相关知识

3.1 溶剂萃取的基本知识

3.1.1 稀土分离方法的发展

由稀土精矿分解后所得到的混合稀土化合物中分离提取单一稀土元素，在化学工艺上是比较复杂和困难的。其主要原因是镧系元素之间的物理性质和化学性质十分相似，多数稀土离子半径在相邻两元素之间非常相近，在水溶液中都是稳定的+3 价态。首先是稀土离子与水的亲和力大，因受水合物的保护，其化学性质非常相似，分离提纯极为困难。其次是稀土精矿分解后所得到的混合稀土化合物中伴生的杂质元素较多（如铀、钍、铌、钽、钛、锆、铁、钙、硅、氟、磷等）。因此，在分离稀土元素的工艺流程中，不但要考虑化学性质极其相近的稀土元素之间的分离，而且还必须考虑稀土元素与伴生的杂质元素之间的分离。

稀土生产中先后采用的湿法分离方法有分步法（分级结晶法、分步沉淀法和氧化还原法）、离子交换法和溶剂萃取法。

分步法是利用化合物在溶剂中溶解的难易程度（溶解度）上的差别来进行分离和提纯的。因为稀土元素之间的溶解度差别很小，必须重复操作多次才能将这两种稀土元素分离开来，一次分离重复操作竟达 2 万次，所以用这样的方法不能大量生产单一稀土。

离子交换法是利用稀土离子与配合剂形成配合物的稳定性不同，在阳离子交换树脂柱入口端吸附待分离的混合稀土，然后用淋洗液洗脱。与淋洗液亲和力大的稀土离子向下流动快而先到达出口端，从而实现了分离。这种方法的优点是一次操作可以将多种元素加以分离，而且还能得到高纯度的产品。其缺点是不能连续处理，一次操作周期花费时间长，还有树脂的再生、交换等所耗成本较高。因此，这种曾经是分离大量稀土的主要方法已被溶剂萃取法取代。由于离子交换色层法具有获得高纯度单一稀土产品的突出特点，目前，在制取某些超高纯单一稀土产品及一些重稀土元素的分离，仍采用离子交换法。

溶剂萃取法在石油化工、有机化学、药物化学和分析化学方面应用较早。但近 60 年来，由于原子能科学技术的发展，超纯物质及稀有元素生产的需要，溶剂萃取法在核燃料工业、稀有金属冶金工业等方面得到了很大的发展。溶剂萃取法从 20 世纪 50 年代起成为稀土元素分离的研究重点之一。近二三十年来，无论是在新型萃取剂的制备、萃取化学和萃取工艺的研究，还是在新型高效萃取设备的研制及应用等方面都得到了较大的发展。近年来，由于萃取设备的改进、最优化理论的建立、计算机在模拟设计和在生产控制方面的应用，更加提高了萃取效率，从而为萃取工艺的广泛应用创造了条件。我国在萃取理论的研究、新型萃取剂的合成与应用和稀土元素分离的萃取工艺流程及产品质量等方面，均达到了很高的水平。目前，除 Pm 以外的 16 种稀土元素都可提纯到 6N(99.9999%）的纯度。

3.1.2 溶剂萃取概述

3.1.2.1 溶剂萃取的概念

溶剂萃取法是利用有机溶剂从与其不相混溶的水溶液中把被萃取物提取分离出来的方法，称为有机溶剂液-液萃取法，简称溶剂萃取法，它是一种把物质从一种液相转移到另一种液相的传质过程。与分级沉淀、分级结晶、离子交换等分离方法相比，它具有分离效果好、生产能力大、便于快速连续生产、易于实现自动控制等一系列优点，因而逐渐成为分离大量稀土的主要生产方法。

3.1.2.2 萃取体系的组成

微课3-1
萃取体系的组成

在萃取体系中，通常把具有相同物理性质和化学性质的均匀部分称为相，如水相、有机相等。金属离子通常以无机盐的形式溶于水而形成水化离子，且有较大的溶解度，这种溶液称为水相。有机溶剂主要由萃取剂和稀释剂组成，称为有机相。

萃取剂是一种有机试剂，如 P_{204}、P_{507} 等，它能够与被萃取物发生作用，生成一种不溶于水相而易溶于有机相的配合物，这种配合物称为萃合物，从而使被萃取物从水相转入有机相。稀释剂则是一种惰性有机试剂，本身不参与化学反应，主要用于改善有机相的物理性能，如减小密度、降低黏度等，以利于两相分离和流动，从而可提高萃取剂的萃取能力。在工业上常用煤油做稀释剂。

有机相除由萃取剂和稀释剂组成之外，有时还添加其他种类的有机试剂，称为添加剂。例如，在萃取剂中添加高碳醇等，可以消除在萃取过程中可能生成的第三相，而且可以抑制乳化现象的产生。但是，加入添加剂有时会降低萃取剂的萃取能力。

为了提高萃取分离效果，水相中有时还加入盐析剂。常用无机盐类盐析剂，将其溶于水相与金属离子配合，能促进萃合物的生成。盐析剂除了能提高萃取分配比外，有时还能提高相邻稀土元素之间的分离系数。常作为盐析剂的是 NH_4NO_3，高浓度的硝酸盐本身也有盐析作用，这种现象称为自盐析。一般是半径越小、电荷越多的阳离子盐析效应越大。

在某些萃取体系的水相中还加入配合剂。配合剂也采用无机盐类，能溶于水相且与金属离子生成配合物。若生成的配合物易溶于水相而不溶于有机相，则能抑制萃取，使萃取率降低，这样的配合剂称为抑萃配合剂；反之，生成的配合物使萃取率增加，这样的配合剂称为助萃配合剂。

在萃取体系中还使用各种无机酸，如盐酸、硝酸、硫酸等，用以控制水溶液的酸度或参与萃取反应，使被萃取物获得较好的分离。

3.1.2.3 萃取工艺的主要阶段

微课3-2
萃取工艺的主要阶段

一般金属元素的萃取工艺分为萃取、洗涤和反萃取三个主要阶段，如图 3-1 所示。

萃取是将含有萃取剂的有机相与含有被萃取物的水相在混合室充分混

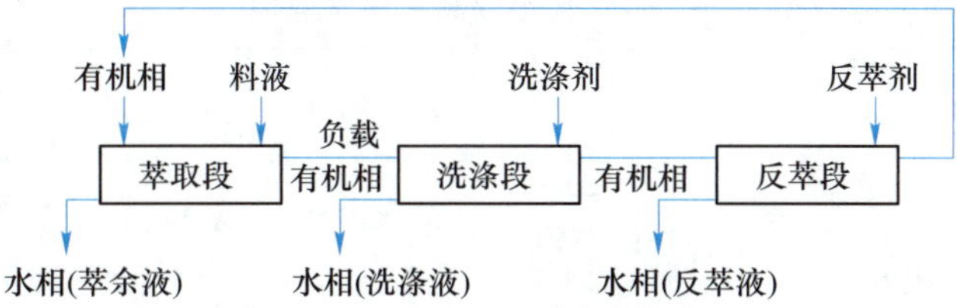

图 3-1 萃取工艺过程的主要阶段

合，使萃取剂与被萃取物发生化学结合或物理分配生成萃合物而进入有机相。经过一定时间后，被萃取物在有机相和水相间的分配达到平衡，使两相分层，即把有机相和水相分开，此过程称为一级萃取。

两相接触前的有机相（不含被萃取物）称为空白有机相，含有被萃取物的水相称为料液或原液。两相接触后，被萃取物由水相转入有机相，该有机相称为负载有机相或萃取液；萃取后的水相若含有被萃取物称为萃余液，若不含被萃取物则称为残液。

萃取的目的是在稀土元素之间或稀土元素和非稀土元素之间实现分离，或者使微量或少量的或低浓度的稀土化合物富集，通常需要多级萃取。

在萃取过程中，由于机械夹带和少量的杂质同时被萃入有机相，直接影响分离效果和被萃取金属的纯度。在混合室有机相与某种水溶液（如酸、水）等混合接触，将杂质金属离子从有机相洗入水相，这一过程称为洗涤或萃洗，这种水相溶液称为洗涤液。在萃取工艺过程中同样需要多级洗涤。

经洗涤净化后的负载有机相在混合室与某种水溶液（如酸、水）等混合接触，破坏有机相中萃合物的结构，使被萃取物重新返回至水相，这种与萃取相反的过程称为反萃取，简称反萃。所使用的水溶液称为反萃液。此时的有机相为空白有机相，经过适当处理后返回萃取段再次循环使用。有时反萃液可使被萃取元素转变为难以萃取的低价元素而被反萃下来，或者使被萃取物以沉淀形式转入水相，这两种特殊情况分别称为还原反萃取和沉淀反萃取。

如果料液中含有 A、B 两组分，A 为易萃组分，B 为难萃组分。用溶剂萃取法分离两组分是在萃取段将 A 组分萃入有机相，但有少量的难萃组分 B 也被萃入有机相。为了提高分离效果，用洗涤液在洗涤段将难萃组分 B 从有机相洗回至水相。这样不仅能达到分离的目的，同时还能提高两组分的纯度。实际萃取分离的料液中有多个组分 A、B、C、D 等，假定分离界限在 A、B 和 C、D 等之间，则 A、B 为易萃组分，C、D 等合并为难萃组分。同理，可确定分离界限在任意的相邻元素之间，并将易萃组分记为 A，难萃组分记为 B。

3.1.3 常用萃取剂和稀释剂

随着科研和生产实践的发展，用于溶剂萃取的萃取剂种类越来越多。用于稀土元素分离的萃取剂可以分为三类，常用萃取剂见表 3-1。

表 3-1 稀土分离常用萃取剂

类别		名称	代号或缩写	相对分子质量	密度 /(g·cm^{-3})	沸点 /℃	黏度 /(mPa·s)	折射率 /nD	水溶解度 /(g·L^{-1})	应用实例
阳离子萃取剂	酸性磷型萃取剂	磷酸二异辛酯，二（2-乙基己基）磷酸	D2EHPA 或 HDEHP P_{204}	322.43	0.970（25 ℃）	233	34.77（25 ℃）	1.4415（25 ℃）	0.012	轻、中稀土全分离
		异辛基膦酸单异辛酯，2-乙基己基膦酸单2-乙基己基酯	EHEHPA 或 HEHEHP P_{507}	306.4	0.9475	235	36（25 ℃）	1.4190（25 ℃）		轻、中、重稀土全分离
	羧酸类萃取剂	环烷酸		200~400	0.9350				0.09	分离提取纯氧化钇
		脂肪酸		140	0.917				~2.5	提取稀土
		异构酸			0.92（20 ℃）	280（90%）	42.5（20 ℃）	1.4225（20 ℃）	~0.10（20 ℃）	从重稀土中分离钇
阴离子萃取剂	胺类萃取剂	伯胺	N1923	280~300	0.8151（25 ℃）	140~202	7.773	1.453	0.0625（0.5 mol/L H_2SO_4）	从硫酸介质中萃取钍、稀土
		三烷基叔胺	N235	387	0.8153（25 ℃）	180~230	10.4（25 ℃）	1.4253（20 ℃）	<0.01（25 ℃）	稀土料液中除铁
		氯化三烷基甲胺	N263	459.7	0.8951（25 ℃）		12.04（25 ℃）	1.4687（25 ℃）	0.04	稀土与铁、铅的分离
中性配合萃取剂		磷酸三丁酯	TBP	266.37	0.9727（25 ℃）	289（760 ℃分解）	3.32（25 ℃）	1.4224（25 ℃）	0.39（25 ℃）	铀、钍与稀土分离，+4价铈与+3价稀土分离
		甲基膦酸二甲庚酯	P_{350}	320.3	0.9148	120~122	7.5677	1.4360	0.01	混合型稀土分离镧、镨及分离镨、钕等
		三辛基氧化膦	TOPO	386.65		210~225			0.008（20 ℃）	稀土与其他金属的分离

3.1.3.1 阳离子萃取剂

微课3-3
酸性配合萃取剂

阳离子萃取剂又称酸性萃取剂，它是一种有机弱酸，与被萃取物以阳离子或荷正电原子基团交换的方式生成萃合物而进行萃取。按此原理发生萃取作用的萃取剂一般有三类：酸性磷型萃取剂，如 P_{204} 和 P_{507}；羧酸类萃取剂，如环烷酸、脂肪酸 C_7~C_9、异构酸等；螯合萃取剂，如硫茂（噻吩）甲酰三氟丙酮。

（1）P_{204}称磷酸二异辛酯，又称二（2-乙基己基）磷酸，缩写为 HDEHP 或 D2EHPA。P_{204}是一元酸，其结构简式为：

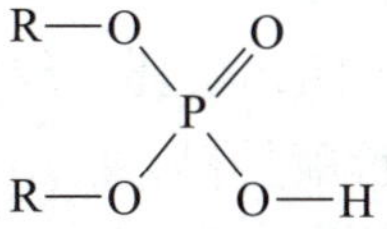

或 HA

在非极性溶剂中，氢键作用以二聚体形态存在，以 $(HA)_2$ 表示：

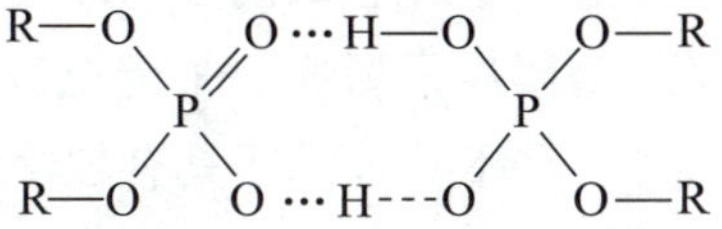

二聚分子与金属阳离子发生交换反应：

$$RE^{3+} + 3(\overline{HA})_2 = \overline{RE(HA_2)_3} + 3H^+$$

生成的萃合物为螯环结构，如图 3-2 所示。这类萃合物的结构中有 3 个八原子环，其中 4 个氧原子在 1 个平面上，但是这种螯环结构中有氢键存在，故不如螯合萃取剂生成的螯环稳定。

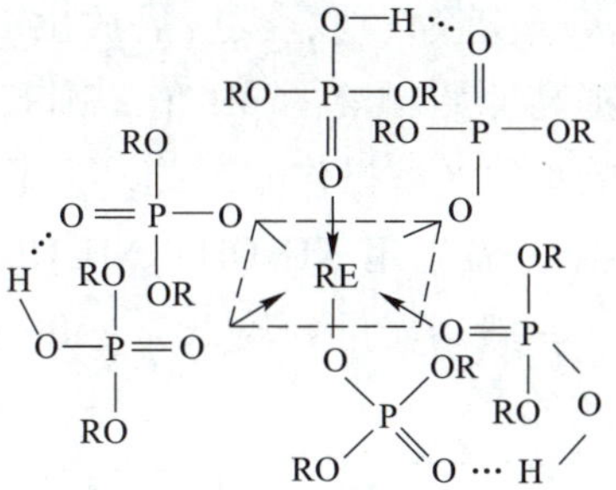

图 3-2 P_{204}与稀土离子形成萃合物的结构

（2）P_{507}称异辛基膦酸单异辛酯，又称 2-乙基己基膦酸单 2-乙基己基酯，缩写为 HEHEHP。P_{507}也是一元酸，其结构简式为：

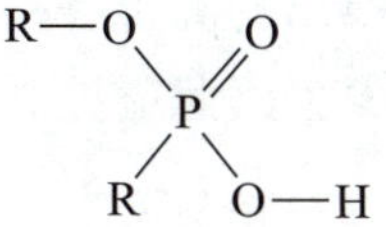

或 HA

P_{507}是稀土分离工业中应用最广的一种萃取剂，与 P_{204}相比，由于在萃取剂分子中引入一个碳—磷键，使酯氧原子的电负性削弱，酸性降低。因酸性磷型萃取剂的酸性是决定它们萃取能力的主要因素，因此它的萃取能力小于 P_{204}。当它萃取中、重稀土时，所需的水相酸度较低，反萃液的酸度也较低，即反萃取比 P_{204}容易。

（3）羧酸类萃取剂如 RCOOH 或 HA，它以单分子 HA 和二聚分子 $(HA)_2$ 两种形式存在，萃取稀土离子的反应式为：

$$RE^{3+} + 3\overline{HA} = \overline{REA_3} + 3H^+$$

$$RE^{3+} + 3(\overline{HA})_2 = \overline{RE(HA_2)_3} + 3H^+$$

在它们的萃合物中也可能有螯环结构，如稀土萃合物 $\overline{RE(HA_2)_3}$ 中含有与 P_{204} 萃合物类似的螯环，在 $\overline{REA_3}$ 中也可能有不稳定的四元螯环。羧酸类萃取剂中应用最多的是异构酸及环烷酸，后者是石油工业的副产品，价廉易得，使用更为广泛。

螯合萃取剂有两种官能团，即酸性官能团（—OH、═NOH、—SH—等）和配位官能团（C═CO，═N—等）。在萃取过程中，金属离子与酸性官能团作用置换出氢离子，形成一个离子键，而配位官能团又与金属离子形成一个配位键，从而生成疏水性金属螯合物 MA_n。因为这种金属螯合物形成的五元环或六元环具有较高的稳定性，所以选择合适条件能达到很完全的萃取。但是，它们的萃取反应速度一般较慢，萃合物在有机溶剂中溶解度不够大，萃取剂的价格也较贵。目前较有应用前途的螯合萃取剂主要是含氮螯合萃取剂，如羟肟类萃取剂、异羟肟酸类萃取剂及8-羟基喹啉类萃取剂。

上述三类萃取剂中，就酸性而言，酸性磷型萃取剂比螯合和羧酸类萃取剂强，故能在酸性较强的溶液中进行萃取；就螯合稳定性而言，羧酸类萃取剂最差，P_{204} 居中，螯合萃取剂最强。因为它们的萃取原理相同，所以影响萃取的因素也是相似的。

酸性萃取剂萃取稀土是阳离子交换反应，反应后放出 H^+，提高了水相酸度，将阻止对金属离子进一步萃取。如果提高原始料液的pH值，则有利于萃取。但料液的pH值过高将使萃取过程产生乳化，影响萃取过程操作。因此，为了增加有机相的萃取容量，提高原始料液的酸度，便于过程操作，需先用 NH_4OH、NH_4HCO_3 或 NaOH 进行皂化。例如，P_{204}、P_{507}、环烷酸萃取稀土时，一般用质量分数20%~50%的浓 NH_4OH 水溶液进行皂化，皂化率达90%以上。皂化反应式为：

$$(\overline{HA})_2 + NH_4OH = \overline{NH_4HA_2} + H_2O$$

$$\overline{NH_4HA_2} + NH_4OH = 2\overline{NH_4A} + H_2O$$

皂化后的萃取反应为：

$$RE^{3+} + 3\overline{NH_4HA_2} = \overline{RE(HA_2)_3} + 3NH_4^+$$

皂化后的有机相萃取稀土离子时，交换出的离子有一部分是 NH_4^+，而不使水相酸度明显变化。但是，皂化率过高会发生乳化现象，因此应控制适宜的皂化率。

3.1.3.2 阴离子萃取剂

阴离子萃取剂也称碱性萃取剂，主要是含氮有机化合物，如胺和季铵盐。被萃取物通常为金属络阴离子，与萃取剂以离子缔合方式形成萃合物而进入有机相，反应机理是阴离子交换。

胺类萃取剂可以看作是氨的烷基取代物，有下列四种类型：

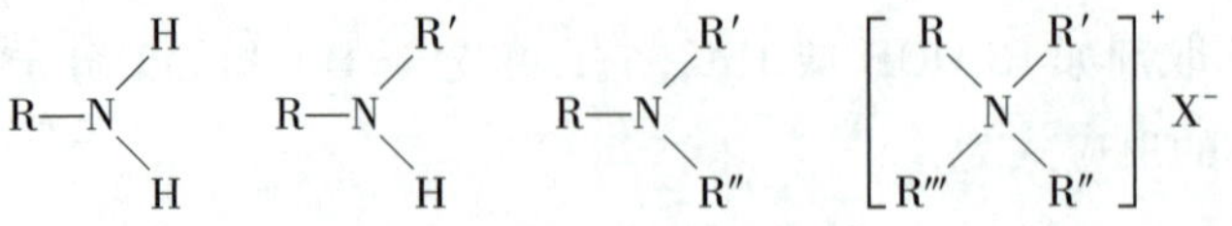

伯胺　　仲胺　　叔胺　　季胺盐

前三者属于中等强度的碱性萃取剂，必须与强酸作用生成胺盐后才能萃取金属络阴离子。它们依靠氮原子的孤对电子与无机酸的 H^+形成稳定的配位键，生成相应的胺盐。无机酸生成胺盐的能力按 $ClO_4^->NO_3^->Cl^->HSO_4^->F^-$的顺序逐渐减小。就碱性强弱而言，一般为叔胺>仲胺>伯胺。季铵盐属于强碱性萃取剂，无需先萃酸就能萃取金属络阴离子，在酸性、中性和碱性溶液中均可萃取。在水相中络阴离子的配体（X^-）浓度足够大时，胺盐萃取金属络阴离子的反应为阴离子交换。在 X^-浓度较小时，可能是按亲核反应而被萃取。胺盐萃取的反应式为：

$$RE^{3+}+(n-3)H^++nX^-+(n-3)\overline{R_3N}=\!=\!=\overline{(R_3NH^+)_{n-3}\cdot REX_3^{(n-3)-}}$$

在稀土萃取分离中应用的氨类萃取剂有：伯胺，如N1923；叔胺，如N235；季胺，如N263 等。

3.1.3.3 中性配合萃取剂

中性配合萃取剂本身是一种中性分子，萃取时被萃取物以中性分子形式与萃取剂作用，生成的萃合物是一种中性溶剂化配合物。其中，萃取剂的功能团直接与中心原子（原子团）配位的称为一次溶剂化，通过与水分子形成氢键而溶剂化的称为二次溶剂化。

微课3-4
中性配合萃取剂

中性溶剂化萃取剂分为中性磷氧萃取剂、中性含氧萃取剂、中性含氮萃取剂和中性含硫萃取剂。其中，中性磷氧萃取剂在稀土分离工业上应用较多，而中性含硫萃取剂还处于研究开发阶段。

中性磷氧萃取剂是指磷酸分子中三个羟基全部被烷基酯化的化合物，称为磷酸三烷基酯，通式为 $(RO)_3P=O$，如磷酸三丁酯（TBP）。若两个羟基中的氢原子为烃基取代，第三个羟基为烃基取代的化合物，其通式为 $(RO)_2RP=O$，如甲基膦酸二甲庚酯（P_{350}）。

TBP 和 P_{350}的通式也可为 $G_3P=O$，基团 G 可以是烷基 R 或烷氧基 R—O。萃取时，它们与中性金属盐 MX_n 生成的萃合物是通过氧原子上的孤对电子生成配位键 O→Me，例如：

$$m\Big(G-\underset{\underset{\displaystyle G}{|}}{\overset{\overset{\displaystyle G}{|}}{P}}=O\Big)+MX_n=\!=\!=\Big(G-\underset{\underset{\displaystyle G}{|}}{\overset{\overset{\displaystyle G}{|}}{P}}=O\Big)_m\rightarrow MX_n$$

配位键越强，则 $G_3P=O$ 的萃取能力越大。烷氧基有电负性大的氧原子，因此拉电子能力强，于是 P＝O 键的氧原子上的孤对电子就有被 R—O 拉过去的倾向，它和金属离子生成的配位键 O→Me 的能力就弱；反之 G 是烷基，拉电子的能力弱（又称斥电子基），P＝O 键的氧原子配位能力就强，它的萃取能力也强。因此，用于稀土萃取分离中 P_{350}优于 TBP。例如，用 TBP 萃取+3 价稀土元素时，发生的萃合反应式为：

微课3-5
中性配合萃取的影响因素

$$RE^{3+}+3NO_3^-+3\,\overline{TBP}=\!=\!=\overline{RE(NO_3)_3\cdot 3TBP}$$

中性磷氧萃取剂能够萃取酸，与酸反应通常生成 1∶1 的配合物，当水相酸度高时，还能生成 1∶2、1∶3 的配合物。TBP 萃取酸的顺序为：草酸≈乙酸>$HClO_4$>

$HNO_3>H_3PO_4>HCl>H_2SO_4$，这一次序大致是阴离子的水化能增加的次序，即 SO_4^{2-} 的水化能最大，或水相拉 SO_4^{2-} 的能力最强，因此，TBP 对 H_2SO_4 的萃取能力最小。在实际工作中有时为了防止萃取过程酸度的变化，有机相预先用酸饱和。

中性磷氧萃取剂萃取金属卤化物的反应比较复杂，例如对 $RECl_3$ 的萃取，分配比很小而几乎不萃取，利用这一性质可以用 TBP 将 RE^{3+} 与 Fe^{3+} 等其他离子进行萃取分离。

中性磷氧萃取剂与水生成 1∶1 的配合物。当水相酸度高时，还能生成 1∶2 的配合物，它是由氢键缔合而成的：$G_3P=O+H_2O \rightarrow G_3P=O\cdots H—O—H$。因此，1 L 纯 TBP 在常温时可溶解大约 3.6 mol 水。

3.1.3.4 稀释剂

稀释剂是指能够溶解萃取剂并构成连续有机相的有机溶剂，用于改善有机相的物理性质，如密度、黏度和表面张力，并使有机相具有合适的萃取剂浓度，原则上它与被萃取物不发生化学结合作用。

选用稀释剂时，对其极性和介电常数有一定要求。一般地说，极性不要太大，介电常数不要太高。稀土溶剂萃取常用煤油作稀释剂，为了避免萃取过程产生乳化现象，必须除去煤油中的不饱和烃。通常对煤油进行磺化处理，利用烯烃易发生加成作用的性质，用浓硫酸处理生成的单烷基酸酯可溶于水，也可溶于过量硫酸中，从而将其与饱和烃分离。磺化处理后的煤油是一种浅黄色液体，成分为 $C_{13}H_{28}\sim C_5H_{32}$ 烷基的混合物。磺化过程的反应式为：

$$RCH=CH_2+H_2SO_2 \xlongequal{\quad} R—\underset{\displaystyle OSO_3H}{\underset{|}{CH}}—CH_3$$

3.1.4 萃取过程的基本参数

3.1.4.1 萃取过程的平衡与分配比 D

萃取过程的实质是各组分在不互溶的两液相中进行分配，主要受能斯特分配定律支配。但在萃取分离过程中处理的料液往往并不是稀溶液，且溶质在两相中由于逐级配合作用或缔合作用，它们存在的形式并不相同。目前，在宏观上还无法分别测定各种形态离子的浓度。因此，在实际工作中用分配比 D 描述物质在两平衡液相之间的分配。将其定义为：萃取达到平衡后，被萃取物在有机相的总浓度和在水相的总浓度之比值，即：

微课3-6
描述萃取平衡的几个重要参数

$$D=\frac{[\overline{C}]}{[C]}=\frac{[\overline{M}_1]+[\overline{M}_2]+[\overline{M}_3]+\cdots+[\overline{M}_n]}{[M_1]+[M_2]+[M_3]+\cdots+[M_n]} \tag{3-1}$$

式中 $[C]$，$[\overline{C}]$——被萃取物在水相和有机相总浓度；

$[M_1]$，$[M_2]$，…，$[M_n]$——各种形态的被萃取物在水相中的浓度；

$[\overline{M}_1]$，$[\overline{M}_2]$，…，$[\overline{M}_n]$——各种形态的被萃取物在有机相中的浓度。

3.1.4.2 分离系数 $\beta_{A/B}$

萃取的目的不仅是把某种组分从水相中提取出来，更重要的是将各组分分离开来。为了表示两组分彼此分离的难易程度，通常用分离系数的大小来衡量。分离系数是指在同一萃取体系内，在同样的条件下，A、B 两组分的分配比的比值：

$$\beta_{A/B}=\frac{D_A}{D_B}=\frac{[\overline{C}_A][C_B]}{[C_A][\overline{C}_B]} \tag{3-2}$$

式中　D_A，D_B——A、B 两组分的分配比。

当 $\beta_{A/B}=1$ 时，即 $D_A=D_B$，说明两组分被萃取的程度相同，也就是说用萃取法不能将它们分离。$\beta_{A/B}$ 的数值与 1 相差越大，两组分就越容易分离，易萃组分 A 在有机相中富集，难萃组分 B 在水相中富集。

分配比 D 和分离系数 β 是萃取分离过程的两个主要指标，分配比反映了可萃取性的大小，分离系数反映了分离效果的优劣。

3.1.4.3 萃取率 q

为了说明萃取剂的实际萃取能力，常用到萃取率的概念。萃取率是指被萃取物进入有机相中的量占萃取前料液中被萃取物总量的百分数，即：

$$\begin{aligned} q&=\frac{[\overline{C}]V_S}{[\overline{C}]V_S+[C]V_F}\times 100\%=\frac{[\overline{C}]}{[\overline{C}]+[C](V_F/V_S)}\times 100\% \\ &=\frac{[\overline{C}]}{[\overline{C}]+[C](1/R)}\times 100\%=\frac{D}{D+1/R}\times 100\% \end{aligned} \tag{3-3}$$

式中，R 称为相比，即有机相体积 V_S 与水相体积 V_F 之比。

在一定的萃取体系中，萃取达到平衡时，被萃取组分的分配比是一定的。若增加有机相体积，即增大相比 R，使有机相中被萃取组分的浓度减小。根据平衡移动原理，若使更多的被萃取组分由水相转入到有机相，可提高有机相中被萃取组分的总量。

3.1.4.4 萃取比 E

萃取比是指萃取平衡时，被萃取组分在有机相的总量与其在萃余水相中的总量之比，即：

$$E=\frac{[\overline{C}]V_S}{[C]V_F}=D\cdot R \tag{3-4}$$

显然，增加两相的分配比和相比，萃取比也随着增加。

3.1.3.5 萃余分数 φ

萃余分数是指萃取平衡时，被萃取组分在萃余水相中的量占萃取前料液中该组分总量的百分数，即：

$$\varphi=\frac{[C]V_F}{[\overline{C}]V_S+[C]V_F}\times 100\%=\frac{1}{DR+1}\times 100\%=\frac{1}{E+1}\times 100\% \tag{3-5}$$

显然，有 $\varphi+q=1$，即萃取率和萃余分数互为余数，它们之和等于 100%。

萃余分数、萃取比和萃取率在单级萃取平衡时有如下关系：

$$q=\frac{E}{E+1}\times 100\% \tag{3-6}$$

$$\varphi=\frac{1}{E+1}\times 100\% \tag{3-7}$$

3.1.4.6 萃取等温线、饱和容量与饱和度

由分配比的定义可以知道，当水相中被萃取物浓度改变时，有机相的浓度也要随着变化。但这种变化不成比例，即 D 是一个变数。在一定温度下被萃取物质在两相的分配达到平衡时，以该物质在有机相的浓度和它在水相中的浓度关系作图，可得到如图 3-3 所示的曲线，称为萃取等温线（又称萃取平衡线）。

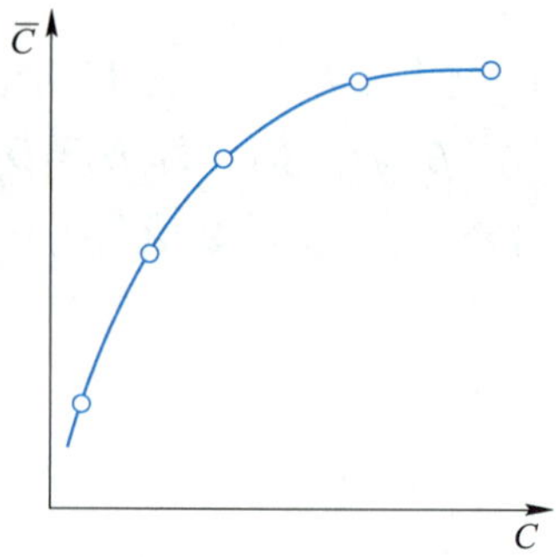

图 3-3 萃取等温线

测定萃取等温线或确定饱和容量的方法，有相比变化法和变化料液浓度法，用分液漏斗实验。相比变化法是用同一种浓度的料液，按不同的相比与同一种组成的有机相接触。萃取平衡后，根据每一份试样中有机相的金属浓度对水相的金属浓度作萃取平衡线。变化料液浓度法是事先配制一组金属浓度不同但酸度（pH 值）相同的料液，按同一相比加入不同浓度的料液与同一种有机相，萃取平衡后分别测定两相组成。两种方法都要求各个实验点水相平衡 pH 值应相同。

当水相浓度达到一定程度时，曲线趋向水平，说明当水相金属离子浓度逐渐升高到一定程度后，有机相的金属离子浓度基本维持不变。这种现象表明，一定浓度的萃取剂能够结合的金属离子的量是一定的，也就是说，它具有一定的饱和容量。当曲线趋于水平时，有机相中金属离子的浓度就是该萃取剂对该离子的饱和容量。

根据萃取等温线，可以计算出不同浓度时的分配比，还可以确定萃取级数，推测萃合物的组成等。

萃取饱和容量的单位为：被萃取物质量（g）/有机相体积（L），或被萃物质量（g）/萃取剂摩尔数等。其测定方法除用等温线外切线法之外，还可以用一份有机相与数份新鲜水相接触，直到有机相不再发生萃取作用为止，分析此时有机相所含被萃取物的量即为饱和容量。

在实际工作中，还用到饱和度的概念。所谓饱和度是指有机相中实际容量与饱和容量之比。

3.2 萃取体系、方式和设备的选择

3.2.1 萃取体系的选择

在湿法冶金中进入萃取工序的料液的组成与性质，例如酸性溶液还是碱性溶液、酸或

碱的种类和浓度、溶液中存在的其他无机盐的种类和含量等，都是由前面工序决定的。根据上道工序的料液情况，也就是根据被分离组分的基本存在形式，可以确定选用的萃取体系的类型。例如，分离轻稀土元素可选用 P_{204} 萃取剂，而且不需皂化也有很高的萃取容量。P_{507} 萃取剂比 P_{204} 的酸性低，与重稀土元素结合力弱，反萃容易，故选用 P_{507} 萃取剂分离重稀土元素。胺类萃取剂中的伯胺在硫酸体系中对钍有高的选择性，是萃钍的特效试剂，因此可用它处理硫酸稀土溶液中的钍，达到使钍和稀土预先分离的目的。又如，拟从轻稀土中将钐分离出来，选用中性配合萃取体系效果较好。

萃取过程的经济因素也是选择萃取体系必须考虑的又一个因素。在选择萃取体系时应考虑尽量使低浓度组分优先萃取，使高浓度组分留在水相中，从而减少传质量。

萃取体系的选择，关键在于选择萃取剂、稀释剂与添加剂。选择一个尽善尽美的体系是困难的，只能权衡利弊而定。

萃取剂的选择应充分考虑特效和价廉两个突出因素，一般有如下要求：

（1）与稀释剂或者相调节剂能很好混溶。在适宜的稀释剂中要有足够的溶解度，而在使用条件下的各种水相介质中极少溶解，以减少萃取剂的损耗。

（2）应具备良好的萃取与反萃取性能。对被萃取元素有较高的萃取容量，较大的分配比，因而可用较少的萃取剂来处理浓度较高的料液；在待分离组分之间有高的分离系数，即选择性好；反萃容易，可为后处理、萃取剂的再生循环及提高金属回收率带来很多好处。

（3）有好的化学稳定性、热稳定性和辐照稳定性，因而能反复循环使用而不降解。

（4）在萃取和反萃取过程中，两相分离和流动性能良好，不发生乳化，不生成第三相。这就要求萃取剂有较低的黏度和密度，较大的表面张力。

（5）有高的安全性。闪点要高，不易燃、不易爆；沸点要高，挥发性要小；无毒或毒性小，便于安全操作。

（6）来源丰富，制备容易，价格便宜。

稀释剂与添加剂的选择，同样应遵循具有良好的相分离性能，经济性、安全性等原则。另外，还应注意到它们与萃取剂之间的相互作用、对萃取性能的影响等。稀释剂是原油的分馏产品，由于各地原油的成分不同，稀释剂的组分也不相同，而且稀释剂中的杂质还有可能对萃取过程产生影响。稀释剂与相调节剂的选择一般应经过实验筛选和循环使用来决定取舍。

3.2.2 萃取方式的选择

将含有被萃取组分的水相与有机相充分接触，经过一定时间后，被萃取组分在两液相间的分配达到平衡，两相分层后，把有机相与水相分开，此过程称为一级萃取。在一般情况下，一级萃取不能达到分离、提纯和富集的目的。将经过水相与有机相多次接触和分相，从而大大提高分离效果的萃取工艺称为串级萃取。按有机相与水相接触方式的不同，串级工艺可分为并流萃取、逆流萃取、分馏萃取、回流萃取与错流萃取等方式。

微课3-7
萃取方式的选择

3.2.2.1 并流萃取

水相和有机相按同一方向在萃取设备中由一级流经下级，一直从最后一级流出，称为并流萃取，如图 3-4 所示。

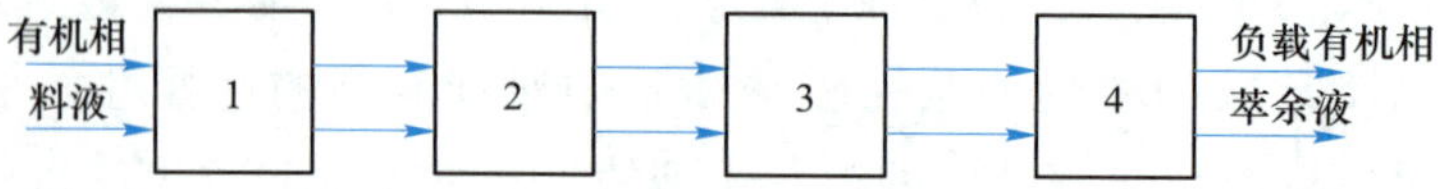

图 3-4 并流萃取示意图

3.2.2.2 逆流萃取

逆流萃取是把有机相与水相分别从多级萃取器的两端加入，两相逆流而行，如图 3-5 所示。在每一个萃取器中，两相经过充分接触和澄清分离过程，然后，分别进入相邻的两个萃取器。

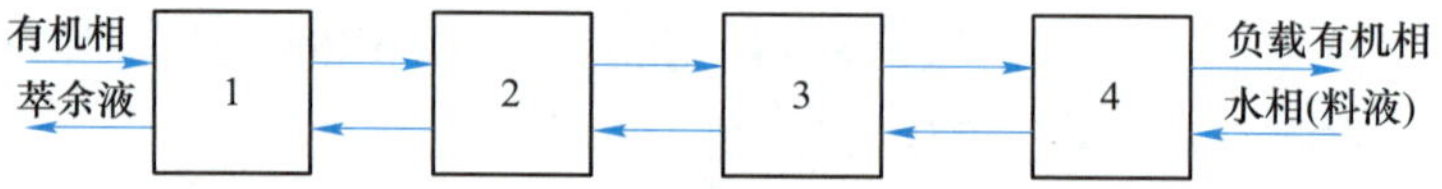

图 3-5 逆流萃取示意图

事实上，水相（料液）进入端，是料液浓度最高的水相与游离萃取剂浓度最低的有机相相遇，而在有机相进入端则是游离萃取剂浓度最高的有机相与被萃物浓度最低的水相接触，从而使有机相萃取剂得到了充分的利用，故特别适合于分配比和分离系数较小的物质的萃取分离。

3.2.2.3 分馏萃取

分馏萃取是逆流萃取加上逆流洗涤组成的串级工艺，如图 3-6 所示。

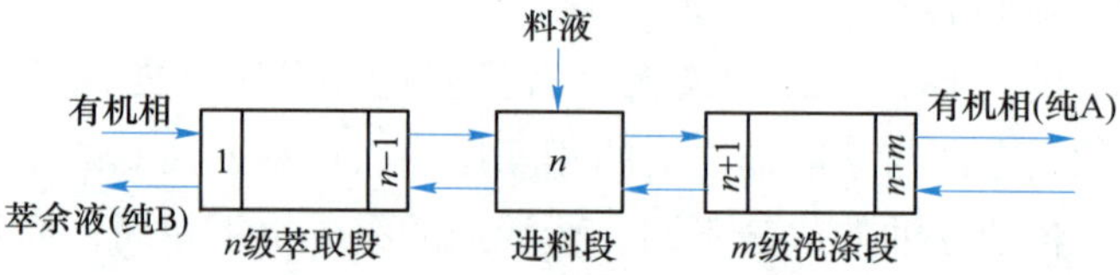

图 3-6 分馏萃取示意图

为了提高产品纯度，又不降低产品的回收率，将经过多级逆流萃取后的有机相，再进行多级逆流洗涤。两者结合起来，利用洗涤保证足够的纯度，利用多级逆流萃取可获得高收率。因此，这种方法可以使分配比不高的物质，获得很高的收率，并保证得到要求的纯度，也能使分离系数相近的各种元素得到较好的分离。

3.2.2.4 回流萃取

回流萃取实际上是分馏萃取的一种改进，用萃取法来分离性质相近的两元素时，用回流萃取可以提高产品的纯度，改进分离效果，但产量有所降低。

例如，在料液中含 A、B 两种性质相似的元素，A 易被萃取，B 难被萃取。若按图 3-6

进行分馏萃取，所得萃余液中有纯 B，萃取有机相中有纯 A。为了提高 A、B 的纯度，可使分馏萃取的洗涤液中含有一定量的纯 A，在洗涤过程中，使它与负载有机相中所含的微量 B 进行交换，从而使进入反萃段的负载有机相中 A 的纯度进一步提高。同样，为了使水相产品中 B 的纯度提高，使有机相在进入萃取段前，在转相段中与部分水相产品接触，从而含有部分纯 B。这部分纯 B 与水相中含的 A 进行交换，使水相产品 B 的纯度更高。这种带有回流的分馏萃取，称为回流萃取，如图 3-7 所示。

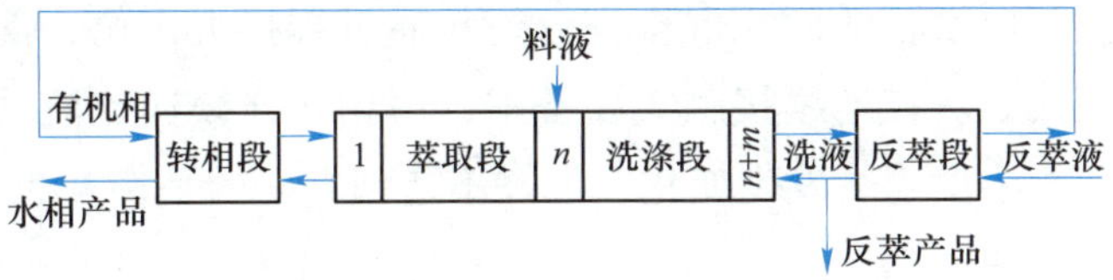

图 3-7 回流萃取示意图

3.2.2.5 错流萃取

错流萃取如图 3-8 所示。将新鲜的有机溶剂与料液按一定的相比，加入第一级萃取器，经充分混合后分相，再将负载有机相排出，萃余液进入第二级萃取器，按同一相比与新鲜有机相重新混合和澄清分相，又将负载有机相排出，萃余液又进入下一级萃取器，以此类推，直到最后一级。

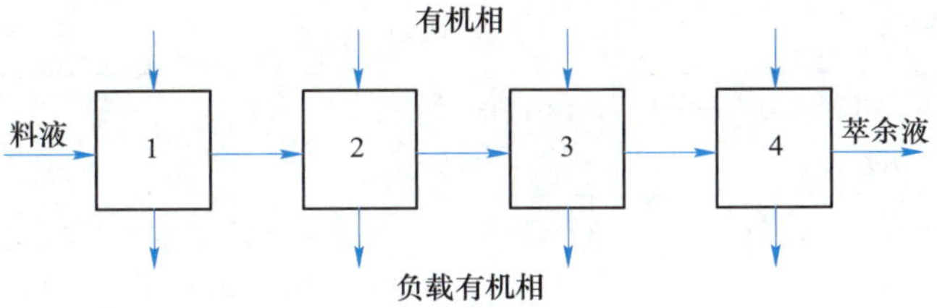

图 3-8 错流萃取示意图

3.2.2.6 对比

上述几种方式中，以逆流萃取与分馏萃取应用最为普遍。具体选择何种萃取方式，主要取决于对分离产品的纯度和收率的要求。

逆流萃取用于从溶液中提取有价金属离子。当逆流萃取用于分离 A、B 两组分时，不可能同时得到纯的 A 和 B。即使在 β 不大的情况下，可得到纯 B，但 B 的收率不是很高，或者反过来，可得到纯 A，但 A 的收率不是很高。

如果要同时得到纯的 A 和 B，而且又要求较高的收率时，就必须采用分馏萃取的办法。在 β 不大时，分馏萃取也可实现分离要求，因此在相似元素的分离中应用很普遍。

如果 β 相当小，又要求纯度较高时，就必须采用回流萃取。实际上，这是用牺牲一定产量的办法来达到高纯度的要求。

错流萃取虽可得到一个纯产品，但回收率低、试剂消耗大，只是在特定情况下，如分相很困难时才采用。并流萃取也是在特定情况下才被采用。

3.2.3 萃取设备的选择

3.2.3.1 萃取设备的分类及特点

萃取设备可按不同的方式分类。一般按操作方式分为两大类，逐级接触式萃取设备和连续接触式（微分式）萃取设备。前者由一系列独立的萃取器组成，水相和有机相经混合后在一个大的澄清区中分离，然后再进行下一级的混合。这类萃取设备的两相混合充分，传质过程接近平衡，混合澄清槽是其中的典型代表。在连续接触式设备中，两相在连续逆流流动中接触并进行传质，两相浓度连续发生变化，但并不达到真正的平衡，大部分柱式萃取设备属这一类。

微课3-8 萃取设备的选择

如果按照所采用的两相混合或产生逆流的方法，萃取设备又可分为不搅拌和搅拌、借重力产生逆流和借离心力产生逆流等类别。表3-2为工业常用萃取器的优缺点比较，稀土萃取分离目前主要采用混合澄清槽萃取设备。

表3-2 几种萃取设备的优缺点

设备分类	优点	缺点
混合澄清槽	级效率高，处理能力大，操作弹性好，相比调整范围宽，放大可靠，能处理较高黏度液体	溶剂滞留量大；需要厂房面积大；投资较大，级间可能需要用泵输送液体
脉冲筛板柱	理论塔板低，处理能力大；柱内无运动部件；能多级萃取；工作可靠	对密度差小的体系处理能力较低，不宜高流比操作，处理易乳化体系有困难，扩大设计方法较复杂
机械搅拌柱	处理能力适宜，理论塔板适中，结构较简单，操作和维修费用较低	
振动筛板柱	理论塔板低，流动量大，结构简单，适应性强，能处理含悬浮固体物的液体，能处理具乳化倾向的混合液，易于放大	
离心萃取器	能处理两相密度差小的体系；以及易乳化物料，适于处理不稳定物质，接触时间短，传质效率高，溶剂积压量小，设备体积小，占地面积小	设备费用大，操作费用高，维修费用大

动画 混合-沉降萃取器

动画 脉冲筛板萃取塔

3.2.3.2 箱式混合澄清槽【案例】

箱式混合澄清槽是湿法冶金中应用最为广泛的一种萃取设备。多级箱式混合澄清槽是把多个单级的混合澄清槽连成一个整体，从外观看像一个长的箱子，内部用隔板分隔成一定数目的级。每一级由两部分构成，即混合槽与澄清槽。奇数级与偶数级的混合室交叉相对排列在长箱的两边（澄清室也一样）。混合室常用机械搅拌，澄清槽则采用重力澄清方式。为了加速澄清过程，也可在澄清室安装挡板或装设其他促进分相的装置。图3-9为箱式混合澄清槽的示意图。

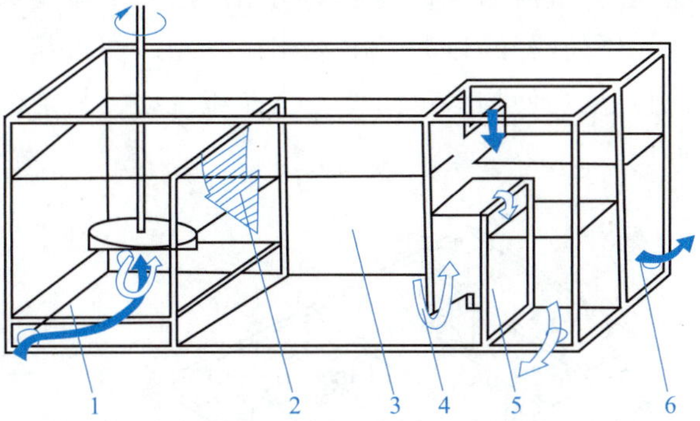

动画
第k级混合澄清萃取槽

图 3-9 箱式混合澄清槽示意图

1—混合室；2—混合相；3—澄清室；4—水相出口；5—水相；6—有机相

由图 3-9 可见，每一个混合室下方设置一个潜室（有的无潜室），潜室通过两个相口与两相邻级萃取箱连通。有机相（轻相）和水相（重相）分别从两边相邻萃取箱的相口流入潜室，借助搅拌抽吸作用从潜室上部圆孔进入混合室，混合室内的混合相从挡板上沿溢流进入澄清槽。混合相在澄清室分相后，有机相与水相分别进入相邻级再进行下一级混合。

还有一种箱式混合澄清槽的有机相入口，由潜室提高至混合室，使有机相不经潜室直接进入混合室，这样使水相稳定地进入混合室并防止返混。

由图 3-9 还可以看出，在这种混合澄清槽中，就同一级而言，两相是并流的；就整个箱式混合澄清槽来讲，两相的流动方向是逆流的，如图 3-10 所示。

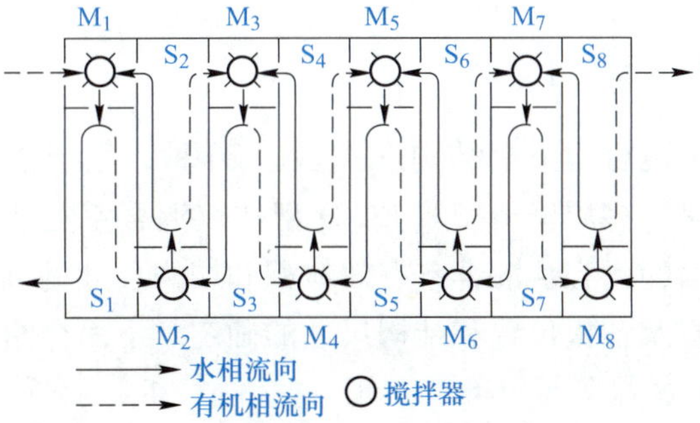

动画
箱式混合澄清槽两相流动

图 3-10 箱式混合澄清槽两相流动示意图

箱式混合澄清槽把搅拌与液流输送结合起来，取消了级间的输送泵，简化了结构。槽体结构紧凑，便于加工制造，因此它是湿法冶金中生产规模不大时普遍采用的萃取设备。其缺点是生产效率较低，体积大，相应的占地面积、物料和溶剂的积压量也大。

针对不同的需要对箱式混合澄清萃取槽进行了许多改进。例如，在同一级内设置两个或多个混合室，延长总混合时间，同时通过调节各混合室搅拌强度，使进入澄清室的混合相更易分相。

另一种称为全逆流的混合澄清槽，将混合室的相口由三个减少为两个。上相口同时作轻相入口和混合相出口，出混合相的目的是出水相；下相口作重相入口及混合相出口，出混合相的目的是出有机相，从而使物料走向变为全逆流流动，其结构如图 3-11 所示。

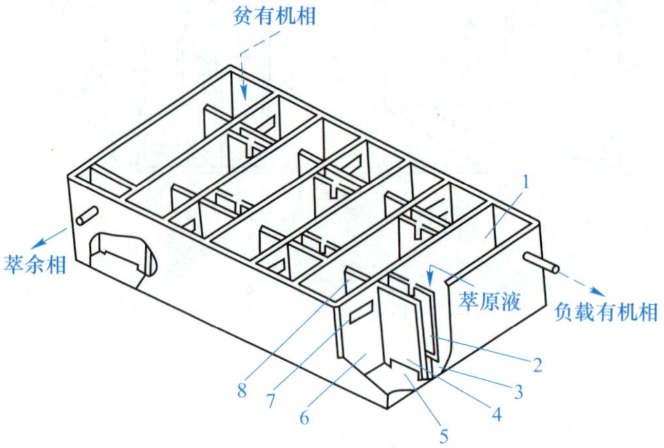

图 3-11 全逆流混合澄清槽结构示意图

1—澄清室；2—挡油板；3—挡水板；4—隔板；5—下相口；6—混合室；7—上相口；8—挡流板

3.2.3.3 非箱式混合澄清槽

通过对箱式混合槽进行的一些更深层次的改造，发展了一系列具有特殊结构的混合澄清槽。这类萃取槽与箱式混合澄清槽的主要差别是其混合槽与澄清槽可以有不同尺寸；混合槽与澄清槽可以分开，而且级与级也可分开，其间用管道连接，因此可称为非箱式混合澄清槽。它们的处理量可以很大，有的萃取槽的总流通量可达 900 m^3/h。

3.2.4 箱式混合澄清槽的计算 【案例】

已应用于工业生产的混合澄清槽结构形式多达 20 种，用于稀土分离的有箱式混合澄清槽、全逆流混合澄清槽、多层澄清槽及 EC-D 型和双混合室箱式萃取槽等多种。混合澄清槽的设计包括三个方面的内容：混合室有效体积和结构尺寸的确定；澄清室有效体积和结构尺寸的确定；各相口及各板位置和结构尺寸的确定。下面介绍计算的主要项目。

3.2.4.1 混合室有效体积及其边长

混合室的大小是根据所要求的生产能力和为达到一定的级效率所需要的两相接触时间来确定的。

(1) 混合室有效体积：

$$V_m = m(Q_W + Q_o)t \tag{3-8}$$

若要求有机相和水相在混合室的接触相比与两相的流量比不相等，则：

$$V_m = m(1 + R)Q_W t \tag{3-9}$$

式中 V_m——混合室有效体积，m^3(L)；

Q_W——水相流量，m^3/h(L/min)；

Q_o——有机相流量，$m^3/h(L/min)$；

t——两相在混合室的表观停留时间，h(min)；

m——体积校正系数，一般取 $m=1.1$，对小型混合澄清槽可不予考虑；

R——接触相比。

（2）混合室边长。当混合室有效体积确定之后，方形混合室的边长为：

$$B = \sqrt[3]{V_m/k} \tag{3-10}$$

式中 B——方形混合室的边长，m(cm)；

k——混合室的有效高度与边长之比。

3.2.4.2 澄清室有效体积及其边长

（1）澄清室边长。对于澄清室与混合室宽度相等的混合澄清室，澄清室宽度为已知，则只要根据“面积原则”计算出一定处理量所需的澄清截面积，即可算出澄清室的长度，即：

$$A = Q/(Q'/A') \tag{3-11}$$

而

$$L = A/B \tag{3-12}$$

式中 A——所设计的澄清室截面积，$m^2(cm^2)$；

Q——要求的处理量，$m^3/h(L/min)$；

Q'/A'——比澄清速度，$m^3/(h\cdot m^2)[L/(min\cdot cm^2)]$，其中，$Q'$为测定时的处理量，$A'$为测定时澄清室截面积；

L——澄清室长度，m(cm)。

（2）澄清室高度。对于混合室底部设有潜室或液流管的混合澄清槽，澄清室的有效高度等于混合室的有效高度加上潜室的高度。无潜室的混合澄清槽，则澄清室的有效高度等于混合室的有效高度。

混合室的空高可凭经验确定，一般为澄清室有效高度的0.2~0.3倍。

3.2.4.3 相口计算

下面介绍箱式混合澄清槽的主要相口计算公式及其经验公式。

A 混合相出口

（1）假定混合相出口（兼作有机相回流口）为简单的锐孔，可应用伯努利方程式求出相口的截面积：

$$f_1 = \frac{Q}{m_1\sqrt{2gH_1}} \tag{3-13}$$

式中 f_1——相口截面积，$m^2(cm^2)$；

Q——混合相流量+有机相返回量，$m^3/s(cm^3/s)$；

m_1——流量系数，一般取0.6；

g——重力加速度，m/s^2 (cm/s^2)；

H_1——出口两边液体的压头差，一般取0.005 m。

（2）模拟混合相出口流速进行放大，据经验取流速 $V_{混}$为0.1~0.2 m/s，则有：

$$f_1 = Q/V_{混} \tag{3-14}$$

B 重相入口

（1）假定重相入口为简单锐孔，同理，重相入口截面积f_2为：

$$f_2 = \frac{Q_W}{m_2\sqrt{2gH_2}} \tag{3-15}$$

式中 m_2——流量系数，一般取0.6；

H_2——重相入口两边液体的压头差，一般取0.005 m。

（2）模拟重相入口流速进行放大，据经验取流速V_W为0.1~0.2 m/s，则有：

$$f_2 = Q_W/V_W \tag{3-16}$$

C 轻相溢流口

（1）按标准堰方程式计算，公式如下：

$$f_3 = \frac{Q_o}{m_3\sqrt{2gH_3^{1.5}}} \tag{3-17}$$

式中 f_3——轻相溢流口截面积，m^2（cm^2）；

m_3——流量系数，一般数0.4；

H_3——堰边液体深度，取0.01~0.015 m。

（2）模拟轻相溢流口流速进行放大，据试验取轻相溢流口流速V_o为0.1~0.2 m/s，则有：

$$f_3 = Q_o/V_o = bH_3 \tag{3-18}$$

即：

$$b = (Q_o/V_o)H_3$$

式中 b——堰宽度，m（cm）。

D 搅拌转速计算

进行混合澄清槽放大或缩小时，可采用如下公式计算搅拌转速：

$$n_2 = \alpha^{-2/3}n_1 \tag{3-19}$$

式中 n_1——小型萃取槽的搅拌转速，r/min（r/s）；

n_2——大型萃取槽的搅拌转速，r/min（r/s）；

α——几何线度相似比。

3.2.5 流量控制器

在稀土萃取生产过程中，流量控制是至关重要的环节。它直接影响稀土产品的质量和收率，也是萃取生产是否稳定的决定因素。稀土萃取过程的流量控制具有特殊性：一是介质的强腐蚀性（大部为盐酸介质）；二是流量范围变化大，一个上百吨的稀土萃取分离厂其流量小至每分钟几十毫升、大至每分钟几十升，相差1000多倍，目前国内生产的标准流量控制器均不适用。因此，我国稀土工作者在进行稀土萃取设备和萃取过程在线分析研究的同时，也对稀土萃取过程的流量控制做了大量的研究，研制出一些行之有效的流量控制器，并成功地应用于稀土萃取生产。

3.2.5.1 圆盘戽斗式流量控制器

圆盘戽斗式流量控制器的结构如图3-12所示，两圆盘4间夹有六个L形戽斗2，转盘由步进电机驱动旋转，旋转时L形戽斗从储液槽6中舀一定量的液体注入轴芯的出液孔3中，并由此送入萃取槽。安装溢流孔5以保持固定液面，达到维持流量稳定的目的。改变转速，即可方便地改变流量。由于步进电机旋转的频率脉冲由计算机提供，故该流量控制器流量稳定、遥控方便。

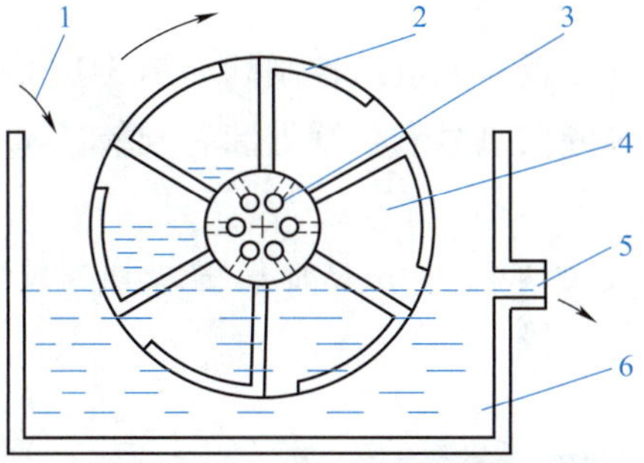

图3-12 圆盘戽斗式流量控制器结构

1—料液入口；2—L形戽斗；3—出液孔；4—圆盘；5—溢流孔；6—储液槽

流量控制器的流量检测方法如图3-13所示，平时（未检测流量时）由流量控制器送来的液体由入口A进入，经计量筒B、常开型电磁阀D和出口E进入萃取槽。当计算机接到检测指令后，使电磁阀D闭合，同时计算机开始计数。当计量筒B中液位上升至一定值Q_1后，液位传感器C发出信号，停止计数并同时释放电磁阀，把计量筒B内液体连同流量控制器新来的液体一起送入萃取槽，完成一次检测任务。其流量值$Q=Q_1/t$(L/min)经计算机计算后显示并打印。由于检测用计算机与圆盘戽斗式流量控制器用的是同一台计算机，故当检测到的流量与设定值有偏差时，即可很方便地调整流量控制器的脉冲频率，使流量恢复到设定值，实现流量的闭环控制。

3.2.5.2 恒流自动调节流量计

恒流自动调节流量计是精细化工工艺流程中不可缺少的控制流量的理想装置。该流量计是用TVC板焊制成的，它既能自动控制流量，又能随时检测流量。恒流自动调节流量计的工作原理如图3-14所示。

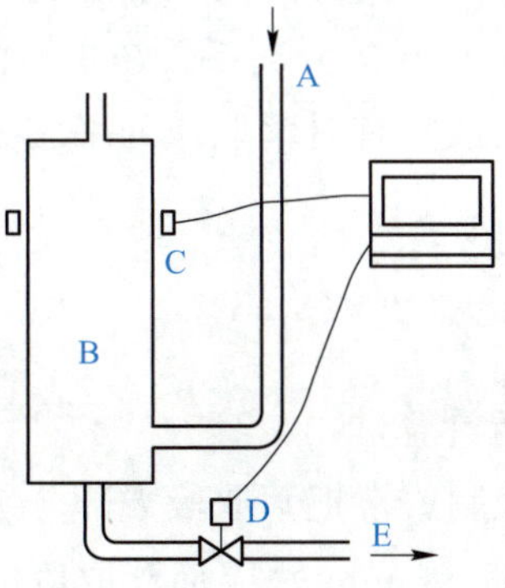

图3-13 流量检测原理图

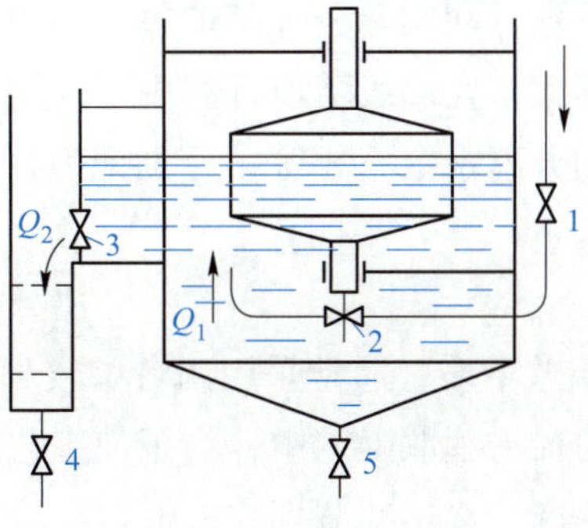

图3-14 恒定自动调节流量计的工作原理图

高位槽的物料通过阀门2不断地流入浮子箱，其流量为Q_1，再经过阀门3流入测量筒通道，其流量为Q_2。这两个流量开始并不相等，待浮子箱内的液位平衡后，Q_1才能与Q_2相等。当高位槽内液位下降引起出口管道流速下降时，浮子随着液位下降，阀门2开度增大，使浮子箱的液位变化得到补偿；同样，高位槽的液位上升引起阀门2开度减小，浮子箱的液位仍会得到补偿。

阀门3是控制从浮子箱到测量筒流量的控制阀。图3-14中阀3的位置处，浮子箱壁上开有垂直狭缝液流通道，在箱壁左侧紧靠狭缝处装有闸板，可上、下移动闸板的位置调节流量。

测量筒用于检测流量。关闭阀4，计量从低位虚线到高位虚线的容积充满物料所需的时间，则可计算出单位时间的流量。

3.3 串级萃取工艺计算【案例】

串级萃取工艺设计的任务主要包括在满足产品纯度和收率的情况下，确定所需萃取级数、洗涤级数、各种相比（流比）、料液组成、洗涤液组成、进料级位置等条件，使在一定工艺条件下能达到产品纯度和收率。

3.3.1 确定萃取体系、测定分离系数和萃取比

利用分馏萃取法分离两种或两种以上物质，通常以单级实验筛选合适的萃取体系。针对要分离的任务选择萃取体系后，为了确定最适当的有机相配比、测定其萃取性能及初步选定萃取工艺条件，一般在分液漏斗中进行一系列单级萃取实验。其主要内容可分为两个方面：一是进行基本数据和性能的测定，例如饱和容量、对酸的萃取能力、温度的影响和平衡时间的测定等；二是研究萃取剂浓度、皂化度、料液的酸度与浓度、洗液酸度、相比等基本工艺参数对分配比、分离系数、萃取比、萃取率的影响规律。若是使用成熟的萃取体系处理不同类型的料液，可以不必再进行单级条件实验。

对于选定的萃取体系有机相和料液条件下，测定各金属离子的分配比D，划分分离界限。依据两组分的假设确定易萃组分A和难萃组分B，以分离界限两相邻金属离子的分配比计算分离系数。在实际分馏萃取体系各级萃取器中A和B的分离系数β是不相等的，但它们的变化不大，在串级萃取计算中可采用它们的平均值。有时萃取段的平均分离系数和洗涤段的平均分离系数不相等，分别记为β和β'，即：

$$\beta = E_A / E_B \tag{3-20}$$

$$\beta' = E'_A / E'_B \tag{3-21}$$

如果β和β'相差不多，通常采用两者中较小的β值进行计算。

在实际的稀土萃取工艺中，为了使工艺条件易于控制，常把萃取段大部分级中有机相中金属离子浓度$[\overline{M}]$调节到接近恒定（除第1级和第n级外），因而萃取段的混合萃取比E_m恒定，即：

$$E_m = \overline{[A+B]}/[A+B] = \overline{[M]}/[M] \tag{3-22}$$

同理，洗涤段的混合萃取比 E'_m 也可调节洗涤段有机相中的金属离子浓度 $\overline{[M]}'$，使其在大部分级中接近恒定（除 $n+m$ 级外），即：

$$E'_m = \overline{[A+B]}'/[A+B]' = \overline{[M]}'/[M]' \tag{3-23}$$

例如，酸性萃取体系只要预先把有机相皂化到一定程度，就能符合恒定混合萃取的条件。含有盐析剂的中性磷型萃取体系或胺盐萃取体系，E_m 和 E'_m 也接近恒定。

徐光宪教授等人基于恒定混合萃取比的串级萃取理论，提出了串级萃取优化设计方法。在已经确定了萃取体系和分离系数等有关参数的前提下，萃取生产中期望的是在产品纯度和收率都很高的条件下，同时具有最大的生产量。由此得到在萃取器总容积和分离效果相同的情况下，日产量达到最大的最优化方程，并由该方程推导出最优条件下的萃取比与分离系数的关系式：

$$E_B = 1/\sqrt{\beta} \tag{3-24}$$

$$E'_A = \sqrt{\beta'} \tag{3-25}$$

在恒定混合萃取比体系中，水相进料萃取的特点是：有机相中金属离子浓度除有机出口外，其他各级中均接近最大萃取量 S；洗涤段各级水相中的金属离子浓度均接近最大洗涤量 W；萃取段除第一级外，其他各级水相中金属离子浓度均为洗涤量 W 和料液进入量 M_F 的总和。以上萃取量 S 和洗涤量 W 都是以进料量 $M_F=1$ mol/min（或 g/min）为基准得到的质量流量（mol/min 或 g/min）。根据物料平衡原理，可以推导出萃取段和洗涤段水相的金属离子分布公式。

在萃取段：

$$W + M_F = S + M_1 \tag{3-26}$$

式中 M_1——水相出口金属离子的质量流量。

在洗涤段：

$$W = S - \overline{M}_{n+m} \tag{3-27}$$

式中 $\overline{M}_{n+m}$——有机相出口金属离子的质量流量。

分馏萃取全流程物料平衡式为：

$$M_1 + \overline{M}_{n+m} = M_F \tag{3-28}$$

式（3-28）两边同时除以 M_F，并令 $f'_B = M_1/M_F$，$f'_A = \overline{M}_{n+m}/M_F$，则有：

$$f'_B + f'_A = 1 \tag{3-29}$$

f'_B 和 f'_A 分别是水相出口 B 的分数（质量分数）和有机相出口 A 的分数（质量分数），由此可以得出水相进料时恒定混合萃取比 E_m 和 E'_m 在萃取过程中的表达式：

$$E_m = S/(S + M_1) \tag{3-30}$$

$$E'_m = S/(S - \overline{M}_{n+m}) \tag{3-31}$$

在恒定混合萃取比体系中，有机相进料萃取的特点是：萃取段有机相中金属离子浓度各级中均接近最大萃取量 S；洗涤段各级有机相中的金属离子浓度除 $n+m$ 级外，均为 $S+M_F$；萃取段水相中除第一级外，金属离子浓度均接近最大洗涤量 W，洗涤段各级水相中的金属离子浓度也均为最大洗涤量 W。按照类似水相进料物料平衡的推导过程，可以得到分馏萃取有机相进料的金属离子分布公式。

在萃取段：

$$W = S + M_1 \tag{3-32}$$

在洗涤段：

$$W = S + \overline{M}_F - \overline{M}_{n+m} \tag{3-33}$$

混合萃取比 E_m 和 E'_m 为：

$$E_m = S/W \tag{3-34}$$

$$E'_m = (S + \overline{M}_F)/W \tag{3-35}$$

3.3.2 确定分离指标

分离指标是指萃取生产产品应达到的纯度和收率。在设计分馏串级萃取时，为了研究经 n 级萃取和 $m-n$ 级洗涤后产品所能达到的纯度和收率，或者说产品在达到一定的纯度和收率指标时，所必需的萃取段级数和洗涤段级数，引用了萃余分数和纯化倍数的概念。

设料液中含有易萃组分 A、难萃组分 B，如果假设各级中组分的分配比 D 相同，萃取过程中各相的流比不变，可推导出 A、B 两组分的萃余分数和纯化倍数，以及与萃取比、萃取级数等之间的关系。

萃余分数 φ_B 和 φ_A 和是指经过萃取后，水相中难萃组分 B 或易萃组分 A 的剩余量与其在原料液中量的比值，表达式为：

$$\varphi_A = \frac{\text{萃余水相中 A 的质量流量}}{\text{料液中 A 的质量流量}} = \frac{A_1}{A_F} = \frac{E_A - 1}{E_A^{n+1} - 1} \tag{3-36}$$

$$\varphi_B = \frac{\text{萃余水相中 B 的质量流量}}{\text{料液中 B 的质量流量}} = \frac{B_1}{B_F} = \frac{E_B - 1}{E_B^{n+1} - 1} \tag{3-37}$$

微课3-9
萃余分数

通常 $E_B < 1$，$E_B^{n+1} \ll 1$，故 $\varphi_B \approx 1 - E_B$；$E_A > 1$，$E_A^{n+1} \gg 1$，故有 $\varphi_A \approx 1/E_A^n$。

纯化倍数是指经过萃取后，萃取组分 A 和 B 纯度提高的程度。对于难萃组分 B 的纯化倍数 b 定义为：萃余水相中 B 与 A 浓度比与料液中 B 与 A 的浓度比之比，即：

$$b = \frac{\text{萃余水相中 B 与 A 的浓度比}}{\text{料液中 B 与 A 的浓度比}} = \frac{[B]_1/[A]_1}{[B]_F/[A]_F} = \frac{[B]_1/[B]_F}{[A]_1/[A]_F} = \varphi_B/\varphi_A \approx E_A^n \approx (\beta E_B)^n \tag{3-38}$$

产品 B 的纯度为：

$$\begin{aligned} P_{B_1} &= \frac{\text{萃余水相中 B 的浓度}}{\text{萃余水相的总浓度}} = \frac{[B]_1}{[B]_1 + [A]_1} \\ &= \frac{[B]_1/[A]_1}{[B]_1/[A]_1 + 1} = \frac{b[B]_F/[A]_F}{b[B]_F/[A]_F + 1} = \frac{b}{b + [A]_F/[B]_F} \end{aligned} \tag{3-39}$$

从而有：

$$b = \frac{P_{B_1}}{1 - P_{B_1}} \cdot \frac{f_A}{f_B} \tag{3-40}$$

式中 f_A，f_B——料液中 A 和 B 的摩尔分数或质量分数。

对于易萃组分 A 的纯化倍数 a 定义为：在 $n+m$ 级有机相出口处有机相中 A 与 B 浓度比或纯度比与料液中 A 与 B 的浓度比之比。同样有：

$$a = \frac{\overline{[A]}_{n+m} / \overline{[B]}_{n+m}}{[A]_F / [B]_F} = \frac{\overline{P_{A_{n+m}}}}{1 - \overline{P_{A_{n+m}}}} \cdot \frac{f_B}{f_A} = \frac{1 - \varphi_A}{1 - \varphi_B} \tag{3-41}$$

由萃余分数的意义可知，料液中 B 组分在萃取过程的收率 Y_B 实际上是 B 组分的萃余分数 φ_B，即：

$$Y_B = \varphi_B = b(a - 1)/(ab - 1) \tag{3-42}$$

同样可知，A 组分的收率为：

$$Y_A = 1 - \varphi_A = a(b - 1)/(ab - 1) \tag{3-43}$$

分离指标的确定主要取决于产品方案。在生产实践中，根据原料中的稀土配分和市场对稀土产品的需求，通常有三种产品方案。三种产品方案给出的规定指标不同，因此计算纯化倍数 a 和 b 以及出口分数 f'_B 和 f'_A 的方法随之也分为如下三种。

第一种，易萃组分 A 为主要产品，规定了 A 的纯度 $\overline{P_{A_{n+m}}}$ 和收率 Y_A：

$$a = \frac{\overline{P_{A_{n+m}}} / (1 - \overline{P_{A_{n+m}}})}{f_A / f_B}, \quad b = \frac{a - Y_A}{a(1 - Y_A)}$$

$$P_{B_1} = \frac{bf_B}{f_A + bf_B}, \quad f'_A = f_A \cdot Y_A / \overline{P_{A_{n+m}}}, \quad f'_B = 1 - f'_A \tag{3-44}$$

第二种，难萃组分 B 为主要产品，规定了 B 的纯度 P_{B_1} 和收率 Y_B：

$$b = \frac{\overline{P_{B_1}} / (1 - P_{B_1})}{f_B / f_A}, \quad a = \frac{b - Y_B}{b(1 - Y_B)}$$

$$\overline{P_{A_{n+m}}} = \frac{af_A}{f_B + af_A}, \quad f'_B = f_B \cdot Y_B / P_{B_1}, \quad f'_A = 1 - f'_B \tag{3-45}$$

第三种，要求 A 和 B 同为主要产品，规定了 A 和 B 的纯度 $\overline{P_{A_{n+m}}}$ 和 P_{B_1}：

$$a = \frac{\overline{P_{A_{n+m}}} / (1 - \overline{P_{A_{n+m}}})}{f_A / f_B}, \quad b = \frac{\overline{P_{B_1}} / (1 - P_{B_1})}{f_B / f_A}$$

$$Y_A = \frac{a(b - 1)}{ab - 1}, \quad Y_B = \frac{b(a - 1)}{ab - 1}$$

$$f'_A = \frac{f_A \cdot Y_A}{\overline{P_{A_{n+m}}}}, \quad f'_B = \frac{f_B \cdot Y_B}{P_{B_1}} \tag{3-46}$$

3.3.3 判别分馏萃取过程的控制段

在分馏萃取过程中，为了提高产品 B 的纯度，可以提高萃取量 S，把水相中的 A 萃取得更彻底，但此时会使 B 的收率和产量降低，还可能导致产品 A 纯度下降。同样，为了提高产品 A 的纯度，可以提高洗涤量 W，把有机相中的 B 洗涤得更彻底，但此时会使 A 的收率和产量降低，还可能导致产品 B 纯度下降。如果同时提高 S 和 W，虽然短时间内可以获得高纯度的 A 和 B 两种产品，但是长期会造成萃取体系内 A 和 B 积累过高，当 A 和 B 的积累超过一定限度时，使 A 和 B 作为杂质在两产品出口溢出，影响产品的纯度。只有合理地选择 S 和 W 值，才可保证 A 和 B 两种产品的纯度和收率同时提高。

为寻求最佳 S 和 W 值，引入最佳回萃比 J_S 和最佳回洗比 J_W 的概念。回萃比定义为“萃取量与水相出口金属离子质量流量之比”，即：

$$J_S = S/M_1$$

同样，可以定义回洗比为“洗涤量 W 与有机相出口金属离子质量流量之比”，即：

$$J_W = W/\overline{M}_{n+m}$$

对于恒定混合萃取比体系，可以由恒定的混合萃取比控制回萃比和回洗比。对于水相进料体系，有：

$$E_m = S/(S + M_1) = J_S/(J_S + 1) \tag{3-47}$$

$$E'_m = S/(S - \overline{M}_{n+m}) = S/W = (W + \overline{M}_{n+m})/W = 1 + 1/J_W \tag{3-48}$$

将最优萃取比方程中 A 和 B 的萃取比以混合萃取比代替并带入式（3-47）和式（3-48）中，则得出恒定萃取比条件下的最优回萃比和最优回洗比公式，即：

$$J_S = E_m/(1 - E_m) = (\sqrt{\beta} - 1)^{-1} \tag{3-49}$$

$$J_W = (E'_m - 1)^{-1} = (\sqrt{\beta'} - 1)^{-1} \tag{3-50}$$

实际上 E_B 和 E'_A 或 J_S 和 J_W 是相互关联的两组变数，由以上公式可以得到 J_S、J_W、f'_B 三者之间的关系式：

$$J_W = [(1 + J_S) \cdot f'_B - 1]/(1 - f'_B) \tag{3-51}$$

由式（3-51）可见，随 f'_B 改变，J_S 可以大于、小于或等于 J_W。当 $J_S = J_W$ 时，可得到：

$$f'_B = \sqrt{\beta}/(1 + \sqrt{\beta}) \tag{3-52}$$

由式（3-52）可以判别萃取过程所处的控制阶段。因为优化的 E_m 及 E'_m 值视进料方式及水相出口分数 f'_B 的大小有四种控制状态，故全部计算过程分四种情况。一般应先计算 E_m 及 E'_m，再根据萃取比公式计算萃取量 S，然后根据物料平衡计算洗涤量 W。

（1）水相进料：

若 $f'_B > \dfrac{\sqrt{\beta}}{1 + \sqrt{\beta}}$，应由萃取段控制，则有 $E_m = 1/\sqrt{\beta}$，$E'_m = \dfrac{E_m f'_B}{E_m - f'_A}$；

若 $f'_B < \dfrac{\sqrt{\beta}}{1 + \sqrt{\beta}}$，应由洗涤段控制，则有 $E'_m = \sqrt{\beta'}$，$E_m = \dfrac{E'_m f'_A}{E'_m - f'_B}$。

$$S=\frac{E_mM_1}{1-E_m}=\frac{E_mf'_B}{1-E_m} \tag{3-53}$$

此时有：

$$W=S-\overline{M}_{n+m}=S-f'_A \tag{3-54}$$

（2）有机相进料：

若$f'_B>\frac{1}{1+\sqrt{\beta}}$，应由萃取段控制，则有$E_m=1/\sqrt{\beta}$，$E'_m=\frac{1-E_mf'_B}{f'_B}$；

若$f'_B<\frac{1}{1+\sqrt{\beta}}$，应由洗涤段控制，则有$E'_m=1/\sqrt{\beta'}$，$E_m=\frac{1-E'_mf'_B}{f'_A}$。

$$S=\frac{E_mf'_B}{1-E_m} \tag{3-55}$$

此时有：

$$W=S+1-f'_A=S-f'_B \tag{3-56}$$

3.3.4 计算最优化工艺参数和级数

按照上述计算程序计算E_m、E'_m、S和W后，将最优化的混合萃取比E_m和E'_m代入级数计算公式，得到恒定混合萃取比最优化条件下的分馏萃取级数计算公式，区别不同工艺条件计算级数。

料液中B是主要组分，水相出口为高纯产品B时，按下列公式计算：

$$n=\frac{\lg b}{\lg\beta E_m},\quad m+1=\frac{\lg a}{\lg(\beta'/E'_m)}+2.303\lg\frac{\overline{P}_B-\overline{P}_{B_{(n+m)}}}{\overline{P}_B^*-P_{B_n}}$$

料液中A是主要组分，有机相出口为高纯产品A时，按下列公式计算：

$$n=\frac{\lg b}{\lg\beta E_m}+2.303\lg\frac{P_A^*-P_{A_1}}{P_A^*-P_{A_n}},\quad m+1=\frac{\lg a}{\lg(\beta'/E'_m)}$$

有时为了粗略估算工艺级数，可略去公式中等号右边的第二项。如用精确公式计算级数，则需要知道P_A^*、$\overline{P}_B^*$、P_{A_n}或P_{B_n}，可用如下公式计算。

如产品为高纯B，即P_{A_1}很小时，有：

$$P_A^*=\frac{\beta E_m-1}{\beta-1},\quad \overline{P_B}^*\approx\frac{\beta'/E'_m-1}{\beta'-1}+\frac{(1-E_m)\beta E_mP_{A_1}}{\beta'-E'_m+(E'_m-1)(\beta'-1)\overline{P}_{B_{n+m}}}$$

如产品为高纯A，即$\overline{P}_{B_{n+m}}$很小时，有：

$$\overline{P}_B^*=\frac{\beta'/E'_m-1}{\beta'-1}$$

式中 P_A^*——萃取段纯度平衡线与操作线的交点，为公式推导过程引入的变量；

$\overline{P}_B^*$——洗涤段纯度平衡线与操作线的交点，为公式推导过程引入的变量。

如用精确公式计算级数，则须知道P_{A_n}或$\overline{P}_{B_n}$，因假定进料级无分离效果，所以在水相进料情况下，则有：

$$P_{B_n}=f_B,\quad P_{A_n}=f_A,\quad \overline{P}_{B_n}=\frac{P_{B_n}}{\beta-(\beta-1)P_{B_n}}$$

在有机相进料情况下，则有：

$$\overline{P}_{B_n}=f_B,\quad P_{A_n}=f_A,\quad P_{A_n}=\frac{\overline{P}_{A_n}}{\beta-(\beta-1)\overline{P}_{A_n}}$$

3.3.5 计算混合萃取比、萃取量及洗涤量

串级理论的公式是在进料量 $M_F=1$ mol/min 情况下推导出来的，知道了进料量 M_F，萃取量 S 和洗涤量 W，如果知道相应溶液的浓度，则很容易算出它们相应的比体积流量，从而可以得到它们的流比。M_F、S、W 单位为 mol/min（或 g/min），则相应溶液浓度单位为 mol/L（或 g/L），求出溶液比体积流量的单位为 L/min。

通常料液浓度 C_F 由单级实验确定，而公式推导是假设混合萃取比恒定，在接近饱和状态下进行交换萃取，所以有机相浓度通常可取饱和浓度，它也可由单级实验确定。洗液比体积流量的确定，因为洗涤量 W 是洗下被萃物的量，所以必须换算为洗液的量，如果还知道洗液浓度就可求出洗液的体积流量。在用酸性萃取剂萃取+3 价稀土的情况时，因为已知反应 $REA_3+3HCl=3HA+RECl_3$，所以洗液量应为 $3W$，从而可计算洗液的比体积流量（L/min），即：

$$\begin{cases}V_F=M_F/C_F\\V_S=S/C_S\\V_W=3W/C_W\end{cases}\qquad(3\text{-}57)$$

其中，$V_F:V_S:V_W$ 称为流比，其值为 $1:V_S/V_F:V_W/V_F$。

将上述计算结果总结于类似于表 3-3 中，其中包括所选用的一组工艺参数、串级萃取过程中物料平衡、各级两相中金属离子总量和浓度及流比等。其中 $\overline{M}$、M 分别表示有机相、水相中的金属离子总量；$[\overline{M}]$、$[M]$ 分别表示有机相、水相中的金属离子浓度，这种类型的表格简称为框图。

表 3-3 水相进料体系框图

S,V_S,C_S ↓ $\qquad M_F=C_FV_F=1$ ↓ $\qquad W,V_W,C_W$ ↓

级序	1	…	$n-1$	n	$n+1$	…	$n+m$
$\overline{M}$	$\overline{S}\cdot M_F$	…	$\overline{S}\cdot M_F$	$\overline{S}\cdot M_F$	$\overline{S}\cdot M_F$	…	$f'_A\cdot M_F$
M	$f'_B\cdot M_F$	…	$(W+1)M_F$	$(W+1)M_F$	WM_F	…	WM_F
$[\overline{M}]$	$\frac{\overline{S}\cdot M_F}{\overline{V}_S}$	…	$\frac{\overline{S}\cdot M_F}{\overline{V}_S}$	$\frac{\overline{S}\cdot M_F}{\overline{V}_S}$	$\frac{\overline{S}\cdot M_F}{\overline{V}_S}$	…	$\frac{f'_A\cdot M_F}{\overline{V}_S}$
[M]	$\frac{f'_B\cdot M_S}{V_F+V_W}$	…	$\frac{(W+1)\cdot M_S}{V_F+V_W}$	$\frac{(W+1)\cdot M_S}{V_F+V_W}$	$\frac{W\cdot M_S}{V_F+V_W}$	…	$\frac{W\cdot M_S}{V_F+V_W}$

对于从混合稀土中提取多个单一稀土产品的分离流程，必然包含多个串级工艺。因此，必须对可能的流程走向及其各串级工艺进行上述计算，从各个工艺的衔接、产品质量和回收率的稳定性、产品的灵活性、化工原材料单耗、一次性充槽、设备投资及三废处理费用等方面进行综合评估，以选择最佳流程。

3.3.6 串级萃取工艺计算示例

采用某酸性萃取体系分离铕、钆，要求 Gd_2O_3 的纯度高于 99.99%，用于高亮度 X 光增感屏的基质材料。希望将 99%的 Gd_2O_3 原料进行提纯，主要杂质是 Eu_2O_3 和 Sm_2O_3，要求 Gd_2O_3 的收率达到 90%，试设计工艺条件。

解 （1）已知某酸性萃取体系可分离+3 价 Eu/Gd，则有：

$$\beta_{Eu/Gd} = \beta'_{Eu/Gd} = 1.46$$

$\beta_{Sm/Gd}$与$\beta_{Eu/Gd}$相近，所以 Eu、Sm 两种杂质可以作为一种杂质考虑。

（2）由题意，计算纯化倍数 a、b 和两相出口分数 f'_A、f'_B，因为 $A = Eu_2O_3 + Sm_2O_3$，$B = Gd_2O_3$，则有：

$$f_B = 0.99,\quad P_{B_1} = 0.9999,\quad P_{A_1} = 10^{-4},\quad Y_B = 0.90$$

所以

$$b = \frac{P_{B_1}/(1 - P_{B_1})}{f_B/(1 - f_B)} = \frac{0.9999/0.0001}{0.99/0.01} = 101$$

$$a = \frac{b - Y_B}{b(1 - Y_B)} = \frac{101 - 0.9}{101 \times 0.1} = 9.9$$

$$f'_B = f_B Y_B / P_{B_1} = 0.99 \times 0.90/0.9999 = 0.89$$

$$f'_A = 1 - f'_B = 0.11$$

（3）计算工艺参数：

因采用水相进料，$f'_B = 0.89 > \dfrac{\sqrt{\beta}}{1 + \sqrt{\beta}} = \dfrac{\sqrt{1.46}}{1 + \sqrt{1.46}} = 0.547$，所以应由萃取段控制，得

$$E_m = 1/\sqrt{\beta} = 1/\sqrt{1.46} = 0.828,\qquad E'_m = \frac{E_m f'_B}{E_m - f'_A} = \frac{0.828 \times 0.89}{0.828 - 0.11} = 1.026$$

此时 $S = \dfrac{E_m f'_B}{1 - E_m} = \dfrac{0.828 \times 0.89}{1 - 0.828} = 4.28,\qquad W = S - f'_A = 4.28 - 0.11 = 4.17$

（4）计算级数：

$$P_A^* = \frac{\beta E_m - 1}{\beta - 1} = \frac{1.46 \times 0.828 - 1}{1.46 - 1} = 0.45$$

$$\overline{P_B}^* \approx \frac{\beta'/E'_m - 1}{\beta' - 1} + \frac{\beta'(1 - 1/E'_m)\,\overline{P}_{B_{n+m}}}{\beta' - E'_m + (E'_m - 1)(\beta' - 1)\,\overline{P}_{B_{(n+m)}}} = 0.994$$

$$P_{B_n} = f_B = 0.99,\quad P_{A_n} = f_A = 0.01$$

$$\overline{P}_{B_n} = \frac{P_{B_n}}{\beta - (\beta - 1)P_{B_n}} = \frac{0.99}{1.46 - 0.46 \times 0.99} = 0.985$$

$$\overline{P}_{B_{n+m}} = f_B(1 - Y_B)/f'_A = 0.99 \times (1 - 0.9)/0.11 = 0.90$$

$$n=\frac{\lg b}{\lg \beta E_{m}}+2.303\lg\frac{P_{A}^{*}-P_{A_1}}{P_{A}^{*}-P_{A_n}}$$

$$=\frac{\lg 101}{\lg(1.46\times 0.828)}+2.303\lg\frac{0.45-10^{-4}}{0.45-0.01}=24.3+0.02=24.3$$

取 $n=25$ 级

$$m+1=\frac{\lg a}{\lg(\beta'/E'_{m})}+2.303\lg\frac{\overline{P}_{B}^{*}-\overline{P}_{B_{n+m}}}{\overline{P}_{B}^{*}-\overline{P}_{B_n}}$$

$$=\frac{\lg 9.9}{\lg(1.46/1.026)}+2.303\lg\frac{0.994-0.90}{0.994-0.985}=6.50+2.35=8.85$$

因此，取 $m=8$ 级。

（5）确定流比。当料液稀土浓度 $C_F=1$ mol/L，有机相中稀土饱和浓度 $\overline{C}_S=0.25$ mol/L，洗涤液盐酸浓度 $C_W=2.1$ mol/L，假定洗下 1 mol 的 RE^{3+}需要 3 mol 的 HNO_3 或 HCl 时，令 $M_F=1$ mol/min，则有：

$$V_F=M_F/C_F=1/1=1\ \text{L/min}$$

$$V_S=S/C_S=4.28/0.25=17.1\ \text{L/min}$$

$$V_W=3W/C_W=3\times 4.17/2.1=5.96\ \text{L/min}$$

$$[M]_1=\frac{M_1}{V_F+V_W}=\frac{0.89}{1.00+5.96}=0.128\ \text{mol/L}$$

$$[M]_i=\frac{M_F+W}{V_F+V_W}=\frac{1+4.17}{1.00+5.96}=0.743\ \text{mol/L}\quad (i=2,3,\cdots,25)$$

$$[M]_j=\frac{W}{V_W}=\frac{4.17}{5.96}=0.700\ \text{mol/L}\quad (j=26,27,\cdots,33)$$

$$[\overline{M}]_{33}=\frac{\overline{M}_{n+m}}{V_S}=\frac{0.11}{17.1}=0.00643\ \text{mol/L}$$

（6）框图，见表 3-4。

表 3-4 某酸性萃取体系分离铕、钆（水相进料）的框图

$V_S=17.1$ ↓ (级 1)　　$M_F=1$，$V_F=1$ ↓ (级 25)　　$V_W=5.96$ ↓ (级 33)

级序	1	…	24	25	26	…	33
$\overline{M}$	4.28	…	4.28	4.28	4.28	…	0.11
M	0.89	…	5.17	5.17	4.17	…	4.17
$[\overline{M}]$	0.25	…	0.25	0.25	0.25	…	0.00643
[M]	0.128	…	0.743	0.743	0.70	…	0.70

3.4 稀土萃取分离工艺【案例】

我国已可用萃取法分离全部稀土元素，分离体系的水相可以是盐酸，也可以是硝酸和硫酸。萃取剂主要使用酸性磷型萃取剂 D2EHPA（P_{204}）及 HEHEHP（P_{507}）；季胺萃取剂 N_{263}在分离提纯钇时获得了应用，但在我国主要采用环烷酸分离提纯氧化钇；中性萃取剂 TBP 和 P_{350}在分离铀、钍和稀土及稀土元素的分离也有应用。

3.4.1 P_{204}体系萃取分离稀土工艺

3.4.1.1 P_{204}萃取分离稀土原理

P_{204}萃取稀土元素的分配比 D 随着原子序数的增加而增加，这样的萃取序列叫作正序萃取。钇的位置在重稀土钬与铒之间，见表 3-5。

微课3-10
P_{204}萃取体系的影响因素

表 3-5 P_{204}萃取稀土元素 D 及 $\beta_{(Z+1)/Z}$

稀土	分配比 D	lg$D$	分离系数 $\beta_{(Z+1)/Z}$	稀土	分配比 D	lg$D$	分离系数 $\beta_{(Z+1)/Z}$
Y^{3+}	1.00	0.000		Gd^{3+}	0.019	−1.722	5.3
La^{3+}	1.3×10^{-4}	−3.886	2.8	Tb^{3+}	0.100	−1.000	2.8
Ce^{3+}	3.6×10^{-4}	−3.444	1.5	Dy^{3+}	0.280	−0.553	2.2
Pr^{3+}	5.4×10^{-4}	−3.268	1.3	Ho^{3+}	0.62	0.208	3.0
Nd^{3+}	7.0×10^{-4}	−3.155	2.7	Er^{3+}	1.4	0.146	3.5
Pm^{3+}	1.9×10^{-4}	−2.721	3.2	Tm^{3+}	4.9	0.690	3.0
Sm^{3+}	6.9×10^{-4}	−2.230	2.2	Yb^{3+}	14.7	1.167	2.0
Eu^{3+}	0.013	−1.886	1.5	Lu^{3+}	39.4	1.595	2.2

注：底液为 $HClO_4$，以钇的 D 为 1.00 作基准。

由表 3-5 可见，镥与镧之间的分离系数 $\beta_{Lu/La}$ 高达 3×10^5，相邻两元素的平均分离系数为 $\bar{\beta}=\sqrt[14]{3\times10^5}=2.46$。$P_{204}$-HCl 体系中 $\bar{\beta}_{(Z+1)/Z}=2.5$，在 P_{204}-HNO_3 体系中 $\bar{\beta}_{(Z+1)/Z}$ 要小一些。

P_{204}萃取化学反应可以表示为：

$$RE^{3+}+3\,\overline{(HA)_2}=\!=\!=\overline{RE(HA_2)_3}+3H^+$$

萃取平衡常数

$$K=\frac{[\overline{RE(HA_2)_3}][H^+]^3}{[RE^{3+}]\cdot[\overline{(HA)_2}]^3}=D\times\frac{[H^+]^3}{[\overline{(HA)_2}]^3} \tag{3-58}$$

所以

$$D = K\frac{[\,(HA)_2\,]^3}{[\,H^+\,]^3} \tag{3-59}$$

将该式用对数展开，得

$$\lg D = \lg K + 3\lg[\,(HA)_2\,] - 3\lg[\,H^+\,] = \lg K + 3\lg[\,(HA)_2\,] + 3pH \tag{3-60}$$

由此可见，自由萃取剂浓度与 pH 值对 D 的影响很大，自由萃取剂浓度 $[\overline{(HA)_2}]$ 越大，则 D 越大，pH 值越大 D 也越大。但 pH 值升高到一定程度，金属离子将发生水解，因此最大 D 值是在接近金属离子水解的 pH 值处。

由此可知，水相酸度是影响萃取过程分配比及分离系数的关键因素。如果以 $\lg D$ 为纵坐标、以 $\lg[H^+]$ 为横坐标作图，得斜率为−3 的直线，如图 3-15 所示。

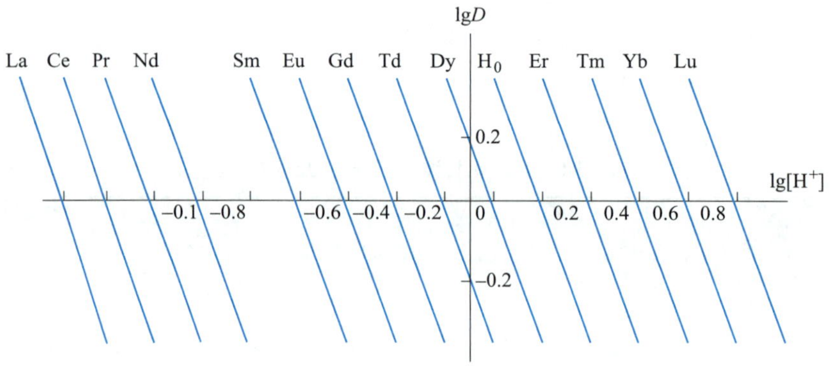

图 3-15 用 P_{204}萃取稀土离子时 D 与氢离子浓度关系

（实验条件：P_{204}（1 mol/L）—甲苯；料液浓度 $RECl_3$ 为 0.05 mol/L）

从图 3-15 中可以看出，在同一水相酸度下，各稀土元素的分配比 D 差别较大。在图 3-15 上可以找到各稀土元素分配比 D=1 时的水相酸度，如 $D_{Sm}=1$ 时，$\lg[H^+]\approx-0.6$，即 $[H^+]=0.25$ mol/L。如果选择氢离子浓度 $[H^+]$ 大于 0.25 mol/L 盐酸体系进行萃取，则钐及钐以上的重稀土元素将优先萃入有机相，而钐以下的轻稀土元素则留在水相。这样就可以在钐与钕之间分组，如果选择别的酸度，则可在别的相邻稀土元素之间分组。

水相中阴离子尽管不参与萃取反应，但对萃取过程也会发生影响。它们对分配比及分离系数的影响，主要通过对金属离子的配合起作用。因此，在硝酸体系中萃取稀土元素时分配比及分离系数与盐酸体系中的并不一样，在盐酸体系中的分配比 D 会小一些，但分离系数高一些，且盐酸比硝酸的价格便宜。分组后的轻稀土氯化物可以直接浓缩结晶成为产品，所以工业上采用在盐酸介质中进行稀土分组。

3.4.1.2 P_{204}萃取稀土分组工艺

除去放射性物质后的氯化稀土溶液，含 $RECl_3$ 为 1.0~1.2 mol/L，pH 值 4~5，按图 3-16

所示流程分组，所用有机相为 1 mol/LP_{204}-煤油。在萃取段将钐及中重稀土萃入有机相；在洗涤段以 0.8 mol/L 盐酸（洗液）将进入有机相的轻稀土洗下，流比为 $V_S:V_F:V_W=2.5:1:0.5$；在反萃段用 2 mol/L 盐酸反萃有机相的中稀土，并用 1 mol/L 的 P_{204}-煤油捞重稀土，流比为 $V_{捞有}:V_{料有}:V_{水}=0.25:2.0:0.25$。由于是在低酸度下萃取，所以要求稀土料液中杂质 Ti^{4+} 及 Fe^{3+} 的含量要低，否则会影响分相。在有机相中加入少量添加剂 TBP 或高碳醇，则有利于改善分相效果。如果料液中的碱金属、碱土金属含量高，又由于它们基本上不被 P_{204} 萃取，所以将和轻稀土元素一起留在水相，这会影响浓缩结晶的氯化稀土质量，故可考虑采取先全萃再用反萃方法将稀土分组，所得的三组氯化稀土溶液处理成相应产品，或作进一步分离单一稀土元素的原料。重稀土溶液含 3.8~4.2 mol/L 盐酸，用渗析法回收盐酸后，再进一步处理。

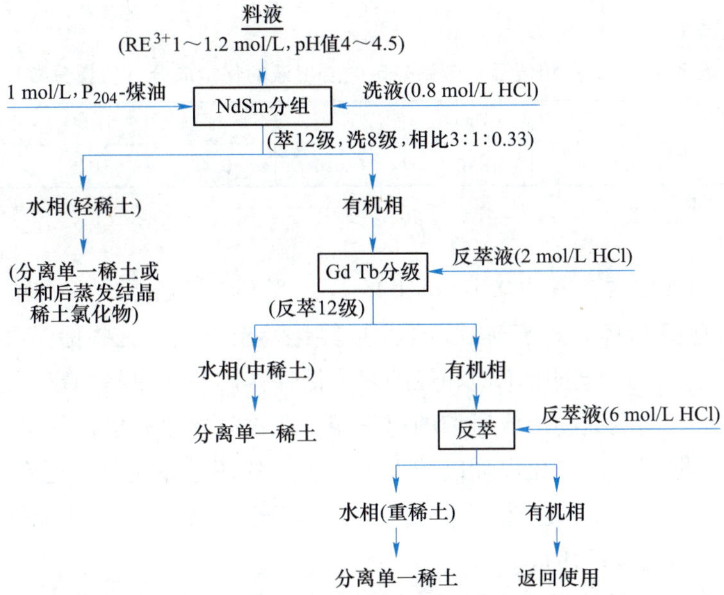

图 3-16 P_{204}-煤油-HCl 体系萃取分组稀土槽模型图

3.4.1.3 P_{204}从硫酸介质中提取纯铈

P_{204} 萃取剂具有较好的耐酸、耐碱性能，而且不需皂化也有很高的萃取容量，这使得它在处理氟碳铈矿与独居石混合矿的硫酸浸出液方面具有独特的优越性。目前在硫酸焙烧氟碳铈矿与独居石混合矿工艺中，广泛应用 P_{204} 萃取剂进行轻稀土与中重稀土分组或分离单一轻稀土产品。特别是在纯碱焙烧混合矿-硫酸浸出或氧化焙氟碳铈矿-硫酸浸出工艺中，用 P_{204}-TBP-煤油-H_2SO_4 体系可以一步提取纯度高达 99.99%以上的铈产品。

A 工艺流程

用 P_{204}-TBP-煤油-H_2SO_4 体系提取纯铈的工艺流程如图 3-17 所示，表 3-6 中是某工厂焙烧后氟碳铈矿硫酸浸出液的化学成分。

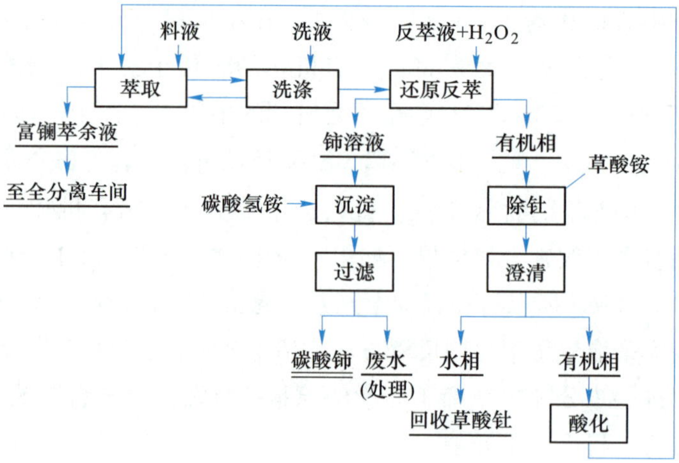

图 3-17 P_{204}-TBP-煤油-H_2SO_4 体系提取纯铈的工艺流程

表 3-6 某工厂焙烧后氟碳铈矿硫酸浸出液的化学成分（质量分数） （%）

化学成分	REO	CeO_2	ThO_2	Fe_2O_3	F	H_2SO_4	$Ce^{4+}/(Ce^{4+}+Ce^{3+})$
含量	0.29	0.14	4×10^{-4}	0.016	0.46	0.5	>95（氧化率）

B 工艺特点

（1）硫酸浸出液中常含有约 0.1 mol/L 的 F^-。当 Ce^{4+} 被还原成 Ce^{3+} 时，在萃取段和洗涤段中 Ce^{3+} 及其他+3 价稀土离子与氟离子生成氟化稀土沉淀。这些稀土沉淀物颗粒细小，表面活性很强，再加上稀释剂中不饱和烃的表面活性作用使之更趋稳定，这些既难溶于有机相，又难溶于水相的沉淀物形成所谓的第三相，严重时导致有机相乳化。

生产实践中，除了选用磺化煤油以减少不饱和烃的还原作用外，还在 P_{204} 有机相中加入少量中性 TBP 萃取剂抑制第三相的生成，并在洗涤液中加入适量氟配合剂，如硼酸盐、铝酸盐等避免絮状沉淀物的生成。

（2）料液中含有少量的 Th^{4+}，与 Ce^{4+} 同时被萃入有机相。经反萃铈后，钍仍留于有机相中，在有机相的循环过程中不断积累，致使有机相的萃取能力下降。钍积累过高甚至会造成循环有机相的放射性强度超过规定标准，危害操作人员的健康。

利用草酸与 Th^{4+} 的配合能力高于 P_{204} 的特点，用草酸铵溶液洗涤含 Th^{4+} 有机相，可以从有机相中除去 Th^{4+}，除 Th^{4+} 后的有机相经硫酸酸化循环使用。将含有草酸钍的洗涤溶液加热至 60~80 ℃使草酸钍结晶析出。过滤此溶液回收草酸钍，并妥善保管，防止放射性污染。

（3）由于 Ce^{4+} 与 P_{204} 在高酸度下的配合能力仍然很强，因此反萃的酸度非常高，为了减小酸消耗，生产中采用还原反萃的方法，即在反萃液中加入适量的 H_2O_2，将 Ce^{4+} 还原为 Ce^{3+}，这样可以在较低的酸度下使 Ce^{3+} 反萃至水相中。H_2O_2 的加入量与萃入有机相中的 Ce^{4+} 含量、H_2O_2 的利用率有关，应合理控制；否则，H_2O_2 的加入量超过消耗量，会导致循环有机相中夹带 H_2O_2，在萃取段造成 Ce^{4+} 还原，影响 Ce^{4+} 的萃取率。H_2O_2 的加入量不足，又会造成 Ce^{4+} 还原反萃不完全，在有机相中积累，使循环有机相的萃取能力降低。

（4）由于有机相中煤油对 Ce^{4+} 的还原，使得萃取过程中 Ce^{4+} 的收率降低，同时也导致了富镧萃余液中的铈含量升高。为了提高铈的收率或降低富镧萃余液中的铈含量，可以在料液中和萃取段补加氧化剂 $KMnO_4$ 溶液。

（5）由于萃取过程是在 0.5~2.0 mol/L 的高酸度下进行的，因此富镧萃余液的酸度很高，不能直接用于下一工序的萃取分离。为了符合萃取分离单一轻稀土产品的工艺要求，可以用硫酸复盐沉淀-碱转化-盐酸溶解的方法制备氯化稀土，也可以采用氧化镁中和和 P_{204} 全萃取-盐酸反萃的方法制备氯化稀土溶液。

3.4.2 P_{507} 萃取分离稀土工艺

3.4.2.1 P_{507} 萃取全分离稀土原理

微课3-11 水浸液 P_{507} 转型制备氯化稀土

P_{507} 萃取稀土元素的分配比低于 P_{204}，但是当萃取中、重稀土元素时，所需水相酸度较低，反萃液的酸度也较低，而且分离系数比 P_{204} 大，如 $\beta_{(Z+1)/Z}=3.04(C_{HCl}=0.05\ mol/L)$。用 P_{507} 萃取分离镨、钕的效果显著地优于 P_{204}，特别是用氨化 P_{507} 萃取分离稀土元素可提高萃取容量和分离系数，故在稀土元素分离中获得广泛应用。P_{507} 萃取剂可在低酸度下萃取和低酸度下反萃，这一特点弥补了 P_{204} 萃取体系不适用于分离重稀土元素的不足。因此，P_{507} 萃取剂的问世，使得在一种萃取体系中轻、中、重稀土元素的连续萃取分离工艺得以实现。

分馏萃取工艺的料液大多是三种或三种以上稀土元素组成的混合溶液，在两出口的萃取过程中，每个组分在各级中按一定的规律分布。例如，图 3-18 是用皂化 P_{507} 提取氧化钕生产流程的萃取槽各级组分平衡状态分布图，料液的组成为 Nd_2O_3 18%、Pr_6O_{11} 6%、CeO_2 52%、La_2O_3 24%。在平衡状态下，无论是有机相还是水相，中间组分 Pr_6O_{11} 在第 1~31 级间有一个明显的积累峰，在第 10 级附近峰值达到 40%，远大于料液中的 6%。Pr_6O_{11} 积累峰的出现及其稳定性反映出该工艺流程的平衡状态，生产实践中，操作人员可以观察镨色带（镨积累峰的颜色）位置判断萃取生产的运行是否正常。

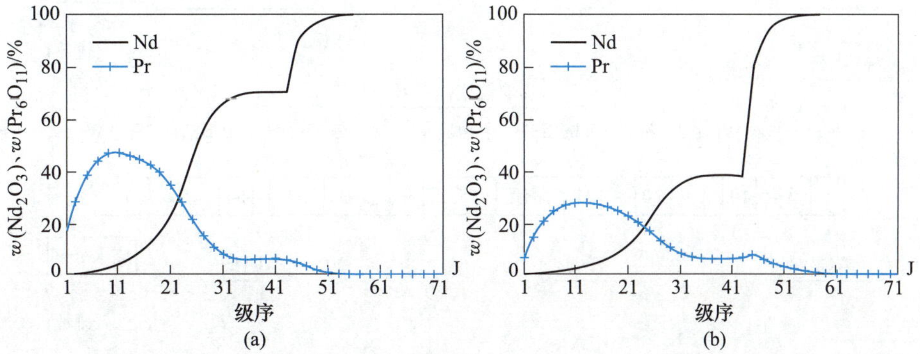

图 3-18 Pr、Nd 在萃取槽各级有机相、水相中的平衡状态分布图

（a）有机相；（b）水相

萃取生产实践和计算机模拟试验证明，在料液成分一定时，各组分的级分布状态与萃取量 *S* 和洗涤量 *W* 有关。当 *S* 增大时，中间组分的积累峰向有机相出口方向移动；当 *W* 增大时，中间组分的积累峰向水相出口方向移动。在多组分两出口的萃取过程中，正确控制 *S* 和 *W* 有利于中间组分积累峰稳定，而使萃取过程处于最佳的平衡状态。利用中间组分积累峰的生成规律，调整 *S* 和 *W* 可以使积累峰增高，提高中间组分的纯度。因此，在两出口的分馏萃取工艺中，在中间组分积累峰附近开设一种出口，可以引出一种富集物产品，这样就可以同时获得两种纯产品和一种富集物。由此可见，采用分离系数大的 P_{507} 进行萃取，原则上不需要中间化学处理和重新备料，只要先进行稀土分组，然后对各组依次萃取分离，每组出两种纯产品和一种富集物，再将富集物提纯，最后可获得各种单一稀土产品，此即为一步法全分离萃取工艺的基本原理。

3.4.2.2 P_{507} 萃取分离重稀土工艺

A 工艺流程

P_{507}-煤油-HCl 体系连续分离重稀土的工艺流程如图 3-19 所示。先经过 Nd/Sm 分组，使 La 至 Nd 留在萃余液中，而中、重稀土萃入有机相。以这种含中、重稀土的有机相作进

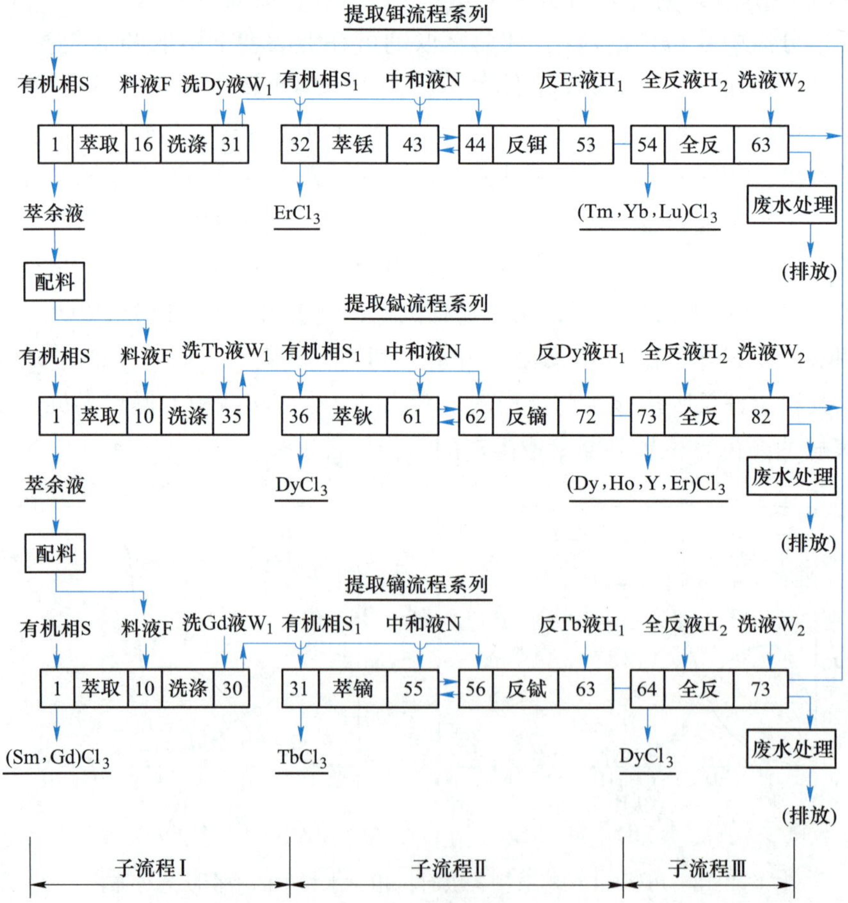

图 3-19 P_{507}-煤油-HCl 体系连续分离重稀的工艺流程

料，在第二个分离段进行萃取，使 Sm、Eu、Gd 进入萃余液中，并在中间某一级引出部分 Gd、Tb、Dy 水相，而部分 Dy 及其他重稀土元素萃入有机相中。然后，以 Sm、Eu、Gd 萃余液作进料，在第三个分离段进行分离。

我国某厂以 P_{507}-煤油-HCl 体系全萃取连续分离江西寻乌混合稀土氧化物，经 HCl 溶解所得 $RECl_3$ 料液，通过 14 段、650 级连续萃取分离，生产出纯度为 98%~99.99%的 15 种单一稀土氧化物产品（分离 Y_2O_3 用环烷酸），稀土收率 87%，产品合格率 96%。实践表明，多组分多出口的萃取生产工艺具有产品品种多、工艺灵活性强、生产流程简单、化工原料消耗低的优点。这一工艺降低了生产成本，促进了稀土应用的发展。

B 工艺特点

（1）全流程由三个系列组成，按 P_{507} 的正萃取序列，由后至前分别为提取铒系列、提取铽系列和提取镝系列。该流程的特点是，每一系列由水相进料的分馏萃取流程（Ⅰ）、有机相进料的分馏萃取流程（Ⅱ）及逆流反萃取流程（Ⅲ）的三个子流程组成。这三个子流程由负载稀土的有机相串联贯通。其中，子流程Ⅰ的作用是分离待提取稀土元素与原子序数小于它的稀土元素；子流程Ⅱ的作用是分离待提取稀土元素与原子序数大于它的稀土元素。子流程Ⅱ采用有机相进料的优点是，对于传统的以反萃余液作为下一次分离料液的工艺而言，省略了反萃取和料液中和调配过程，降低了酸、碱的消耗。

在这三个系列中，利用子流程Ⅱ的萃取段加强水相中单一稀土产品中易萃组分稀土杂质的萃取，提高水相产品的纯度。例如，提取铽系列中，为了保证水相中铽的纯度，可以提高 S_1 的流量，但是此条件下铽的被萃取量也会增加，使其收率降低。也正是由于这一原因，此系列提铽后的产品镝只能是富集物。

（2）三个系列之间，上一个系列的萃余液为下一系列的料液。为了满足下一系列萃取条件的要求，萃余液需要调节酸度。本流程中的料液酸度 pH 值均为 2.0，其他分离流程应视具体分离条件确定料液的酸度。

（3）在多组分连续分离稀土元素的工艺中，随着易萃稀土元素不断地被分离，萃余液中的稀土浓度越来越低。用低浓度的稀土溶液作为料液时，将会使萃取器的容量增大而导致设备投资、槽存有机相和稀土的量、生产运行费用升高，过于低时甚至会影响稀土分离效果和稀土收率，这是一个值得注意的问题。目前生产中解决该问题的方法有以下两种。

第一种为蒸发浓缩法。将低浓度的稀土萃余液在蒸发器中加热蒸发，达到萃取条件要求的浓度后放置至室温，供下步萃取用。

第二种为难萃组分回流萃取法，也称稀土皂化法。取部分水相出口的萃余液与皂化有机相接触，一般经 4~6 级逆流或并流萃取，使难萃组分重新萃入有机相，同时排除这部分萃余的空白水相（$\rho(REO)<0.1\sim1.0$ g/L）。负载难萃组分的有机相进入萃取段，与水相中的易萃组分相互置换，难萃组分回到水相。经过难萃组分回流萃取的过程，萃余水相的稀土浓度得到了富集，富集的程度与萃余液的回流流量有关。回流量可由下式计算：

$$V_{回} = V_F + V_W - V_{余} \tag{3-61}$$

$$V_{余} = f_B / C_{REO} \tag{3-62}$$

式中 $V_{回}$——萃余液回流流量，L/min；

$V_{余}$——难萃组分回流后的萃余液流出量，L/min；

C_{REO}——稀土浓度，mol/L。

（4）全流程连续分离可以同时得到两种高纯度单一稀土产品及普通纯度的三种富集物产品，其纯度分别为：$w(Tb_4O_7)/\sum w(REO)>99.9\%$、$w(Dy_2O_3)/\sum w(REO)>99.9\%$、$w(Er_2O_3)/\sum w(REO)>95\%$。此外，还可得到 Dy_2O_3（纯度大于 80%）、Gd_2O_3 和 Y_2O_3 等中稀土富集物，各单一稀土产品收率均为 95%以上。

C 工艺条件

有机相组成为 1.5 mol/L P_{507}-煤油，皂化率 40%；料液氯化稀土浓度分别是：提 Er 和提 Tb 系列为 1.0 mol/L，提 Dy 系列为 0.8 mol/L。萃取工艺的溶液浓度见表 3-7，各萃取工艺的流比见表 3-8。

表 3-7 萃取工艺的溶液浓度

溶液	F（料液）	W_1（洗液）	H_1（反液）	H_2（全反液）	N（氨水）
HCl 浓度/($mol \cdot L^{-1}$)	0.01	3.3	2.5	5.0	2.0

表 3-8 各萃取工艺的流比

流比	$V_S:V_F:V_{W_1}$	$(V_S+V_{S_1}):V_{H_1}$	$V_{S_1}:V_{H_1}:V_N$	$(V_S+V_{S_1}):V_{H_2}$	$(V_S+V_{S_1}):V_{W_2}$
Er 系列	20：2：3	20：3	5：4：2	5：1	2：1
Tb 系列	40：3：5	71：9	31：9：0	71：14	71：24
Dy 系列	35：5：6	51：6.5	16：6.5：2	51：10	3：1

3.4.3 环烷酸一步法萃取分离氧化钇

3.4.3.1 环烷酸萃取分离氧化钇原理

环烷酸萃取稀土时，其反应和 P_{204}、P_{507} 等相同，是阳离子交换反应。一般有机相由环烷酸-长链醇-煤油组成，且萃取前需皂化使之形成环烷酸胺。皂化后萃取+3 价稀土离子反应式为：

$$RE^{3+} + 3\overline{NH_4A} = \overline{REA_3} + 3NH_4^+$$

在环烷酸-长链醇-煤油-HCl 体系（pH 值为 4.8~5.1）中，萃取稀土元素的顺序为：

$$Sm^{3+}>Nd^{3+}>Pr^{3+}>Dy^{3+}>Yb^{3+}>Lu^{3+}>Tb^{3+}>Ho^{3+}>Tm^{3+}>Gd^{3+}>La^{3+}>Y^{3+}$$

微课3-12 酸性萃取剂的皂化

由此可见，钇是最难萃取的元素。只要控制一定的萃取条件，使其他稀土元素萃入有机相，而钇留在水相，达到一步萃取提取钇的目的。

3.4.3.2 环烷酸一步法萃取分离氧化钇工艺

A 工艺流程

环烷酸-混合醇-$RECl_3$ 体系提取高纯 Y_2O_3 的工艺流程如图 3-20 所示。

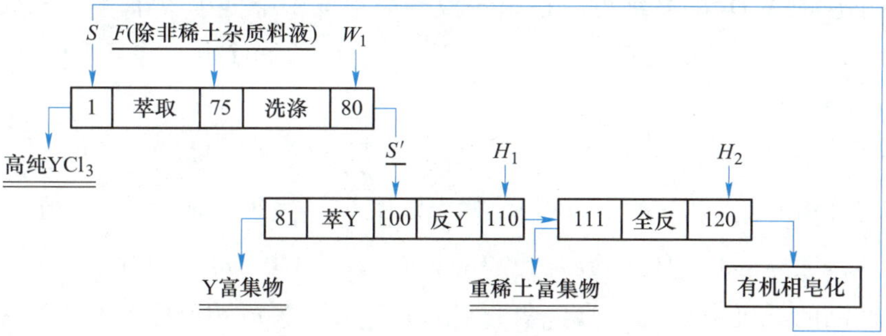

图 3-20 环烷酸-混合醇-$RECl_3$ 体系提取高纯 Y_2O_3 的工艺流程

B 工艺特点

（1）环烷酸萃取稀土元素的 pH 值为 4.7~5.2，很多非稀土杂质在这个酸度下发生水解反应，生成絮状的氢氧化物，引起有机相乳化，影响萃取生产。因此，料液在萃取前必须除去这些杂质。

稀土溶液中加入硫化钠、硫化铵可以使重金属离子生成硫化物沉淀，从溶液中除去。溶液中的铁、铝等杂质，可调节 pH 值不小于 4.5 使其生成氢氧化物沉淀，从溶液中除去。

用上述的化学沉淀分离方法可以除去稀土溶液中的大部分杂质，但有时仍不能满足环烷酸萃取的需要。对此可以采用环烷酸单级萃取使剩余杂质在萃取时以界面物析出，然后再集中处理界面物，也可以采用 N_{235}（三烷基胺）萃取体系去除大部分铁、铅、锌等杂质，然后再接环烷酸单级萃取的方法。

N_{235}萃取体系除铁、铅、锌的方法，是用 15%N_{235}-15%混合醇-70%煤油组成有机相，按相比=1∶1 萃取稀土氯化物溶液（HCl 酸度 2 mol/L）中的铁、铅、锌等杂质，有机相用纯水反萃铁、铅、锌后重复使用。

（2）环烷酸使用前也需皂化，但环烷酸的溶水性很强，当用 NaOH 或 NH_4Cl 水溶液皂化时，将吸收大量的水，使有机相的体积增大。产生这一现象的原因是环烷酸的钠盐或铵盐及添加剂混合醇都是表面活性剂，所以在皂化的同时，皂化有机相与水溶液形成油包水状微小透明液滴（直径为 20~200 nm），使大量的碱溶液被包裹在有机相中，致使有机相的体积增大。实践表明，NaOH 或 NH_4Cl 水溶液的浓度越低，环烷酸溶入水的量越大，因此生产中一般使用高浓度 NaOH 或 NH_4Cl 水溶液皂化。

包裹碱溶液的环烷酸有机相与稀土料液接触时，随着萃取过程的进行，环烷酸盐（钠盐或铵盐）转变为环烷酸与稀土的萃合物，环烷酸盐失去了表面活性剂的作用，使油包水状微小透明液滴破裂，碱溶液重新析出，使有机相体积减小，水相体积增加。由于碱液的析出，容易导致萃取过程中有机相乳化，因此生产中稀土料液的酸度（pH 值为 2）高于环烷酸萃取的最佳酸度（pH 值为 4.7~5.2）。在有机相入口（也是萃余水相出口）处更容易出现乳化，为了防止乳化，应严格控制有机相的皂化度和料液的酸度，使其在有机相入口附近几级的酸度达到最佳。

（3）为了保证 Y_2O_3 的高纯度，在第一段分馏萃取中降低了收率（约 85%）。在第二段分馏萃取中设置了有机相进料，以回收这部分 Y_2O_3 和重稀土，并且采用两段反萃方式分别回收 Y_2O_3 和重稀土。

C　工艺条件

有机相皂化值 $C_{NH_4^+}=0.6\ mol/L$；料液稀土浓度 $C_{RECl_3}=0.8\ mol/L$；pH 值为2~3；洗液和反液浓度 $W_1=2.6\ mol/L\ HCl$，$H_1=1.27\ mol/L$，$H_2=3.0\ mol/L\ HCl$。

两种钇产品的纯度分别为：高纯氧化钇 $w(Y_2O_3)/\sum w(REO)\geqslant 99.99\%$；钇富集物 $w(Y_2O_3)/\sum w(REO)\geqslant 94\%$（占原料中的 14%）。高纯氧化钇的收率（包括草酸沉淀、灼烧）为 85%。

3.4.4　N_{1923}萃取分离钍和稀土

3.4.4.1　N_{1923}萃取分离钍和稀土原理

在稀土分离工业中应用的阴离子萃取剂主要是含氮的胺类萃取剂，如季氨盐 N_{263}、伯胺 N_{1923}、叔胺 N_{235}等。N_{263}曾广泛用于稀土分离，后来随 P_{507}萃取剂的出现，而逐渐被取代。N_{235}由于具有从稀土溶液中去除非稀土杂质的功能，现仍用于生产中。值得重视的是 N_{1923}在硫酸介质中可以选择性萃取 Th^{4+}和 Ce^{4+}，这对于开发从硫酸焙烧矿的浸出液中分离和回收放射性元素钍的清洁处理工艺具有重要意义。

胺类萃取剂生成的铵盐能与水相中的阴离子进行交换，交换的能力按如下次序：

$$ClO^- > NO_3^- > Cl^- > HSO_4^- > F^-$$

形成铵盐后还能萃取过量的酸，被萃的酸容易被水反萃，因此可用于回收酸。N_{1923}萃取硫酸的反应式为：

$$2\,\overline{RNH_2} + 2H^+ + SO_4^{2-} = \overline{(RNH_3)_2 \cdot SO_4}$$

$$\overline{RNH_2} + H^+ + HSO_4^- = \overline{RNH_3 \cdot HSO_4}$$

实验表明，水相中 $C_{H_2SO_4}<0.5\ mol/L$ 时，萃合物的组成为（$(RNH_3)_2SO_4 \cdot 2.5H_2O$，萃取反应遵从前一式；$C_{H_2SO_4}>1.0\ mol/L$ 时，萃合物的组成为 $RNH_3SO_4 \cdot 2H_2O$，萃取反应遵从后一式。

N_{1923}在一定的浓度范围内以二聚分子存在时与 RE^{3+}的萃取反应式为：

$$RE^{3+} + 1.5SO_4^{2-} + 1.5\,\overline{(RNH_3)_2 \cdot SO_4} = \overline{(RNH_3)_3RE(SO_4)_3}$$

$$RE^{3+} + 1.5SO_4^{2-} + 1.5\,\overline{RNH_3 \cdot HSO_4} = \overline{(RNH_3)_3RE(SO_4)_3} + 1.5H_2SO_4$$

在水相酸度较低时，萃取反应为前一式；水相酸度较高时，反应为后一式。

N_{1923}萃取稀土元素的萃取率随水相中 H_2SO_4 浓度的增加而降低，其降低的幅度随稀土元素的原子序数增加而增大；在不同的酸度中，萃取率随原子序数增加而降低，即倒萃取序列。

N_{1923}在 H_2SO_4 水溶液中能萃取 Th^{4+}，反应式为：

$$Th^{4+} + 2SO_4^{2-} + 2\,\overline{(RNH_3)_2 \cdot SO_4} = \overline{(RNH_3)_4Th(SO_4)_4}$$

其萃取率随水溶液的 pH 值升高而增加。

N_{1923}中加入不同溶剂和在不同 H_2SO_4 浓度萃取 Ce^{4+}时，$\lg D$-$\lg[(RNH_3)_2SO_4]$ 关系曲线的斜率均等于 2，由此可认为其萃取反应为：

$$Ce^{4+} + 2SO_4^{2-} + 2\,\overline{(RNH_3)_2 \cdot SO_4} = \overline{(RNH_3)_4Ce(SO_4)_4}$$

3.4.4.2 N_{1923}萃取分离钍和稀土工艺流程和特点

A 工艺流程

氟碳铈矿和独居石混合型稀土精矿经硫酸焙烧后浸出液的组成为：$\sum\rho(REO) = 30 \sim 50$ g/L，$\rho(ThO) = 20.2$ g/L，$\rho(Fe^{3+}) = 11 \sim 18$ g/L，$\rho(PO_4^{3-}) < 10$ g/L，残余 $\rho(H_2SO_4) = 0.4 \sim 0.6$ g/L。以此浸出液为萃取料液，用 N_{1923}分离钍提取混合氯化稀土的工艺流程如图 3-21 所示。

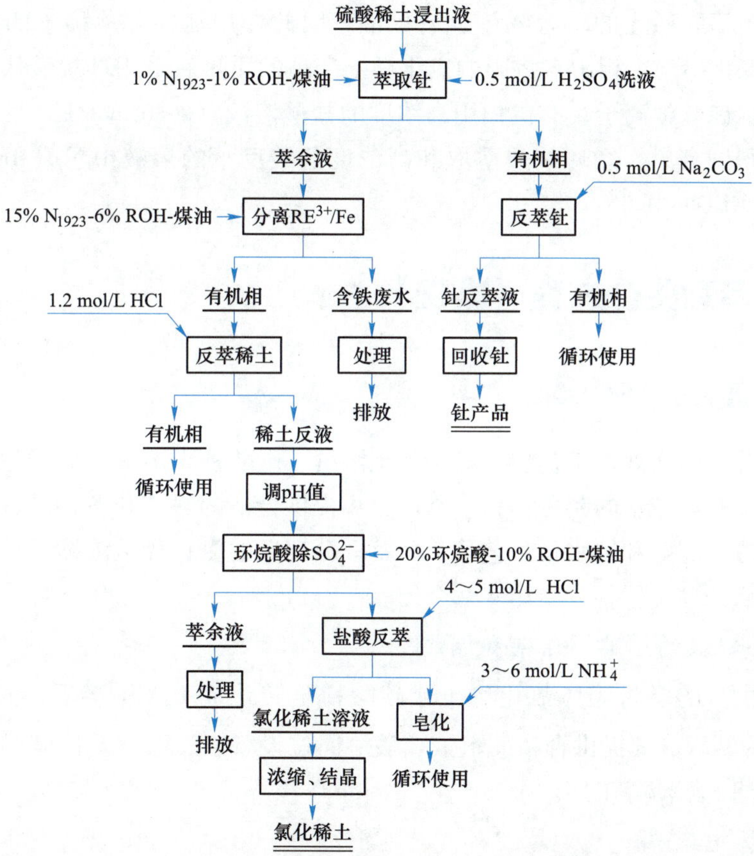

图 3-21 N_{1923}从混合型稀土精矿分离钍和提取混合氯化稀土的工艺流程

B 工艺特点

（1）全流程由三段组成。第一段采用 1%N_{1923}-1%ROH（混合醇）-煤油体系分离钍，经萃取后得到的钍产品纯度大于 99.5%，ThO_2 收率大于 99%，萃余液中 $w(ThO_2)/\sum w(REO) < 5\times$

$10^{-6}\%$。若进一步用 TBP-煤油-HNO_3 体系提纯钍，可制取高纯度的硝酸钍产品。

（2）第二段采用 $15\%N_{1923}$-6%ROH（混合醇）-煤油体系。利用 N_{1923} 在低酸度（$C_{H_2SO_4}<0.5$ mol/L）下萃取稀土而不萃取+2 价铁离子的原理，除去铁等非稀土杂质。反萃采用盐酸，将原硫酸稀土溶液转变为氯化稀土溶液。

料液中的铁离子基本上是以 Fe^{3+} 存在的，萃取前在料液中加入铁屑，先将 Fe^{3+} 还原为 Fe^{2+}，然后再进行萃取。由于+3 价铁的还原率一般在 98%左右，所以有少量的 Fe^{3+} 与 RE^{3+} 同时萃入有机相，此时可以采取还原洗涤的方法，如洗液中加入 H_2O_2 将 Fe^{3+} 从有机相中洗去。

有研究表明，料液中的 $w(Fe)/w(P_2O_5)$ 值对稀土与铁的分离有影响，其规律是分离系数 $\beta_{RE/Fe}$ 随 $w(Fe)/w(P_2O_5)$ 值的减小而明显增大。在洗液中加入 H_3PO_4 以减小 $w(Fe)/w(P_2O_5)$ 值，有利于稀土和铁的分离。

（3）第三段采用 20%环烷酸-10%ROH-煤油体系去除氯化稀土溶液中的硫酸根。由于 N_{1923} 在硫酸体系萃取稀土的萃合物中含有硫酸，因此在用盐酸反萃稀土的同时，大量的 H_2SO_4 也进入氯化稀土水相中，将影响氯化稀土产品的质量。采用环烷酸从盐酸反萃液中萃取稀土可排除硫酸根离子，有机相用高浓度的盐酸溶液（4~6 mol/L）反萃，可以使萃余液中的稀土得到富集。经环烷酸萃取和高浓度盐酸反萃的溶液中 $\sum\rho(REO)>150$ g/L，$w(SO_4^{2-})/\sum w(REO)<0.05$。

3.5 稀土萃取生产过程【案例】

3.5.1 稀土萃取的前处理工艺

稀土萃取分离的前处理工艺包括氯化稀土溶解、碳酸稀土溶解、盐酸除铁、洗液和反液配制、碱液配制和纯水的制备等，为萃取分离提供合格的料液和各种酸、碱溶液。本节介绍酸溶、配酸、配碱和制水带工艺环节，萃取分离后的氯化稀土浓缩、草酸或碳酸稀土沉淀及灼烧等后处理工艺将放在第 4 章介绍。

3.5.1.1 料液的溶解、除杂和调配

酸溶岗位的目的是将固体氯化稀土或碳酸稀土转化成 $RECl_3$ 溶液，同时除掉 SO_4^{2-}、Fe^{3+} 等杂质，为萃取分离提供合格的料液。酸溶岗位设备料，酸溶，回调除铁、钍，除硫酸根，澄清过滤，溶渣等工序。

A 氯化稀土溶解

固体氯化稀土可用水直接溶解，为简单化学溶解过程，在溶解池中加入一定量的固体氯化稀土，再加入一定量的水，浸泡一定时间后，启动泵使溶液循环。测定溶液的 pH 值为 4~4.5，若 pH 值高于规定范围，加适量盐酸调配。测定溶液的稀土浓度如大于 260 g/L，即可送入板框压滤机过滤；若稀土浓度不够，可通入蒸汽加热或继续补加固体氯化稀土浸泡，直至达到规定的技术指标再过滤。

B 碳酸稀土溶解

固体碳酸稀土需用一定浓度的盐酸溶解，其反应式为：

$$RE_2(CO_3)_3 + 6HCl \longrightarrow 2RECl_3 + 3H_2O + 3CO_2\uparrow$$

在溶料罐中加入一定量的盐酸，启动搅拌器搅拌，并加入一定量的混合碳酸稀土；再缓慢加入工业盐酸，加入速度以反应气泡不溢出为宜。当溶液 pH 值达到 2 时，碳酸稀土完全溶解。溶解反应在常温下进行，反应时间 1～2 h，溶液 pH 值 1～2。然后用碳酸稀土回调溶解液的 pH 值为 4～4.5，再搅拌 20 min，至 pH 值不变为止。此时溶液中的 Fe^{3+}、Th^{4+}水解生成氢氧化物胶体沉淀下来。

盐酸溶解时碳酸稀土中少量硫酸根离子进入溶液中，加入氯化钡使其生成难溶的硫酸钡沉淀下来，反应式为：

$$BaCl_2 + SO_4^{2-} \longrightarrow BaSO_4\downarrow + 2Cl^-$$

在碳酸稀土的盐酸溶液中缓慢加入预先经过加热溶解的氯化钡溶液，氯化钡用量为 $w(SO_4^{2-}):w(BaCl_2)=1:(0.8\sim1.2)$，直到将硫酸根离子沉淀完全，再搅拌 15 min，检测硫酸根离子和钡离子的浓度。除硫酸根离子后的溶液经板框压滤机过滤得到氯化稀土清液和滤渣。

C 料液调配

上述溶解工序经澄清、过滤后的清液，或者精矿分解后得到的氯化稀土溶液，需经过调配后才能作为萃取料液使用。将以上清液加入调配罐中并搅拌，测定稀土浓度，加水调配至 $\sum\rho(REO)=250\sim260$ g/L，再加少许盐酸，调配 pH 值至 2 左右即可。所得氯化稀土料液为淡粉色、微酸性液体，控制指标为 $\sum\rho(REO)\geqslant250$ g/L，$\rho(SO_4^{2-})<0.1$ g/L，pH 值为 4～4.5。

D 滤渣处理及除铁

溶料滤渣可转到精矿处理的水浸工序回收稀土，利用水浸液中的余酸将滤渣溶解，铁与磷酸根离子反应生成磷酸铁，进入水浸渣除去；也可将滤渣储存到一定量后，用盐酸溶解回收稀土和硫酸钡。在洗涤罐中用工业盐酸溶解滤渣，澄清后将上清液虹吸到溶料罐回收稀土。底渣经洗涤、过滤，回收硫酸钡产品，要求酸溶渣中 $\sum w(REO)<1\%$。

在以上酸溶渣操作中，当 Fe^{3+} 富集到一定程度时需除铁。将溶液的 pH 值调配至 1.6～1.8，温度控制在 85～95 ℃时，加入硫酸钠，有浅黄色的黄钠铁矾晶体析出，该晶体颗粒粗大，沉淀速度快，容易过滤。

3.5.1.2 盐酸除铁与配酸

盐酸除铁与配酸岗位的目的是将工业盐酸中 Fe^{3+} 除去，配制一定浓度的盐酸作为萃取分离的洗涤液和反萃取液。

A 盐酸除铁

采用阴离子树脂交换的方法将工业盐酸中的铁除去，适用于浓度大于 6 mol/L 的盐酸。反应式为：

树脂除铁　　$R—OH+HFeCl_4 = R—FeCl_4+H_2O$

树脂再生　　$R—FeCl_4+H_2O = R—OH+FeCl_3+HCl$

新购树脂使用前需进行转型处理，先用水浸泡 24 h，使树脂充分膨胀。再用 5% NaOH 溶液浸泡 24 h，并适当加以搅拌，使树脂全部转化为 OH^- 型，同时除去溶解于碱的杂质。碱浸后的树脂用水清洗，至清液的 pH 值至 7 为止，即可装柱。

树脂装柱或再生后，向柱中加入工业盐酸除铁。在操作前，应先检查原酸高位槽、除铁酸接收槽、酸回收槽的储液情况及树脂柱的阀门、管道等是否正常。操作时依次打开原酸高位槽的底阀、树脂柱的出酸阀和进酸阀，调节出酸阀控制好除铁酸的流量，并注意将柱中气体排出。待达到所需的除铁酸量时，先关闭进酸阀，最后关闭出酸阀。在除铁过程中，应经常检查出酸的颜色及铁含量，要求铁含量小于 30 mg/L。若酸中铁含量升高，应进行冲洗和树脂再生处理。

树脂再生时，先将柱中盐酸排出，再用纯水洗涤，至流出液 pH 值达到 2 时结束。

B　配酸

配酸是将除铁后浓盐酸加水稀释到规定的浓度，如（3±0.03）mol/L、（4±0.04）mol/L、（6±0.1）mol/L 等，作为萃取分离的洗涤液和反萃取液使用。配酸使用纯水或洗涤有机相后的洗水，应注意洗水中含有一定浓度的酸。

根据配酸罐的容积、除铁酸浓度和洗水浓度，计算配制一定浓度的盐酸所需的盐酸体积和洗水或纯水体积。向配酸罐中加入一定体积的水，再加入一定体积的除铁酸，启动泵循环 30 min，停泵。取样分析配制盐酸的浓度，如果与要求浓度有偏差，计算并补加所需体积的盐酸或水，启动泵循环 10 min，取样分析。配制的盐酸达到要求范围后，打开通往高位槽的阀门，关闭循环阀门，将酸输送到高位槽中。

3.5.1.3　配碱

目前稀土萃取分离采用氢氧化钠、氨水或碳酸氢铵等皂化剂。在采用流动皂化时，工艺要求皂化液的浓度要恒定，故需配制一定浓度的碱液作为皂化液。例如，配制碳酸氢铵碱液是采用农用固体碳酸氢铵，$w(NH_4HCO_3)>97\%$，用水溶解后，调配成碳酸氢铵浓度为（130±3）g/L 的皂化液。

根据配碱罐容积、固体碳酸氢铵的有效含量，计算配制一定浓度碳酸氢铵皂化液需加入的固体碳酸氢铵的质量和水的体积。向配碱罐加入计算量的水，启动搅拌器搅拌，再加入计算量的固体碳酸氢铵。通入蒸汽加热，溶液温度控制在 40~50 ℃，待碳酸氢铵全溶后，停止搅拌。取样分析碳酸氢铵浓度，如果与要求浓度有偏差，再启动搅拌器搅拌，计算并补加所需的碳酸氢铵或水，至碳酸氢铵全溶后，取样分析。配制的碳酸氢铵溶液达到要求范围后，打开通往高位槽的阀门，输送到高位槽中。

3.5.1.4　纯水的制备

无论是天然水还是自来水，其中都含有数量不等的杂质，大致有：阳离子 H^+、Na^+、NH_4^+、K^+、Mg^{2+}、Ca^{2+}、Fe^{3+}、Cu^{2+}、Mn^{2+}、Al^{3+} 及微量的 Zn^{2+} 等，阴离子 Cl^-、SO_4^{2-}、

HPO_4^{2-}、HCO_3^-、NO_3^-、NO_2^-、HS^-、OH^-、PO_4^{3-}、SiO_3^{2-}、F^-等。纯水的制备过程就是采用制水系统去除水中的杂质，为萃取分离工艺提供合格的纯水或高纯水。如不进行这样的处理，则会直接影响高纯稀土产品的质量。纯水又称去离子水或深度脱盐水，是指去除强电解质和去除硅酸和二氧化碳到一定程度的水，要求水中剩余盐含量为1~5 mg/L，在25 ℃时电阻率为（1~10)×10^6 Ω·cm。高纯水又称超纯水，是指几乎完全去除强电解质和去除胶体物质、气体及有机物到相当程度的水，水中剩余盐含量在1 mg/L以下，在25 ℃时电阻率应在10×10^6 Ω·cm以上。

制水系统可分为预处理系统、反渗透系统和离子交换三大部分。

A 预处理系统

原水输送到原水箱（带浮球阀控制液位），由增压泵增压后进入多介质过滤器。在增压泵与多介质过滤器之间，由计量泵注入PAC高效絮凝剂，经管道混合后进入多介质过滤器，可使水中的悬浮物及胶体、有机物得以良好凝聚，便于多介质过滤器过滤去除。多介质过滤器的出水进入活性炭过滤器，如原水中余氯含量较高（余氯含量>1×10^{-6}），则进入活性炭过滤器之前的管道中，由计量泵注入$NaHSO_3$溶液，目的是还原水中的绝大部分余氯，防止复合膜的氧化，延长活性炭过滤器吸附的周期。一般自来水中余氯含量为3×10^{-7}左右，可用活性炭过滤器吸附水中的余氯和有机物。

B 反渗透系统

反渗透系统由精密过滤器、保安过滤器、高压泵、反渗透（RO）膜组件、控制柜及清洗装置等设备组成。膜元件是一种能使RO膜技术付诸实际应用的最小基本单元，它由反渗透膜、导流布和中心管等制作而成。然后将一根或多根RO元件装入耐压壳体，组装成RO组件。卷式膜元件与中空纤维和板框式结构相比较，在给水通道抗污染能力、设备空间要求、投资和运行费用及购置等方面具有优势。

对透过的物质具有选择性的膜为半透膜，一般将只能透过溶剂而不能透过溶质的薄膜称为理想的半透膜。当把相同体积的稀溶液（如淡水）和浓溶液（如盐水）分别置于半透膜的两侧时，稀溶液的溶剂将自然穿过半透膜而且自发地向浓溶液一侧流动，这一现象称为渗透。当渗透达到平衡时，浓溶液侧的液面会比稀溶液的液面高出一定高度，即形成一个压差，此压差即为渗透压。若在浓溶液一侧施加一个大于渗透压的压力时，溶剂的流动方向将与原来的渗透方向相反，即从浓溶液向稀溶液一侧流动，这一过程称为反渗透。

反渗透可以除去水中的无机盐、有机物、胶体、微生物等各种杂质，而且具有节能、无环境污染、易于自动控制等优点。在电厂锅炉补给水，电子工业超纯水、制药工业、化妆品工业用纯水，以及近几年来发展迅速的饮用纯水等行业得到了越来越广泛的应用。

C 离子交换

离子交换在水处理领域中有广泛的应用，如水质软化、除盐、高纯水制取、工业废水处理、重金属及贵重金属回收等，水质软化过程在锅炉等方面已得到广泛的应用。离子交换除盐是水处理的终端设备，一般用于电渗析或反渗透等中间除盐设备之后，将剩余的盐类最终去除至用水要求，出水电阻率达到 1 MΩ · cm 以上，根据不同的水质及使用要求，出水电阻可控制在 1~18 MΩ · cm。

深渗车间的离子交换设备分为有机玻璃和钢衬胶柱体两种，一般有阳柱、阴柱、混合柱配置。一般装填的树脂为凝胶型苯乙烯系强酸、强碱树脂，型号为 001×7 和 201×7。根据用户需要或水质要求，还有各种其他型号的树脂可供选用。

采用离子交换方法，可以把水中呈离子态的阴、阳离子去除，以氯化钠（NaCl）代表水中无机盐类，水质除盐的基本反应可以用下列方程式表达。

阳离子交换柱（阳床）：　$R—H + Na^+ \longrightarrow R—Na + H^+$

阴离子交换柱（阴床）：　$R—OH + Cl^- \longrightarrow R—Cl + OH^-$

阳、阳离子交换过程柱串联以后称为复床，其总的反应式为：

$$R—H + R—OH + NaCl \longrightarrow R—Na + R—Cl + H_2O$$

由此可看出，水中的 NaCl 已分别被树脂上的 H^+ 和 OH^- 所取代，而反应生成物只有 H_2O，故达到了去除水中盐的作用。

混合离子交换柱（混床）是将阳、阴树脂按一定比例（一般为 1 : 3，以便阳、阴树脂同时达到交换点而同时再生）装入混合柱而成，实际上它组合成了无数组串联的复床，将阳、阴柱尚未交换的剩余盐类进一步去除。由于通过混合离子交换柱后进入水中的 H^+ 和 OH^- 立即生成电离度很小的水分子（H_2O），几乎不存在阳柱或阴柱交换时产生的逆交换现象，可以使交换反应进行得十分彻底，因而混合床的出水水质优于阳阴柱串联组成的复床所能达到的水质，能制取纯度相当高的成品水。

3.5.2 稀土串级萃取体系的启动方式

通过仿真试验研究串级萃取的动态规律，可将理论设计“一步放大”，不经小试、扩试，直接应用于工业生产。关于串级萃取的动态平衡计算可参阅有关专著，以下仅介绍某些串级萃取体系启动过程的动态计算结果。

3.5.2.1 启动方式与平衡过程的概念

串级萃取体系的充料与启动通常称为开槽。充料是指向萃取器各级槽体中充入料液、有机相、洗涤液等液体。启动是指充料后萃取器开始搅拌，加入各相液体，直至萃取器两端出口物料达到分离指标的动态过程。有时充料与启动在操作顺序上并不能截然分开，如在搅拌下充入某种液体的过程。

目前国内有齐头式、纯料液式和错流式等几种充料及启动方式应用于生产。水相进料两组分体系的物料分布见表 3-9，取料液量 $M_F = 1$ mol/min 为计算基础，料液中易萃组分 A 和难萃组分 B 的摩尔分数 $f_A + f_B = 1$，水相和有机相出口分数 $f'_B + f'_A = 1$。无论采用何种充料方式，归一化萃取量 S 和洗涤量 W，以及出口物料 f'_A、f'_B 等静态参数是不变化的，变化的参量是启动过程中各级各组分的分配及出口产品的纯度。

表 3-9 水相进料两组体系的物料分布

	S ↓				$M_F=f_A+f_B$ ↓				W ↓
级序	1	…	i	…	n	…	j	…	$n+m$
$\overline{M}$	S	…	S	…	S	…	S	…	f'_A
M	f'_B	…	$W+M_F$	…	$W+M_F$	…	W	…	W

从启动到稳态的过程实质上是水相及有机相各成分由不平衡趋近于平衡组成的过程，即使各组分迁移至 A 主要集中于洗涤段，B 主要集中于萃取段，仅第 n 级 A、B 的分布接近于料液组成。稳态时，各级中 A、B 在水相和有机相的分布分别符合该组分分配比的数值。显然，要达到稳态时的级样分布，各组分在启动过程中均需达到一定的积累量，其平衡积累量或为正积累，或为负积累，与料液组成有关。因而，平衡进程（或时间）取决于料液组成及各组分在萃取器中的迁移速度和积累速度。

体系达到平衡的标志是水相和有机相出口产品分别达到纯度指标 P_{B_1}、$\overline{P}_{A_{n+m}}$，此时启动过程即告结束，而转入正常分离操作。启动过程两相出口物料为不合格产品，体系的平衡时间越长，产出的废品就越多。因此，应根据萃取体系的特点和工艺要求，采用适宜的充料及启动方式，以缩短平衡时间，减少废品量，提高生产的经济效益。

3.5.2.2 齐头式充料回流启动

齐头式充料是在萃取段各级中充入料液和有机相，在洗涤段各级中充入洗涤液和有机相，在反萃段充入反萃液和有机相。启动后立即于第 1 级、第 $n+m$ 级出口分数 f'_B、f'_A 物料，称为常规启动。北京大学化学系针对常规启动平衡时间长、废品量大的不足，提出了回流启动模式，并用计算机模拟方法研究了启动方式对平衡过程的影响。

回流启动分为全回流和单回流。全回流在萃取过程中不加料液，萃取器两端不出产品，洗涤量等于萃取量，即 $M_F=0$，$f'_A=f'_B=0$，$S=W$。单回流则在萃取过程中加入一定量料液，萃取器一端以 $f'_A=M_F$ 或 $f'_B=M_F$ 的量出口产品，一端不出产品。若料液 $f_A<f_B$，第 1 级水相出口产品（$f'_B=M_F$），第 $n+m$ 级有机相不出产品（$f'_A=0$），称为洗涤单回流；反之，若料液 $f_A>f_B$，第 1 级水相不出产品（$f'_B=0$），第 $n+m$ 级有机相出口产品（$f'_A=M_F$），称为萃取单回流。

某两组分串级萃取体系的料液组成、分离指标及主要工艺参数见表 3-10。为了便于比较启动方式对该体系平衡过程的影响，将常规启动操作、洗涤单回流启动后转入正常操作和全回流启动后经洗涤单回流再转入正常操作，这三种启动方式动态过程的模拟计算结果如图 3-22 和图 3-23 所示。

表 3-10 模拟体系的工艺条件

料液组成	$f_A=0.08$，$f_B=0.92$
分离指标	$\overline{P}_{A_{n+m}}=0.9999$，$P_{B_1}=0.999$
分离系数	$\beta=1.70$，$\beta'=1.50$
出口分数	$f'_A=0.07909$，$f'_B=0.9209$
萃取量、洗涤量	$\overline{S}=3.031$，$W=2.452$
级数	$n=18$，$m=33$

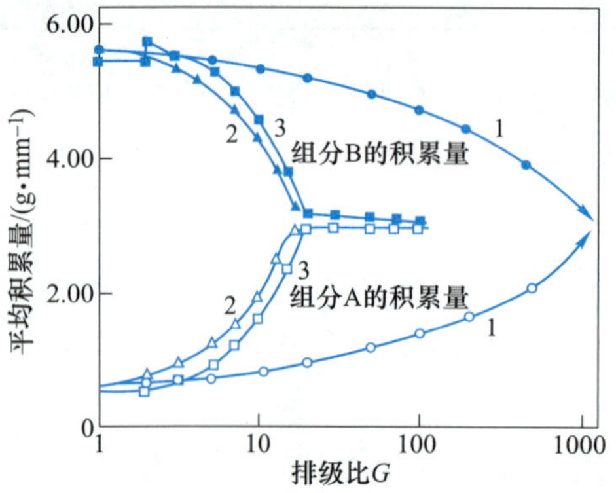

图 3-22 平衡积累量变化的比较

1—常规启动；2—单回流启动；3—全回流启动

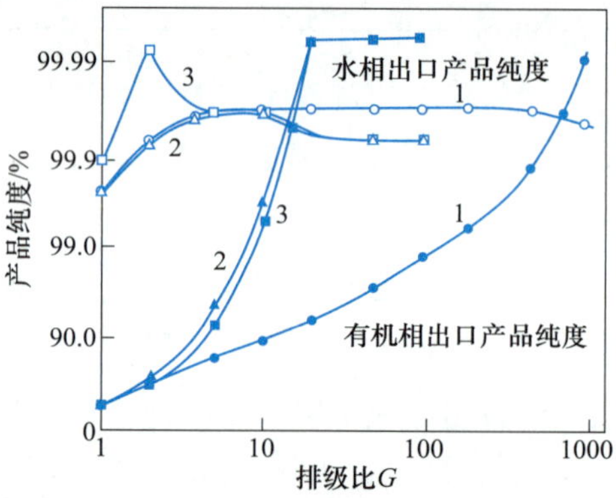

图 3-23 出口产品纯度变化的比较

1—常规启动；2—单回流启动；3—全回流启动

在“漏斗法”实验中，用排级比 G 这个量作为衡量体系到达平衡的易难程度，它是摇振漏斗排数与萃取级数的比值。根据实验中每摇一排漏斗所需时间或物料在混合澄清槽每级中的停留时间，可以简便地将 G 换算为时间。分析上述模拟实例的数据，可得出如下结论：

(1) 回流启动能缩短体系获得合格产品的时间。该实例中，常规启动需 $G=1100$ 才能在两相出口获得合格产品，采用全回流启动仅需 $G=18.1$，体系可提前约 60 倍时间获得合格产品。

(2) 全回流具有最大的分离效果。全回流可加速各组分的迁移速度，其到达自身稳态所需的时间很短，一般仅需 2~5 个排级比。

(3) 单回流是达到稳态积累量的关键。全回流过程虽有最大的分离效果，但不改变萃取器中各组分的积累量。由实例数据可见，只有采用洗涤单回流，才能使占料液组成 8%的组分 A 在槽体内以最快的速度积累，达到体系有效分离所需的积累量，尽快达到分离指标。

(4) 合理可行的回流启动模式应为大回流操作。体系从回流启动转入正常操作过程中，往往有一个逐步加大料液（但小于正常值）、减小洗涤液或有机相的过程，该阶段实际上是一种大回流操作。另外，全回流或萃取单回流在实际操作中可能会因第 1、第 2 级水相中无金属离子而使 pH 值升高，出现乳化现象，此时也可采用大回流操作，使第 1 级水相负载少量金属离子。因此，合理可行的回流萃取模式应为：全回流启动→单回流→大回流→正常操作。

若体系在全回流过程中有机相出口产品纯度大于 $\overline{P}_{A_{n+m}}$，而水相出口产品纯度小于 P_{B_1}，则转入萃取单回流，后当水相出口产品纯度大于 P_{B_1}，体系转入大回流操作；若体系在全回流过程中水相出口产品纯度大于 P_{B_1}，而有机相出口产品纯度小于 $\overline{P}_{A_{n+m}}$，则转入洗涤单回流，之后当有机相出口产品纯度大于 $\overline{P}_{A_{n+m}}$ 时，体系转入大回流操作。若大回流过程中各相流量逐步调整至工艺要求值时，体系即进入正常操作状态。

3.5.2.3 纯料液启动

金华等人研究了皂化环烷酸萃取分离 La、Y/RE 体系的充料启动方式对平衡进程的影响，认为该体系采用回流启动时，由于环烷酸黏度大，如果水相出口的稀土浓度过低，其 pH 值会骤然上升，容易产生乳化现象，且乳化不断向后迁移，直至出现液泛。为此，提出了用纯料液充料启动的方法，即：在萃取段各级充以有机相和含难萃组分的水相，其余同齐头式充料，并对该体系的平衡进程进行了计算机模拟，用 ϕ120 mm 离心萃取器进行了工业实验验证。

根据各稀土元素在环烷酸中的萃取顺序，将该体系的稀土元素由难萃到易萃分成四组分进行模拟计算，其中 D=La+Y、C=Pr+Nd、B=Ho+Er、A=其他稀土元素。模拟计算所采用的工艺参数见表 3-11。

表 3-11 模拟体系的工艺参数

料液组成	$f_A=0.1596$，$f_B=0.0212$，$f_C=0.2751$，$f_D=0.5441$
分离指标	$P_{B_1}>0.9999$
分离系数	$\beta_{A/B}=1.5$，$\beta_{B/C}=1.4$，$\beta_{C/D}=1.7$
萃取量	$\overline{S}=2.0$
洗涤量	$W=1.5176$
级数	$n=50$，$m=15$

表 3-12 列出了齐头式启动方式和纯料液启动方式水相出口产品纯度随 G 变化的情况。齐头式启动方式达到稳态所需时间很长，$G=80$ 时还未达到分离要求。纯料液启动方式至 $G=5$ 时就趋于稳态，出口产品纯度达到要求。在充料时，萃取段全部充以 99% 的 La 料液，从启动开始水相出口产品纯度始终保持在 0.99 以上，这就可以把充料时借用的料液还回来，而不至于产生废品。

表 3-12 两种充料方式水相出口产品纯度随 G 的变化

G	1	5	10	20	50	80
齐头式	0.94872	0.99253	0.99541	0.99607	0.99845	0.99963
纯料液	0.99956	0.99998	0.99999	0.99998	0.99997	0.99997

采用齐头式启动方式充料启动，各组分在萃取器中平均积累量如图 3-24 所示，可见

体系的平衡主要是难萃组分C、D的积累过程，D为正积累，C为负积累，$G>70$时才趋于稳定。易萃组分A、B的积累量则很快达到稳态，$G\geqslant10$时就已稳定。

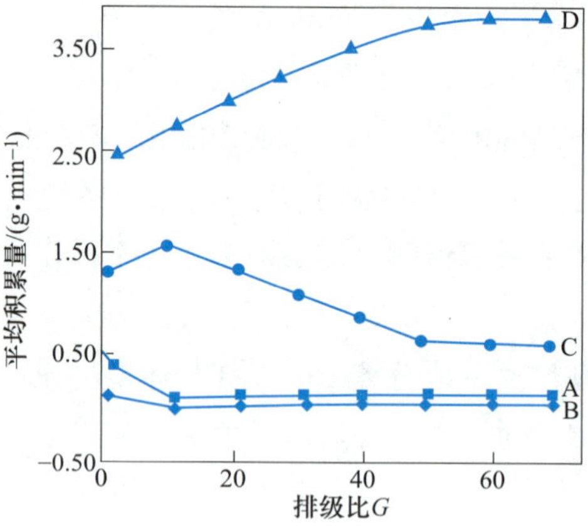

图3-24 齐头式启动方式下积累量的变化

采用纯料液启动方式充料启动，各组分在萃取段和洗涤段的平均积累量如图3-25和图3-26所示。在萃取段充以高纯D料液，满足了难萃组分集中在萃取段的要求，萃取段的初始状态接近于稳态，因而其平均积累量随时间变化不大。在洗涤段以料液充槽，易萃组分尚需一定时间才能达到稳态。

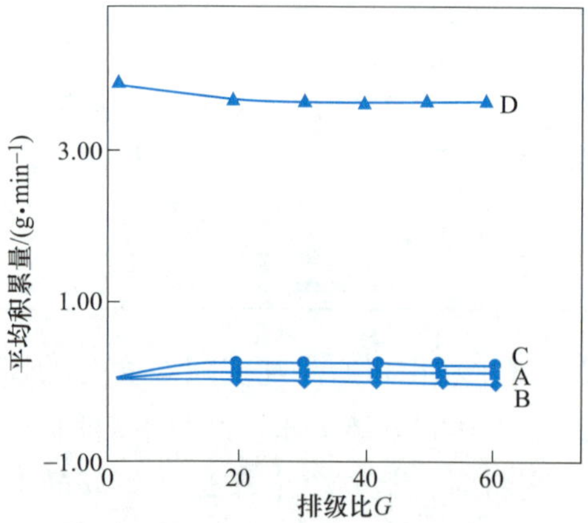

图3-25 纯料液启动方式下萃取段积累量的变化

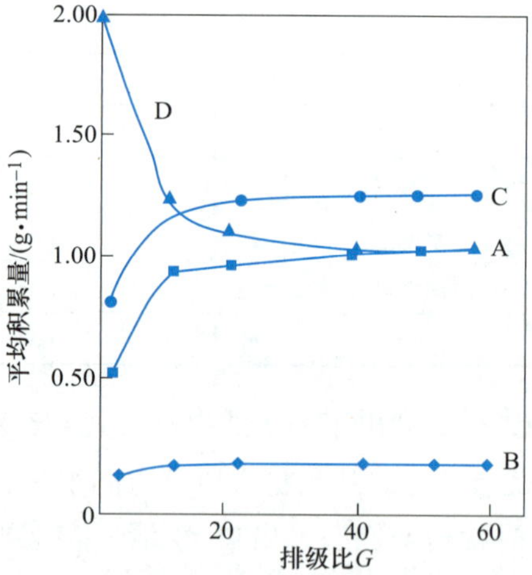

图3-26 纯料液启动方式下洗涤段积累量的变化

工业规模实验使用ϕ120 mm离心萃取器，由于D是La与Y的混合物，考虑到纯La价格较便宜，故在萃取段各级充以99%的La料液，洗涤段充原料液，充料完毕后，各入口进入正常料液运行，监测水相出口处D组分纯度，得到表3-13中的结果，其中水相出口Y浓度小于0.1 mg/L。实验运行近10个排级比（约20 h），水相出口仍含微量Y元素，表明Y从进料级开始积累，逐级向水相出口方向移动。$G>10$后，水相出口Y浓度开始增加，至$G>18$时Y浓度达到5 g/L以上。可见从$G=10$后开始收集出口水相，就可以得到

Y 浓度较高的产品，又保证 Y 的收率不受损失。

表 3-13 皂化环烷酸萃取分离 La、Y/RE 工业实验结果

G	水相出口主要稀土杂质浓度/($mg \cdot L^{-1}$)				水相出口 La、Y 纯度/%
	Pr_2O_3	Nd_2O_3	Ho_2O_3	Er_2O_3	
1	1.32	3.56	<0.4	<0.4	99.976
2	0.62	1.32	<0.4	<0.2	99.987
3	0.54	1.10	<0.2	<0.2	99.988
4	0.28	1.08	<0.2	<0.2	99.989
5	0.34	1.30	<0.2	<0.2	99.990

3.5.2.4 错流启动

错流式启动过程类似于错流萃取和错流洗涤，最早应用于 P_{204}-HCl 体系萃取分组轻稀土料液的充料和启动。例如，Nd/Sm 分组串级体系的工艺参数取为 $M_F=1$ mol/min，$f_A=0.13$，$f_B=0.87$，$\beta=8$，$\overline{S}=3$，$W=0.1$，$n=12$，$m=8$，$V_F:V_S:V_W=1:3:0.33$。

在萃取段，各级中充入有机相。然后在搅拌下从第 n 级加入料液，向前依次流过各级与有机相进行萃取交换。至水相从第 1 级流出时，即完成了一次 n 级错流萃取。此时从第 1 级加入有机相，进入逆流萃取阶段。

在洗涤段，各级中充入洗涤液。然后在搅拌条件下从第 $n+1$ 级加入负载有机相，向后依次流过各级与洗涤液进行洗涤交换。至有机相从第 $n+m$ 级流出时，即完成了一次错流洗涤。此时从第 $n+m$ 级加入洗涤液，进入逆流洗涤阶段。

根据错流萃取的特点，易萃组分 A 可全部萃入有机相，水相出口可得到纯 B，可估算如下：

萃取比 $E_A = D_{Sm} \cdot V_S/V_F = 1.33 \times 3 = 4$

$E_B = D_{Nd} \cdot V_S/V_F = 0.16 \times 3 = 0.48$

萃余分数 $\varphi_A = 1/(E_A + 1)^{12} = 4 \times 10^{-9}$

$\varphi_B = 1/(E_B + 1)^{12} = 7.7 \times 10^{-3}$

即 B 的收率 $\varphi_B = 0.077\%$

萃余液中 $A_1 = f_A \cdot \varphi_A = 0.52 \times 10^{-9}$ mol/min

$B_1 = f_B \cdot \varphi_B = 6.7 \times 10^{-3}$ mol/min

B 的纯度 $P_{B_1} = \left(1 - \dfrac{0.52 \times 10^{-9}}{6.7 \times 10^{-3}}\right) \times 100\% = 99.999992\%$

同理，错流洗涤可将难萃组分全部洗入水相，有机相出口可得到纯 A。

综合上述分析可以认为，错流启动经过一个排级比的时间，即 n 级错流萃取接 m 级错流洗涤，就可达到全回流萃取的分离效果。然后经过一段时间的全回流调节，达到各组分（本例中尤其是 A 组分）的积累量后，体系趋于稳态操作。

3.5.3 萃取过程操作与控制

3.5.3.1 充槽

混合澄清槽的充槽与动态平衡的建立是萃取操作的主要内容。当萃取槽高位储液槽、流量计及其他辅助设备安装完毕后，即可开始充槽。无论采用上述何种方式充槽，充槽溶液用量都应按工艺要求的相比考虑。

当各种溶液正常进料，相界面调整符合要求后，槽子可投入正常运转。随着萃取槽的运转，被分离物质在两相间进行萃取和交换，各级的浓度、组成逐渐趋近恒定，即体系达到了动态平衡。此时生产可以连续进行，接收的流出有机相和萃余液才成为合格产品。达到动态平衡所需的时间与萃取槽的级数、料液浓度和两相的流量等因素有关，级数越多达到平衡的时间越长；料液浓度越低，有机相和洗涤液的流量越大，物质在萃取中的积累量就越大，平衡时间也就越长。平衡时间的确定，最好通过取样分析确定。

3.5.3.2 停槽

正常停槽应先按顺序关闭料液、有机相和洗涤液，再停止搅拌。如果停槽检修，可在停止进料后继续进空白料液（包括有机相、皂化液、洗涤液和反萃液），把槽内含金属的料液顶出来予以回收，或用虹吸法将各级溶液抽出，作下次启动充槽使用。如果非正常停槽，即运转中途因某级搅拌浆脱落或其他设备事故导致停槽时，应按正常停槽顺序操作，但动作要尽量迅速，以减轻由于溶液的倒流而破坏槽体平衡的现象。

3.5.3.3 运转

A 液面控制

液面控制是保证产品纯度稳定和收率指标的重要操作环节。调节各级搅拌器桨叶大小和位置高低，使各级溶液由潜室进入混合室的抽力基本平衡，是保证液面和相界面稳定的主要手段。各级相界面的位置，还可由调节澄清与转移室之间活动闸板的高低来实现，一般希望有机相出口级界面位置比水相出口级界面位置略低一些，各级相界面位置由水相出口向有机相出口呈阶梯形下降。

在萃取过程中，当溶液的总流量超过设备允许的总通量，造成溶液进口量与出口量不平衡时，就会出现液泛现象。造成液泛（即进出口不平衡）的主要原因是：

（1）搅拌强度过大或过小，各级抽力不平衡，影响级间流速和流量，则可能出现液泛或某级水相或有机流空现象，从而破坏槽体平衡；

（2）由于乳化而使澄清分层缓慢，界面不清，或出口管道堵塞等，均影响流速和流量，形成液泛。

因此，操作中要适当控制流量，保持级界面和相界面稳定，要注意乳化产生时的流动情况，保持管道畅通。实际操作中为了准确地控制流量，采用转子流量计和机械连锁进料装置，进行流量的自动控制与调节。

B 出口浓度及流量控制

在萃取操作中控制两相出口浓度及流量，实际上是对萃取率的控制，萃取率的控制要求是根据料液组分和分离要求而确定的。当两相流量一定时，根据物料平衡，可以求出两相出口的适当浓度。

例如，P_{204}分组稀土工艺的料液中轻稀土占87%，中、重稀土占13%。为了保证电解用氯化轻稀土中钐含量小于1%，用1 mol/L P_{204}-煤油进行钕、钐分组，就应控制萃取率在13%~14%，即要求产品轻稀土中含中、重稀土小于1%，中、重稀土中含轻稀土小于5%。

已知料液中$\rho(RE^{3+})=160$ g/L；$V_F=10$ L/min；$V_W=3$ L/min，$V_S=30$ L/min。两出口浓度可计算如下：

设萃余液中稀土浓度为ρ，负载有机相中稀土浓度为$\bar{\rho}$。列出物料平衡方程，由单位时间内轻稀土的物料平衡有：

$$\rho(RE^{3+})\times V_F\times 87\%=\rho\times(V_F+V_W)\times 99\%+\bar{\rho}\times V_S\times 5\%$$

$$160\times 10\times 87\%=\rho\times(10+3)\times 99\%+\bar{\rho}\times 30\times 5\%$$

得：
$$1392=12.87\rho+1.5\bar{\rho}$$

由单位时间内中、重稀土的物料平衡有：

$$\rho(RE^{3+})\times V_F\times 13\%=\rho\times(V_F+V_W)\times 1\%+\bar{\rho}\times V_S\times 5\%$$

$$160\times 10\times 13\%=\rho\times(10+3)\times 1\%+\bar{\rho}\times 30\times 95\%$$

得：
$$208=0.13\rho+28.5\bar{\rho}$$

联立以上两式，解得这个二元一次方程组的解为：

$$\rho=107.4\ \text{g/L},\ \bar{\rho}=6.81\ \text{g/L}$$

因此，在操作中应将水相出口浓度控制在107.4 g/L左右，有机相出口浓度控制在6.81 g/L左右。由于操作不稳定和分析误差，出口浓度不可能恰好在要求的数值上，但长期平均值要接近于要求值，否则就需要调整流量来达到此值。例如，若水相长期平均值大于107.4 g/L，意味着轻稀土中中、重稀土含量增高，此时就应适当增加有机相的流量，以提高萃取段的萃取能力；反之，则意味着萃取能力过强，应适当减少有机相流量，以提高轻稀土的收率。同理，若有机相长期平衡值大于6.81 g/L，则会使中、重稀土中轻稀土含量增高，此时增加洗涤液的流量或酸度，以提高洗涤段的洗涤能力，保证中、重稀土的纯度。

C 取样分析

由上面的分析可知，取样分析两相出口浓度对于维持正常操作是很重要的。因此，正常操作时必须坚持按时取样分析，以便根据样品化验结果，随时判断操作控制中存在的问题。目前已有几种成分自动分析仪用于萃取槽出口浓度的在线检测。

在萃取操作中，定时从各级槽体取样分析，可得到萃取工艺的剖面图。从图中可看出分离效果的好坏、级数的分配和流比等工艺条件的选择是否合理，操作是否正常，溶液浓度变化有何异常等，对于指导生产、改进流程都是有帮助的。

D　溶液配制

准确地配制各种溶液也是稳定正常操作的重要一环。由上面的例子可知，当料液浓度提高时，如果级数不变、分离效果要求不变，则势必降低料液流量或增加有机相及洗涤液的流量。萃取剂、洗涤剂的浓度变化则会影响萃取能力和洗涤能力，因此，生产中希望料液浓度维持相对稳定，各种溶液的浓度要求配制准确。

3.5.4　溶剂萃取过程乳化、泡沫的形成及其消除

3.5.4.1　基本概念

在萃取作业中，两相分离的好坏往往是过程能否连续进行的关键因素。由于两相有一定密度差，因此在一般情况下是容易实现分相的。然而，在萃取过程中由于物理或（和）化学的原因，有时会出现乳化或泡沫，严重影响相的分离。

为保证萃取过程中的传质速度，要求两相接触面积要足够大，这样势必有一个液相要分散成细小的液滴，当液滴的直径在 0.1 μm 至几十微米之间，就会形成所谓的乳状液。在正常萃取过程中的混合阶段，生成的乳状液是不稳定的，到了澄清阶段，不稳定的乳状液破坏，即分散的液滴聚结，重新分为有机相和水相两相。因此，萃取过程本身就是乳状液的形成和破坏的过程。但是，由于各种原因，有时生成的乳状液很稳定，以致在澄清阶段不再分相，或分相的时间很长，通常所说的乳化就是这种情况。当乳化严重时，乳状液分解，在两相界面上常生成乳酪状的物质，有的称乳块、污物、脏物等，它不仅非常稳定，而且往往越聚越多，严重影响分离效果和操作。

乳状液可以分为水包油型（如果称有机相为“油”）和油包水型两种。如果分散相是油，连续相是水，叫作水包油型（或 O/W 型）乳状液；如果分散相是水，连续相是油，叫作油包水型（或 W/O 型）乳状液。这里所说的连续相和分散相，一般是指占据设备的整个断面的液相称连续相，以液滴状态分散于另一液相的称分散相。

在萃取的混合阶段，气体分散在液体中会形成泡沫。若气体分散在油相中，则形成油包气型的泡沫；若分散在水相中，则形成水包气型的泡沫。有的泡沫不稳定，澄清时就会消失，有的则相当稳定，长时间不消失。有大量稳定的泡沫产生，同样会影响分相和萃取操作。乳状液和泡沫本质上都属于胶体溶液，只不过分散质不同，前者是液体，后者是气体。泡沫产生的原因和消除办法基本上和乳状液是一致的，故可合并在一起讨论。

表面活性物质对乳状液有稳定作用。亲水性表面活性物质的存在可能导致生成水包油型乳状液，亲油性表面活性物质可能导致生成油包水型乳状液。表面活性物质在界面上吸附，使界面张力降低，如果其结构和浓度足以使它们定向排列而形成一层稳定的膜，就会造成乳化，此时的表面活性物质就是一种乳化剂。换言之，表面活性物质的存在，是乳化的必要条件，界面膜的强度和紧密程度是乳化的充分条件。

除此之外，胶体微粒带的电荷，根据同性相斥原理，也可以使乳状液稳定。

3.5.4.2　萃取过程乳化、泡沫产生的原因

针对乳状液的研究还很不成熟，对于萃取过程乳化产生的原因及其防止的研究就更不

成熟。对一种萃取体系适用的结论，对另一萃取体系就未必适用，因此只能一般性地讨论一些带共性的问题。

为了实现萃取过程，必须使两相充分混合，然后澄清分相，既要使一相的液体能高度分散于另一相中形成乳状液，又要使这种乳状液不稳定，静置时能很快分相。到底哪一相成为分散相，哪一相成为连续相，可具体分析如下：如果假设液珠是刚性球体，则因为尺寸均一的刚性球体紧密堆积时，分散相的体积分数（分散相体积对两相总体积的比值）不能超过74%，对于一定的萃取体系，若相比小于25%，有机相为分散相；相比大于75%，则水相为分散相；若相比为25%~75%，则两种可能都存在。此时，界面张力情况应成为决定乳状液类型的主要因素。如果存在乳化剂，这种乳化剂又是亲连续相而疏分散相的，则乳状液稳定，难以分相，形成了乳化现象。因此，研究萃取过程中乳化及泡沫形成的原因，主要在于寻找萃取体系的各组分中哪种为乳化剂。

A 有机相中的组分为乳化剂

有机相中存在的表面活性物质有可能成为乳化剂，有机相中表面活性物质的来源有：

（1）萃取剂本身，它们有亲水的极性基和疏水的非极性基；

（2）萃取剂本身的杂质及在循环使用时由于无机酸的作用和辐照的影响，使萃取剂降解产生的一些杂质；

（3）稀释剂，例如煤油中的不饱和烃及在循环使用时由于无机酸和辐照的影响所产生的一些杂质。

这些表面活性物质可以是醇、醚、酯、有机羧酸和无机酸脂（如硝酸丁酯、亚硝酸丁酯），以及有机酸的盐和胺盐等，它们在水中的溶解度大小不一，有可能成为乳化剂。如果它们是亲水性的，就有可能形成水包油型乳状液；如果它们是亲油性的，就可能形成油包水型乳状液。

这些表面活性物质是否成为乳化剂，取决于萃取过程哪一相是分散的，是亲连续相还是亲分散相，能否形成坚固的薄膜和对界面张力的影响，以及它们之间的相互作用和影响。

据研究，许多中性磷（膦）酸酯萃取剂在长期与酸接触或在辐射的作用下，能缓慢降解，产生少量的酸性磷（或膦）酸酯，它们是表面活性剂，能降低界面张力，同时又可能与金属离子生成导致乳化的固体或多聚配合物，提高液滴膜的强度，使乳化液稳定。

也有人研究，稀释剂煤油降解所得含氧化合物与铀形成稳定的复合物，这种复合物是用TBP萃取硝酸铀酰时乳化的主要原因，而且用硝酸氧化过的煤油比未用硝酸氧化过的煤油更易引起乳化。

B 固体粉末成为乳化剂

极细的固体微粒也可能成为乳化剂，这与水和油对固体微粒的润湿性有关。根据对水润湿性能的不同，固体也分为疏水和亲水两类。

在萃取过程中，机械带入萃取槽中的尘埃、矿渣、碳粒及萃取过程中产生的沉淀 $Fe(OH)_3$、$SiO_2 \cdot nH_2O$ 等都可能引起乳化。例如，$Fe(OH)_3$ 是亲水性固体，能降低水相表面张力，是 O/W 型的乳化剂。如图 3-27 所示，此时固体粉末大部分在连续相（水相）中，而只稍微被分散相（有机相）润湿。碳粒是疏水性较强的固体粉末，是 W/O 型乳化剂，固体粉末大部分也是在连续相（有机相）中，而只稍微被分散相（水相）润湿。当固体不在界面上而全部在水相中或有机相中时，则不产生乳化。

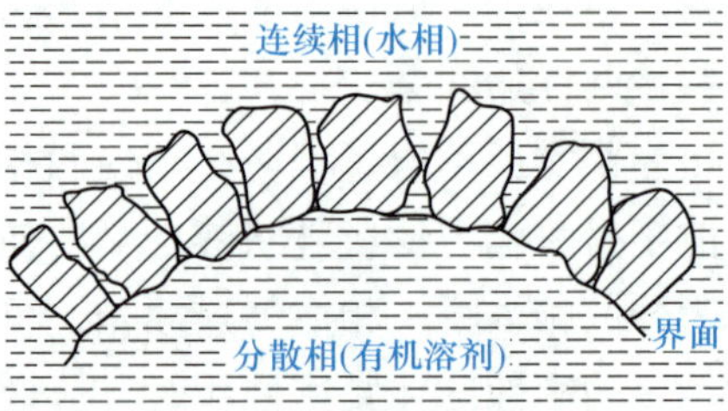

图 3-27 亲水性固体形成乳状液示意图

当能润湿固体的一相，恰好是分散相而不是连续相时，则不引起乳化。因此，萃取体系中如有固体存在，应使能润湿固体的一相成为分散相。这就是在矿浆萃取时，往往控制相比为 3∶1 到 4∶1，甚至更高的原因。矿粒多为亲水性的，采用高相比，则能润湿固体的水相刚好为分散相，此时小水滴润湿固体矿粒，且在颗粒上聚结成大水滴，反而有利于分相。

实验证明，湿固体比干固体的乳化作用大，絮状或高度分散的沉淀比粒状沉淀的乳化作用大。当用酸分解矿石时，表面看起来清澈的滤液中，实质上有许多粒度小于 1 μm 的 $Fe(OH)_3$ 等胶体粒子存在。两相混合时，这部分胶体微粒就在相界面上发生聚沉作用，生成所谓触变胶体（胶体粒子相互搭接而聚沉，产生凝胶，但不稳定，在搅拌情况下又可分散），它们是水包油型乳化剂，由于界面聚沉而产生的这种触变胶体越多，则乳化现象越严重。

如某厂用含钇稀土草酸盐煅烧成氧化物，然后溶于盐酸，用环烷酸萃取制备纯氧化钇，发现当草酸盐煅烧不完全时，会出现乳化现象。这是由于游离碳粒子存在而引起的。此外，在用 P_{204} 萃取分离稀土，P_{350} 或 TBP 萃取分离铀、钍、稀土时，均发现由于料液不清，悬浮固体微粒引起乳化，且乳状液破灭后在相界面积累一层污物的情况。

同理，固体粉末可能引起乳化，但并不一定发生乳化，具体情况视萃取条件及固体粉末的性质和数量而定。

C 水相成分和酸度对乳化的影响

萃取时水相中存在着各种电解质，除了被萃取的金属离子外，还有一些其他的金属离子。此外有机相中的一些表面活性物质，也或多或少在水相中有一定溶解，它们的存在都有可能成为产生乳化的原因。

由于电解质可以使两性化合物溶液的界面张力降低，所以可能造成乳化。实验证明，少量的电解质可以稳定油包水型乳状液。

当水相酸度发生变化时，一些杂质金属离子可能水解成为氢氧化物。如前所述，它们是亲水性的表面活性物质，常常有可能成为水包油型乳状液的稳定剂。其中有些金属离子还可能在水相中生成长链的无机聚合物，使黏度增加，分相困难。

在有脂肪酸存在的情况下，脂肪酸与金属离子生成的盐是很好的乳化剂，如 K、Na、Cs 等+1 价金属的脂肪酸盐是水包油型乳状液的稳定剂，是因为这些离子的亲水性很强。此外，这类盐分子的极性基部分的横切面比非极性基部分的横切面为大，较大的极性基被拉入水层而将油滴包住，因而形成了油分散于水中的乳状液。与其相反，Ca、Mg、Zn、Al 等+2 价和+3 价金属离子的脂肪酸盐都是油包水型乳状液的稳定剂。这些离子的亲水性较弱，它们的脂肪酸盐分子的非极性基碳链不止一个，因而大于极性基，分子大部分进入油层将水包住，形成水分散于油中的乳状液。在应用脂肪酸作萃取剂时，更应注意萃取剂引起乳化的问题。

D 料液金属浓度与有机相萃取浓度对乳化的影响

有些萃取剂，由于它们的极性基团之间的氢键作用，可以相互连接成一个大的聚合分子，例如用环烷酸铵作萃取剂时发生氢键缔合引起的聚合。它们的存在使有机相在混合时使整个分散系的黏度增加，乳状液稳定，难以分层。因此，用这类萃取剂时，一定要稀释，萃取剂的浓度不能太高，如果破坏氢键缔合条件，例如用环烷酸的钠盐代替环烷酸的铵盐，则大大减少乳化趋势。

同样，水相料液浓度过高，则使有机相中金属浓度提高，从而使黏度增加，引起乳化。例如，当用环烷酸萃取稀土时，若水相稀土浓度过高，有机相稀土浓度过大，则容易出现乳化。因此，用环烷酸生产氧化钇，当洗涤段洗水的酸度过高或洗水流量过大时，将已萃取的稀土洗下过多，从而造成萃取段水相稀土浓度不断积累，以致逐步引起乳化。为此，必须控制好料液的稀土浓度、洗水酸度和流量及环烷酸的浓度等。由于控制环烷酸的浓度方便些，故可以允许料液稀土浓度高一些。但是，环烷酸浓度过高，会使有机相黏度增大，同样引起分相困难。

E 其他物理因素的影响

过激烈地搅拌常常使液珠过于分散，强烈地摩擦作用又使液滴带电，难以聚结，而可能引起稳定乳状液的生成。因此，在箱式萃取槽的作业中，适当控制各级搅拌桨的转速，选择恰当的桨叶形状，调整搅拌桨的高度，都是应当予以注意的。

此外，温度的变化也有影响，因为升高温度会使液体的密度和黏度下降。因此在温度不同时，两相液体的密度差和黏度会发生变化，从而影响分相的速度。例如，用 P_{350} 萃取时，如温度太低，则有机相发黏，难以分相。

3.5.4.3 乳化与泡沫的预防和消除

乳状液的鉴别分三步进行：首先观察乳状液的状态，其次分析乳状物的组成，最后鉴别乳化物的类型。乳状物类别的鉴别方法，按胶体化学中介绍的稀释法、电导法、染色法、滤纸润湿法等配合进行，在初步判别乳化原因的基础上进行防乳和破乳试验。

A 料液的预处理

加强过滤，尽量除去料液中悬浮的固体微粒或“可溶性”硅酸等有害杂质。含有硅酸的溶液极难过滤，加入适量的明胶（0.2~0.3 g/L），利用明胶与硅胶带相反的电荷，可以使硅胶凝聚，改善过滤性能。显而易见，明胶加入过量，同样引起乳化。

对于料液中存在的引起乳化的杂质，可以采取事先除去或抑制它们的乳化作用的方法。例如，用环烷酸从混合稀土的氯化物溶液中制备纯氧化钇时，往往有预先水解除铁的作业。在用 P_{350} 从盐酸体系萃取铀、钍时，由于杂质钛引起乳化，所以采用预先水解除钛法。

B 有机相的预处理和组成的调整

新的有机相或使用过一段时间后的有机相，由于其中有可能引起乳化的表面活性物质的存在，所以应该在使用前进行预处理。处理的方法一般是用水、酸或碱液洗涤，要求高时也可用蒸馏或分馏的方法。例如，用环烷酸提取氧化钇的工艺中，使用新配好的有机相容易产生乳化，如果用稀盐酸洗涤有机相，在两相界面间会产生一种薄膜状乳状物。用 P_{350} 从盐酸溶液中萃取铀、钍时，发现使用循环过多次且存放一年多的有机相，有严重乳化和泡沫产生，界面也有很多乳状物。将此有机相先用5%的 Na_2CO_3 溶液处理，水洗几次之后，再萃取时就没有乳化和泡沫产生。

向有机相中加入一些助溶剂或极性改善剂，改变有机相的组成也可以防止乳化。例如，用 P_{204}-煤油从盐酸或硝酸溶液中萃取稀土时，加入少量的TBP或高碳醇可以预防乳化生成，一般认为是由于改善了有机相的极性，降低了有机相的黏度的缘故。有的还认为，P_{204} 和TBP对轻稀土有协萃作用，生成的协合物在有机相中的溶解度增大，是克服乳化的原因之一。环烷酸萃取制备纯氧化钇时，向有机相添加辛醇或混合高碳醇是利用助溶剂破乳的典型例子之一。例如，向24%的环烷酸非极性溶剂-煤油溶液中，加等当量的浓氨水转化成环烷酸铵盐，有机相就成为胶冻状，流动性很差，这说明环烷酸铵盐在非极性溶液中是高度聚合的，它可能通过氢键缔合形成多聚分子，用这样的有机相去萃取硝酸稀土溶液就会造成乳化，引起分相困难。如果往环烷酸-煤油溶液中添加一定量的辛醇，因为极性溶剂辛醇与环烷酸的铵根一端和羰基一端都能生成氢键，从而使高分子中断，因而使有机相的黏度显著下降，流动性能改善，分相效果明显改善。

C 转相破乳法

所谓转相就是使水包油型的乳状液转为油包水型，或者使后者转变为前者。乳化的本质原因是有成为乳化剂的表面活性物质的存在，如果表面活性物质所亲的一相刚好为分散相，则这样的乳状液不稳定。如果体系中含有亲水性的乳化剂，为了避免形成稳定的水包油型乳状液，则需加大有机相的比例，使有机相成为连续相，这样可能达到破乳的目的。例如，当料液中含有较多的胶态硅酸时，或矿浆萃取时含较多亲水固体微粒时，加大有机相的比例就可能克服乳化。在用 P_{350} 从盐酸体系中萃取分离铀、钍和稀土时，增大有机相的比例成功地解决了乳化问题，就是利用这一方法。

D 化学破乳法

加入某些化学试剂除去或抑制某些导致乳化的有害物质的方法叫作化学破乳法。

（1）加入配合剂抑制杂质离子的乳化作用。例如，为了消除硅或锆的影响，可考虑在水相中加入氟离子，使之生成氟配离子的方法。在萃铀工艺中，F^- 往往又是有害的乳化剂，此时可加入 H_3BO_3，使之生成 BF_4^-，从而消除它的乳化作用。但需要注意，加入的配合剂不应与被萃取元素发生配合作用，以免影响萃取效果。

（2）加入表面活性剂破乳。表面活性物质可以成为乳化剂，但在一定的条件下又可能成为破乳剂。如果为了破乳，有时加入戊醇等极性稀释剂，可起到反相破乳作用。因戊醇是亲水性表面活性物质，当乳状液是 W/O 型时，加入戊醇使乳状液在变型时得以破坏。此外，因戊醇有更大的表面活性，所以可将原先的乳化剂顶替出来，但它又不形成坚固的保护膜，故使分散液滴易于聚集，达到破坏乳状液的目的，这种情况又称顶替法。

（3）其他化学破乳剂。例如，加入铁屑使 Fe^{3+} 还原成 Fe^{2+}，从而防止 Fe^{3+} 水解引起的乳化作用，此时铁屑则是一种破乳剂。在 $TBP\text{-}HCl+HNO_3$ 体系中萃取分离锆铪时，加入 Ti^{4+}，可以抑制磷引起的乳化作用。这里与 P_{350}-HCl 体系萃取铀、钍的情况相反，Ti^{4+} 成了一种化学破乳剂。

E 控制工艺条件破乳

如前所述，控制相比可以利用乳状液的转型达到破乳的目的。除此之外，还可以控制一些工艺条件来预防和消除乳化。

溶液 pH 值升高时，某些金属离子会水解，生成氢氧化物沉淀。新鲜的氢氧化物沉淀是良好的乳化剂，所以萃取过程中酸度的控制是重要的。必要时，在不影响萃取作业正常进行的前提下，还可加酸破乳。

提高操作温度，可降低黏度，从而有利于破乳。但是，温度过高会增大有机相的挥发损失，引起设备制造上的困难，大多数情况下还会降低分离系数。因此，除了冬季采取必要的保温措施来预防乳化外，一般不希望采用提高作业温度的办法来防止乳化。

过激的搅拌会造成乳化。为了预防这种原因造成的乳化，应该适当降低搅拌桨转速。但转速太低，混合不均匀，这时可以采取低转速大桨叶的办法加以解决。

知识拓展

中国稀土之父——徐光宪

徐光宪（1920—2015 年），中国科学院院士、物理化学家、无机化学家、教育家，被誉为“中国稀土之父”。

稀土到底有多厉害，美国媒体迫不及待地给出答案：“稀土会影响一切，小到手机、照相机，大到精确制导导弹、火箭卫星，都离不开稀土！”今天我们能够打出稀土这张“王牌”必须感谢中国稀土之父——徐光宪。

1951 年，徐光宪获得美国哥伦比亚大学博士学位。毕业后，他毅然决定回国。读博时，徐光宪的研究方向是量子化学，但 1951 年回国在北京大学化学系任教后，他只干了 6 年，就被钱三强点将抽调出来组建技术物理系，任教研室主任，并开始核燃料萃取的研究，一干就是十多年。

徐光宪重回化学领域，开始研究稀土分离，同样源于国家需要。当时，稀土元素中的镨钕分离是世界级的科研难题。由于技术落后，我国只能从国外高价进口高纯度镨钕金属，这个难题急需解决，1972 年北京大学接到分离镨钕的紧急任务，徐光宪挑起重担。

国际上分离稀土通行的办法是离子交换法和分级结晶法，但这两种办法都存在提取成本高、提取出来的稀土元素纯度低、无法适应大规模工业生产的问题，徐光宪决定另辟蹊径，采用自己在核燃料萃取中研究过多年的老法子——萃取法来进行试验。

当时，没有人相信萃取法可以用在稀土工业生产中。就在徐光宪不舍昼夜研究稀土分离的串级萃取理论时，我国很多产业发展正因稀土元素而受到限制。当时，国外企业与我国几次谈判转让稀土分离技术时，不仅要价很高，而且提出稀土产品必须由他们独家对外经销，这一苛刻条件实际上是要将我国的稀土分离工业变成该公司的海外工厂。历史最终选择了徐光宪，从1972年接下分离镨钕的任务，仅仅四年时间，1976年10月在包头举行的第一次全国稀土萃取会议上，徐光宪就向与会专家讲解了串级萃取稀土分离理论，引起业界广泛关注。

1984年7月10日，64岁的徐光宪专程赶到包头，坚持亲自查看设备和原料。7月15日，包头迎来我国稀土产业发展史上里程碑式的胜利——设备开启，运转仅9天就拿到了合格的纯钕产品。

这次稀土全分离工业试验的成功，粉碎了把我国矿企变为外国企业“海外工厂”的企图，并将我国的稀土分离工艺带到世界先进水平，也为此后的研究和应用打下了基础。很快，全国各地的稀土企业都成功实践了串级萃取理论，极大地缩短了工作周期，并使工艺参数最优化。

从20世纪90年代起，由于我国单一高纯稀土大量出口，使国际单一稀土价格下降一半，人们突然发现：这个领头羊已不再是昔日的美国、法国和日本，而是中国。

综合练习

3-1 简述萃取工艺过程的主要阶段和各段的组成。

3-2 简述稀土分离常用萃取剂的性质和萃取特点。

3-3 P_{204}、P_{507}、环烷酸为何要皂化，皂化后萃取稀土过程有何特点？

3-4 稀土萃取分离体系常用煤油为稀释剂，为何和如何对煤油进行磺化处理？

3-5 在0.1 mol/L HNO_3介质溶液中，用P_{350}分离混合稀土中的镧。镧在料液中的浓度为0.5 mol/L，取10 mL料液，25 mL有机相，萃取平衡后水相中镧的浓度为0.227 mol/L，试计算萃取体系的分配比、萃取率、萃余分数和萃取比。

3-6 在4~5 mol/L HNO_3介质溶液中，用30%TBP-煤油萃取分离铀、钍、稀土元素时，实验测定D_U = 20，D_{Th} = 2.5，D_{RE} = 2×10^{-2}，试计算各元素间的分离系数。

3-7 在萃取分离钍和稀土元素时，已知有原始料液100 L，其中含48 g/L Th，D_{Th} = 1.5，要求萃余水相中C_{Th}<0.04 g/L，问：（1）若用1000 L有机溶剂进行单级萃取，能否达到上述要求？（2）采用单级萃取时，若要达到上述要求需使用多少有机萃取剂？

3-8 试述萃取平衡等温线及其用途。

3-9 简述萃取体系、萃取方式、萃取设备的分类、应用和选择方法。

3-10 试计算容积为1000 L的箱式混合澄清萃取器的有关数据。

3-11　试设计一流量为 10~20 L/min 的浮子流量计。

3-12　氯化稀土料液经过镨钕分离后，反萃液中稀土浓度为 1.4 mol/L，其中各稀土元素的摩尔分数为：Nd_2O_3 89.3%、Sm_2O_3 7.0%、Eu_2O_3 1.0%、Gd_2O_3 + 重稀土 2.7%。现用酸性磷型萃取剂提取 Nd_2O_3，并要求其纯度 $P_{B_1} \geqslant 99.99\%$，收率 $Y_B \geqslant 99.5\%$。已知 $\beta_{Sm/Nd} = \beta'_{Sm/Nd} = 8.0$。试计算分馏萃取的优化工艺参数。

3-13　简述酸性萃取体系萃取稀土元素的基本原理，影响分配比和分离系数的主要因素。

3-14　简述 P_{204} 分组稀土和提铈、P_{507} 全分离稀土、环烷酸提钇和 N_{1923} 提钍等分离工艺流程的特点。

3-15　简述稀土萃取生产前处理过程的主要内容和各工序的操作要点。

3-16　稀土串级萃取体系的启动方式有哪几种，各有何特点？

3-17　简述稀土萃取过程的主要操作与控制方法，如何控制出口浓度与流量？

3-18　简述溶剂萃取过程中形成乳化和泡沫的主要原因，如何消除乳化？

项目 4 稀土化合物的制备

项目4
课件

项目引入

我国从20世纪60年代开始进行稀土化合物的应用研究工作，经过60多年的实践，已经形成了成熟的工艺和技术。近几年来，稀土在新材料领域，特别是磁性材料、能源材料、精密陶瓷、发光材料、超导材料、光通信材料、催化材料中的应用增长速度非常快，稀土化合物的消费量年均增长率高于27.5%。目前我国生产的稀土化合物主要集中在四大类，分别是单一或混合稀土氧化物产品、普通单一或混合稀土化合物盐类产品、特殊物理性能的稀土化合物产品、复合稀土化合物产品。那么，以上四大类稀土化合物是如何制备的，涉及哪些工艺和设备呢？

项目分析

稀土氧化物是主要稀土化合物产品，在一定条件下可转化为各种稀土盐类和氟化物，具有独特的物理化学性质，故氧化物在各领域具有广泛用途。稀土化合物盐类产品基本由稀土氧化物及稀土氯化物经过较为简单的工艺制备。复合稀土化合物是将几种单一稀土化合物或与其他非稀土化合物经过一定的工艺（如共沉淀、机械混合、烧结）进行复合，制备具有特殊用途的产品。特殊物理性能的稀土化合物产品是将稀土化合物进行高纯化、超细化处理之后得到的产品，如抛光粉等。各类稀土化合物的制备需要独特的生产工艺配合相应的生产设备，工艺流程较为复杂。

学习目标

知识目标：

（1）理解氧化还原法提取铈和铕、各种稀土化合物的制备原理；

（2）掌握稀土抛光粉、稀土发光材料等的制备原理、工艺和操作方法；

（3）了解稀土湿法工艺中反应器的工作原理。

能力目标：

（1）能够根据制备原理选择稀土化学反应器及固液分离设备；

（2）能够根据稀土化合物种类，完成制备工作。

素质目标：

培养良好的质量意识和严谨的科学态度。

相关知识

4.1 变价稀土化合物的制备【拓展】

4.1.1 选择性氧化-还原与电位-pH 图

微课4-1
选择性氧化-还原与电位-pH图

稀土元素处于正常的+3 价状态时，各元素的化学性质极其相近。但是，+4 价状态的铈、镨、铽和处于+2 价状态的钐、铕、镱的化学性质与+3 价稀土元素的差异较大。将变价稀土元素氧化或还原，利用这种不同价态化学性质的差异分离稀土元素的方法称为选择性氧化还原法。

在稀土湿法提取工艺中，常用氧化法分离提取铈和用还原法分离提取铕。由前述稀土精矿分解工艺可知，稀土精矿碱分解产物中的铈易被氧化；氟碳铈矿氧化焙烧分解和混合型稀土精矿加纯碱焙烧分解时，其中的铈也被空气中的氧氧化；也可在稀土化合物转型过程中用氧化剂将+3 价铈氧化，而在铈的提取分离过程中又往往需要将+4 价铈还原。铕的提取分离则需将溶液中的+3 价铕还原为+2 价，+2 价铕的化学性质与碱土金属相似，利用这一性质可使之与其他+3 价稀土元素分离。因此，必然存在着氧化剂、还原剂的选择和氧化还原条件的控制问题。表 4-1 为变价稀土元素与有关反应的标准氧化还原电位。

表 4-1 变价稀土元素与有关反应的标准氧化还原电位

电极反应	$E^{\ominus}$/V	电极反应	$E^{\ominus}$/V
$H_2O_2+2H^++2e^- = 2H_2O$	+1.77	$H_2O_2+2e^- = 2OH^-$	+0.88
$Ce^{4+}+e^- = Ce^{3+}$	+1.61	$Fe^{3+}+e^- = Fe^{2+}$	+0.77
$Pr^{4+}+e^- = Pr^{3+}$	+1.60	$Eu^{3+}+e^- = Eu^{2+}$	-0.35
$MnO_4^-+8H^++5e^- = Mn^{2+}+4H_2O$	+1.51	$Zn^{2+}+2e^- = Zn$	-0.76
$O^2+4H^++4e^- = 2H_2O$	+1.23	$Yb^{3+}+e^- = Yb^{2+}$	-1.15

铈的氧化还原电位 $E^{\ominus}_{Ce^{4+}/Ce^{3+}}$ 相当高，并与酸性介质的种类和浓度有关。如在 C_{H^+} = 1 mol/L 的酸度条件下，在 $HClO_4$、HNO_3、H_2SO_4 和 HCl 介质中，铈的氧化还原电位分别为 1.74 V、1.61 V、1.44 V 和 1.28 V。铈在不同酸度条件下氧化还原电位的变化可用 E-pH图即电位-pH 图描述，如图 4-1 所示。

根据 E-pH 图可判断不同氧化剂或还原剂在同一条件下对元素的氧化还原的可能性，或者对同一种氧化剂或还原剂在不同条件下对元素的氧化还原能力进行直观分析。图 4-1 中虚线 a 和 b 分别表示氢电极和氧电极反应体系达到平衡时其电位与 pH 值之间的关系。a、b 两线间的区域为水的热力学稳定区。电位处于该区域内的体系可与水处于平衡；当氧化剂的电位高于 b 线时，会使水分解而析出氧气；当还原剂的电位低于 a 线时，会使水分解而析出氢气。由图 4-1 可知，铈的氧化还原电位与体系的酸碱度有关。在酸性条件下，Ce^{4+} 是强氧化剂，其氧化能力大于氧气、氯气、过氧化氢等，因此这些氧化剂只能在弱酸性或碱性条件下将 Ce^{3+} 或 $Ce(OH)_3$ 氧化为 $Ce(OH)_4$。高锰酸钾、高氯酸的氧化能力强于 Ce^{4+}，在酸性条件下也可将 Ce^{3+} 氧化为 Ce^{4+}。此外，采用电能的方法，外电源电位高于铈的电极电位时也可使铈氧化。当用酸溶解 $Ce(OH)_4$ 时，必须在高酸度下进行，如果加入还原剂，还原剂分解提供电子也可使 $Ce(OH)_4$ 还原为 Ce^{3+}。

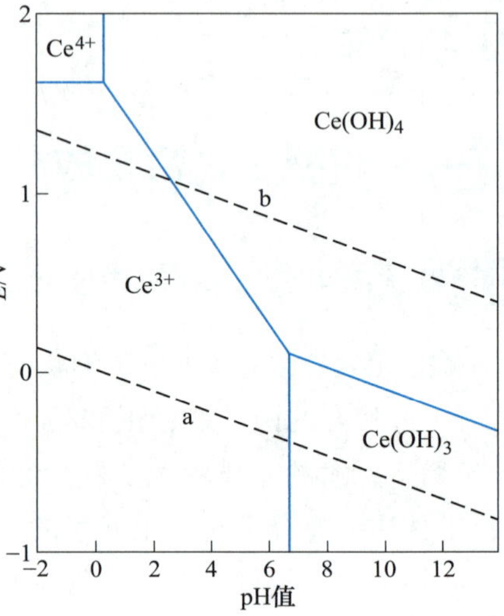

图 4-1 Ce-H_2O 系 E-pH 图

(T=298 K，$a_{Ce^{3+}}=1$)

+4 价铈的碱性弱于+3 价稀土元素，在溶液的 pH 值为 0.7~1.0 条件下可水解，呈氢氧化铈形态沉淀出来。基于此原理，生产中将+3 价铈氧化为+4 价，然后控制酸溶液的 pH 值低于+3 价稀土的水解条件，使+4 价铈与+3 价稀土分离。在高酸度（pH 值大于 1 mol/L）稀土溶液中，磷氧型萃取剂对+3 价稀土元素已失去萃取能力，但对+4 价铈仍有较高的萃取率。利用这一性质，可以从氧化焙烧或加纯碱焙烧稀土精矿的浸出液中，经 P_{204} 萃取分离出纯度大于 99.99%的氧化铈。

比较表 4-1 中的电极电位值可知，在含有 Eu^{3+} 的酸性水溶液中，用锌或电解的方法可将其还原为 Eu^{2+}。经还原所得的 Eu^{2+} 溶液可根据其类似于碱土金属化学性质的特点，选用适当的沉淀剂进行沉淀分离，或用溶剂萃取法或离子交换法提取高纯度的氧化铕。

4.1.2 铈的氧化分离

铈的氧化方法很多，按照氧化方式的不同可以分为气体氧化、化学试剂氧化和电解氧化。生产中选用哪种氧化方法、何种氧化剂，应根据原料的性质和二氧化铈产品的质量要求而定。

微课4-2 铈的氧化分离

4.1.2.1 气体氧化法

气体氧化法所用的氧化剂有氧气（空气）、氯气、臭氧。氯气和臭氧对铈的氧化率高、分离效果好，但因对设备的防腐蚀性和密封性要求很高，在生产中很少应用。以空气代替纯氧的空气氧化法在生产中得到广泛应用，这种方法的原理是利用空气中的氧作氧化剂将+3 价铈氧化成+4 价铈，其反应式为：

$$2Ce(OH)_3 + \frac{1}{2}O_2 + H_2O \longrightarrow 2Ce(OH)_4$$

空气氧化法根据原料的不同和操作方法的不同分为湿法空气氧化、加压空气氧化和干法空气氧化三种。

A 湿法空气氧化

湿法空气氧化是将经过除铀、钍后的稀土氢氧化物调成浆液，或将萃取分离钐铕钆后的轻稀土氯化物溶液加 NaOH 调成碱性，加热到 85 ℃，通入压缩空气进行氧化，然后洗涤过滤，再用硝酸或盐酸优先溶解+3 价稀土，得到铈含量 80%~85%的铈富集物，工艺流程如图 4-2 所示。

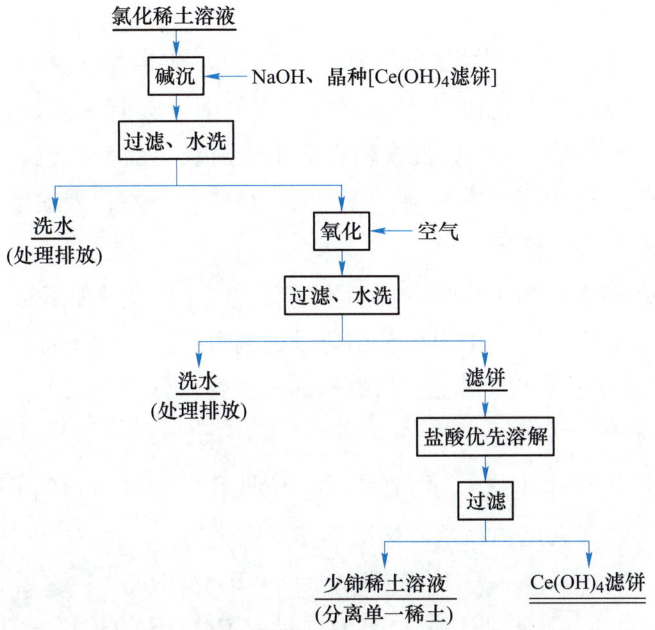

图 4-2 由包头氯化稀土溶液制取氢氧化铈的实验流程

在湿法空气氧化工艺中，影响铈氧化率的主要因素有：

(1) 固液比。浆液中稀土氢氧化物质量与溶液体积之比小，有利于将溶液搅拌均匀，增加空气与氢氧化物的有效接触，从而加快氧化过程。但这一比例过小，将影响设备的利用率，减小产量。经实验确定，固液比控制在 1∶(2~3) 比较合适。

(2) 碱度。铈的氧化在 0.15~0.20 mol/L NaOH 的介质中进行，碱度过低不利于 $Ce(OH)_4$ 的生成，使铈的氧化率降低；碱度过高，将减小氧在溶液中的溶解度，也使铈的氧化率降低。

(3) 温度。铈的氧化反应过程属于多相反应，受动力学因素的影响较大，实验证明升高温度可以加快氧化反应速度。例如，在 70 ℃氧化 30 h，铈的氧化率为 85%；在 85 ℃条件下达到 88%的氧化率只需 5 h。但是，温度过高时，铈的氧化过程进行得较快，生成的 $Ce(OH)_4$ 颗粒细小，洗涤时难以沉降，因此控制在 85 ℃为宜。

(4) 时间。铈的氧化时间与温度有关，在一定的温度条件下，随时间的延长，铈的氧化率增加。实践表明，10 h 以上氧化率可达到 90%，通常控制在 14 h 左右。

B 加压空气氧化

湿法空气氧化操作简单，成本低，劳动条件较好，但铈的回收率和产品 CeO_2 的纯度（约 80%）较低。如果体系中通入压缩空气进行加压氧化，可缩短氧化时间，提高铈的氧化率，如果在 0.49 MPa 压力下，铈的氧化率可达到 96.5%。另有报道，直接用稀土硫酸复盐为原料在碱转化的同时进行加压氧化，压力 0.392 MPa，温度 95~100 ℃，经 45 min 反应可使铈的氧化率达到 95%以上。

C 干法空气氧化

生产实践证明，稀土氢氧化物滤饼置于空气中，在室温下 $Ce(OH)_3$ 可以氧化为 $Ce(OH)_4$。如果在 100~120 ℃温度下使其暴露于空气中干燥 16~24 h，或在 140 ℃下干燥 4~6 h，那么铈的氧化率可达 99%，混合稀土氧化物由灰色变为黄色。干法空气氧化曾用于生产，由于在干燥过程中需经常翻动，粉尘大、操作条件差，因此已很少采用。

4.1.2.2 化学试剂氧化法

由于过氧化氢、高锰酸钾等化学试剂的价格高，对于以生产氧化铈为主产品的工艺过程而言，因其生产成本高，工艺中很少采用化学试剂氧化法。对于提铈后含有少量铈的混合稀土溶液，用此方法可使非铈稀土产品中的铈减少到万分之一以下。

A 过氧化氢氧化法

过氧化氢又称双氧水（H_2O_2），可在碱性、中性和弱酸性（pH 值为 5~6）介质中将+3 价铈氧化为+4 价的氢氧化铈和过氧化铈，其反应式为：

$$2Ce(OH)_3 + H_2O_2 = 2Ce(OH)_4$$

$$2Ce(OH)_3 + 3H_2O_2 = 2Ce(OH)_3OOH + 2H_2O$$

过氧化铈呈红褐色，加热到 85 ℃以上转化为黄色的+4 价氢氧化铈：

$$2Ce(OH)_3OOH = 2Ce(OH)_4 + O_2\uparrow$$

过氧化氢在 85 ℃以上分解为氧和水的速度很快，因此用过氧化氢氧化法分离铈是在室温下将过氧化氢计量加入含铈弱酸性溶液中，并加入氨水将溶液的 pH 值调至 5~6，则+3 价铈被氧化成+4 价，并水解生成红褐色的过氧化铈沉淀。氧化完全后，将溶液和沉淀物加热到 90 ℃，直到红褐色物完全转变为淡黄色的氢氧化铈为止。经过较长时间澄清过滤后，将铈与其他+3 价稀土分离。此法除铈比较完全，且不带入任何有害杂质，过量的 H_2O_2 加热后也完全分解，故生产上常用于进一步除去少量和微量铈。

B 高锰酸钾氧化法

高锰酸钾是强氧化剂，在弱酸性稀土硫酸盐、硝酸盐和氯化物的溶液中，可将+3 价铈氧化成+4 价铈。在不同溶液中的反应依次为：

$$5Ce_2(SO_4)_3 + 2KMnO_4 + 32H_2O = 10Ce(OH)_4\downarrow + K_2SO_4 + 2MnSO_4 + 12H_2SO_4$$

$$3Ce(NO_3)_3 + KMnO_4 + 10H_2O = 3Ce(OH)_4\downarrow + KNO_3 + MnO_2 + 8HNO_3$$

$$3CeCl_3+KMnO_4+8NH_4HCO_3+2H_2O = 3Ce(OH)_4\downarrow+MnO_2\downarrow+KCl+8NH_4Cl+8CO_2$$

上述硫酸和硝酸两个体系的反应中均有酸生成，使溶液的酸度升高，这显然影响 Ce^{4+} 形成 $Ce(OH)_4$ 水解反应的进行。因此，在反应过程中需不断加入适量的碳酸氢铵或碳酸钠，使溶液的酸度保持在 pH 值为 3~4，此条件下可以得到 $w(CeO_2)/w(REO) \geq 95\%$~99%纯度的二氧化铈。在盐酸体系中，则先将 $KMnO_4$ 和 NH_4HCO_3 或 Na_2CO_3 按摩尔比 1∶8 或 1∶4 的混合溶液加入氯化稀土溶液中，保持 pH 值为 4，可以防止氯离子被氧化为氯气而使操作环境变差。

该工艺的操作方法是将浓度（质量分数）为20%的高锰酸钾溶液，在不断搅拌下缓慢加入加热至沸腾的弱酸性稀土溶液中，同时不断加入碳酸氢铵以保持pH值不变，直至溶液出现红色并且不变为止。此法可以较快速有效地除去少量或微量铈，操作也简单，试剂消耗少。但所得铈沉淀物中有 MnO_2 存在，影响产品的纯度和颜色，因而还需要进一步采取其他方法从铈中除锰。

在硫酸稀土的酸性溶液中加入高锰酸钾溶液可以将+3价铈氧化为+4价，反应式为：

$$\frac{3}{2}Ce_2(SO_4)_3 + KMnO_4 + 3H_2SO_4 = 3Ce(SO_4)_2 + \frac{1}{2}K_2SO_4 + MnSO_4 + 3H_2O + \frac{1}{2}O_2$$

铈氧化为+4价后采用 P_{204}-TBP 萃取剂可分离出 $w(CeO_2)/w(REO) \geq 99.99\%$ 高纯度的二氧化铈。

4.1.2.3 电解氧化法

电解含有铈的酸性水溶液，在阳极上将发生 Ce^{3+} 氧化为 Ce^{4+} 的电化学反应。现在用于生产的方法主要是电解氧化-萃取联合法（见图4-3），此方法既体现了电解氧化不用化学试剂的特点又保持了萃取方法提取纯度和收率均很高的优势。在电解氧化-萃取联合法基础上开展的铈电解氧化萃取-电解还原反萃取工艺方面的研究，对进一步降低生产成本及简化生产工艺流程则更有意义。

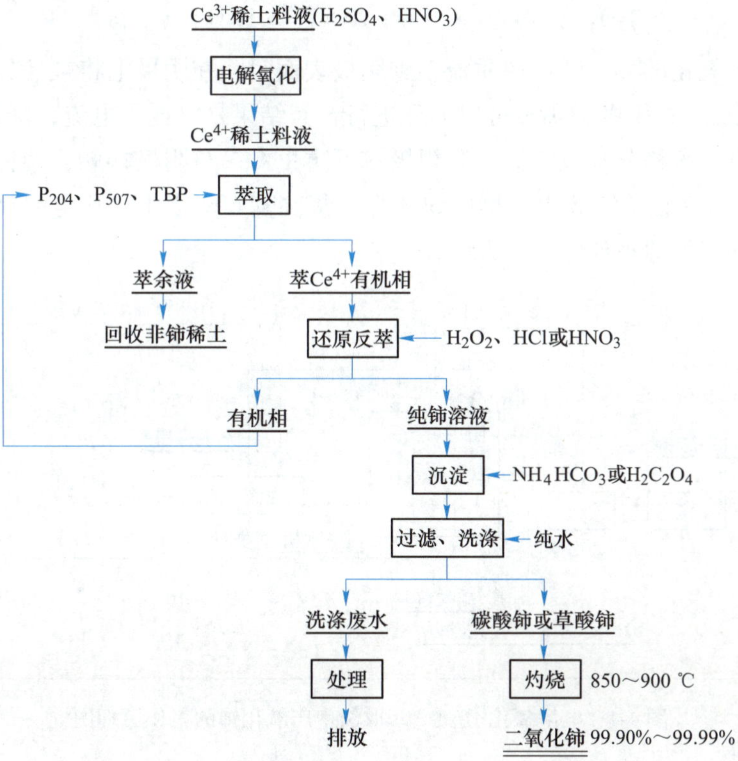

图4-3 电解氧化-萃取提取铈联合流程

电解氧化-萃取提取铈联合流程仅限于硫酸和硝酸体系。这是因为在盐酸体系中 Ce^{4+} 的氧化性高于 Cl^-，而且随电解的进行溶液中 Ce^{4+} 的浓度逐渐升高，Ce^{4+} 对 Cl^- 的氧化能力增大，产生氯气的反应加剧，导致铈的氧化率不高。但是在低酸度下，+3 价铈氧化成+4 价的同时生成 $Ce(OH)_4$ 沉淀，这可以减少 Ce^{4+} 与 Cl^- 接触的机会，提高铈的氧化率。但是，由于沉淀物的分离不好对电解过程影响很大，甚至使操作难以进行，因而在盐酸体系中电解氧化铈难以应用于生产。相比之下，硝酸体系和硫酸体系电解氧化分离铈的方法更容易在工业中实现。

A　硝酸体系

由铂阳极和钛阴极构成的电解槽中电解含铈硝酸稀土溶液，在阳极和阴极将发生下列反应：

阳极反应

$$Ce^{3+} = Ce^{4+} + e^-$$

$$2NO_3^- = 2NO_2\uparrow + O_2\uparrow + 2e^-$$

阴极反应

$$2H^+ + 2e^- = H_2\uparrow$$

$$Ce^{4+} + e^- = Ce^{3+}$$

$$NO_3^- + 4H^+ + 3e^- = NO\uparrow + 2H_2O$$

$$NO_3^- + 2H^+ + e^- = NO_2\uparrow + H_2O$$

当在阳极上氧化的 Ce^{4+} 随电解质流动到阴极表面时，在阴极上将被还原为 Ce^{3+}。这种铈的氧化-还原反应在阳极和阴极可以循环进行，其结果是空耗了电流，降低了电流效率。用离子交换膜将电解槽分割成阳极室和阴极室可防止 Ce^{4+} 与阴极接触，使铈的氧化率达到 95%以上，电流效率由无隔膜电解槽的 30%左右提高到 60%以上。用电解氧化-还原-萃取法生产氧化铈的工作原理如图 4-4 所示。

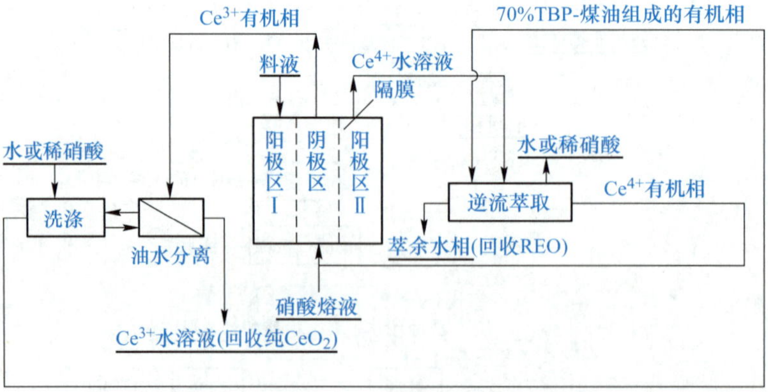

图 4-4　电解氧化-还原-萃取法生产氧化铈的工作原理图

图 4-4 所示的工艺过程主要由以下五个步骤组成：

（1）含有铈的硝酸稀土溶液进入电解槽的阳极区，Ce^{3+}在阳极上被氧化为Ce^{4+}；H^+经过离子交换膜进入阴极区，并在阴极上被还原成氢气放出。

（2）含有Ce^{4+}的阳极区溶液进入逆流萃取槽，Ce^{4+}与TBP萃取剂配合而被萃入有机相，其他+3价稀土元素留在水溶液中与铈分离。为了提高铈的纯度，用水或稀硝酸溶液洗涤有机相，将其中夹带的非铈稀土元素洗回水相，萃余水相可用于进一步分离其他稀土元素。

（3）萃取了Ce^{4+}的有机相与硝酸溶液混合进入阴极区，在阴极表面Ce^{4+}被还原为Ce^{3+}。在阴极区产生的NO或NO_2也参与了Ce^{4+}的还原反应，有机相中的Ce^{3+}被硝酸反萃取至水溶液中。

（4）来到阴极区的有机相和水相的混合液进入油水分离器，使有机相与水相分离。为了完全回收有机相中的铈，用水或稀硝酸溶液洗涤有机相。

（5）经反萃取后的有机相返回萃取槽循环使用，反萃液用草酸或碳酸氢铵沉淀析出相应化合物，再经灼烧即得到高纯度的二氧化铈。

法国罗纳·普朗克稀土厂采用电解氧化-还原-萃取法从硝酸稀土溶液中生产二氧化铈，其生产规模为95~150 t/年，产品纯度为$w(CeO_2)/w(REO)=99.50\%\sim99.99\%$，二氧化铈的收率大于80%。生产采用的工艺条件如下：

（1）料液中稀土浓度$C_{REO}=200\sim300$ g/L，$w(CeO_2)/w(REO)=45\%$；

（2）料液酸度$C_{H^+}=1.7$ mol/L，阴极区硝酸溶液浓度$C_{H^+}=5.0$ mol/L；

（3）阳极Ⅰ区电流密度20 A/dm^2，槽电压3.0 V；

（4）阳极Ⅱ区电流密度7.8 A/dm^2，槽电压2.2 V；

（5）铈氧化率99%，电流效率95%；

（6）阳极产率CeO_2 200~330 kg/(m^2·d)，电耗CeO_2 0.8~1.5 kW·h/kg；

（7）有机相组成：70% TBP+30%磺化煤油；

（8）阳极材料：钛板镀铂，阴极材料：钛板；

（9）隔膜材料：全氟磺酸增强型阳离子交换膜。

B 硫酸体系

硫酸体系中稀土元素的溶解度一般为30~40 g/L，这样低浓度的料液电解时电流效率只有30%左右，阳极产率比硝酸体系电解低5~10倍。生产过程中的电流效率、电耗、阳极产率等项工艺指标显然不如硝酸体系。但是，我国稀土矿物资源约90%为氟碳铈矿和独居石的混合型矿物，其分解方法主要以硫酸焙烧为主，用此工艺中产出的硫酸稀土浸出液为料液进行电解氧化-萃取提取氧化铈，无论在降低生产成本还是在工艺流程的衔接方面都具有一定的优势。

硫酸稀土溶液中插入铂阳极和钛阴极进行电解，将分别发生如下反应：

阳极反应

$$Ce^{3+} = Ce^{4+} + e^-$$

$$2H_2O = O_2\uparrow + 4H^+ + 4e^-$$

阴极反应

$$2H^{+} + 2e^{-} \longrightarrow H_2 \uparrow$$

$$Ce^{4+} + e^{-} \longrightarrow Ce^{3+}$$

硫酸体系电解氧化提取氧化铈的试验研究结果说明，各工艺条件对 Ce^{3+} 氧化的影响规律与硝酸体系中基本相同，得到的最佳操作条件如下：

（1）料液中稀土浓度 $C_{REO} = 30 \sim 40$ g/L，$w(CeO_2)/w(REO) \approx 50\%$，$C_{H_2SO_4} = 0.35 \sim 0.5$ mol/L；

（2）阳极电流密度 8~10 A/dm^2；

（3）阳极产率 CeO_2 50 kg/($m^2 \cdot d$)，电流效率 34%；

（4）铈氧化率 80%~90%，电耗 CeO_2 2.4 kW·h/kg；

（5）阳极材料为钛板镀铂，阴极材料为钛板；

（6）隔膜材料为全氟磺酸增强型阳离子交换膜。

随电解时间的延长，电解质中 Ce^{3+} 浓度不断降低，电流效率也随之下降。特别是电解后期，Ce^{3+} 浓度只有约 2 g/L 时，电流效率仅为 5%~6%。为了提高电流效率，降低电耗，应采用多级电解槽串联的方法，使各电极的电流密度与阳极液的 Ce^{3+} 浓度相匹配，即随着 Ce^{3+} 浓度不断降低，相应降低阳极电流密度。

阳极区产出的 Ce^{4+} 溶液用 P_{204} 或 P_{507} 有机溶剂萃取，与非铈稀土元素分离，可提取高纯度的二氧化铈产品。

4.1.3 铕的还原分离

在含有+3 价铕的酸性水溶液中用锌或电解法可以将其还原为+2 价。用光照射含有+3 价铕的氯化稀土溶液或乙醇及异丙醇稀土溶液，还可以发生光致还原反应。目前，工业上广泛使用锌还原法，电解还原法已进入工业试验阶段，光致还原法还处于实验室研究阶段。经还原得到的 Eu^{2+} 溶液可根据类似于碱土金属化学性质的特点，选用硫酸亚铕-硫酸钡共沉淀法、氢氧化铵沉淀+3 价稀土碱度法、树脂离子交换法和溶剂萃取法等方法提取高纯度的氧化铕。

微课4-3
铕的还原分离

4.1.3.1 锌粉还原-硫酸亚铕-硫酸钡共沉淀法

铕在稀土矿物中的含量很低，轻稀土配分型的矿物中 $w(Eu_2O_3)/w(REO) \leqslant 0.2\%$，我国江西富铕型的矿物中 $w(Eu_2O_3)/w(REO)$ 也不超过 0.93%。锌粉还原-硫酸亚铕-硫酸钡共沉淀法是从含铕较低的氯化稀土溶液中富集铕的方法之一，经过一次沉淀操作铕可以富集几十倍以上，铕的回收率大于 98%。其工艺过程主要由锌粉还原、硫酸亚铕-硫酸钡共沉淀、硝酸分解硫酸亚铕、氢氧化铕沉淀等工序组成，如图 4-5 所示。

A 锌粉还原

由表 4-1 可知，在氯化稀土溶液中，锌能够将 Eu^{3+} 还原为 Eu^{2+}，其反应式为：

$$Zn + 2EuCl_3 \longrightarrow ZnCl_2 + 2EuCl_2$$

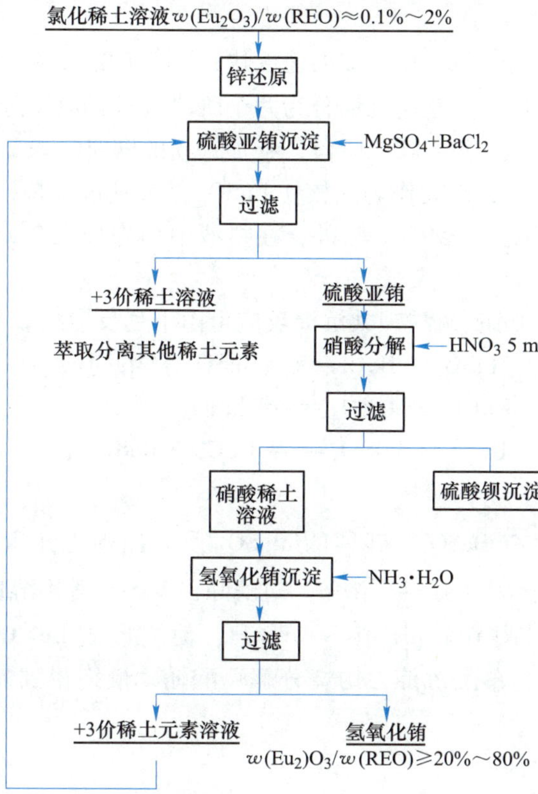

图 4-5 锌粉还原-硫酸亚铕-硫酸钡共沉淀法生产氧化铕流程

+2 价铕离子在还原过程中容易被氢离子氧化，影响铕的还原率：

$$Eu^{2+} + H^+ \xlongequal{} Eu^{3+} + \frac{1}{2}H_2$$

$$Eu^{2+} + H^+ + \frac{1}{4}O_2 \xlongequal{} Eu^{3+} + \frac{1}{2}H_2O$$

为避免以上反应的发生，可以采用如下措施：

（1）降低稀土溶液的酸度，将其控制在 pH 值为 3.0~4.0 的范围内，以减少氢离子对+2 价铕离子的氧化作用；

（2）还原过程在惰性气氛或密闭容器等隔离空气的条件下进行，防止氧参与+2 价铕离子的氧化反应；

（3）还原液过滤时需用煤油、二甲苯等惰性溶剂保护，隔绝空气。

B 硫酸亚铕沉淀

+2 价铕离子具有碱土金属的性质，在酸性溶液中，其硫酸盐为难溶物质。根据这一性质，在含有一定 SO_4^{2-} 浓度的料液中加入锌粉，在 Eu^{3+} 还原的同时 Eu^{2+} 与 SO_4^{2-} 作用生成硫酸亚铕沉淀。SO_4^{2-} 的引入可以采取两种方式：（1）以稀土氧化物为原料时，按原料中 Eu_2O_3 的含量计算硫酸的需要量，并与盐酸配成混合酸溶液，溶解稀土氧化物制备溶液；（2）原料是萃取过程产出的溶液时，为了使溶液的酸度稳定，按原料中 Eu_2O_3 的含量加入硫酸镁或硫酸铵。

溶液中的 Eu^{2+} 浓度高时，$EuSO_4$ 沉淀的速度快；Eu^{2+} 浓度低时，$EuSO_4$ 沉淀速度很慢，而且沉淀不完全。因此，将硫酸亚铕沉淀分为两个阶段进行：第一阶段，是溶液中 Eu^{2+} 在高浓度时的硫酸亚铕自沉淀过程；第二阶段，补加锌粉的同时加入氯化钡，利用 Ba^{2+} 与溶液中 SO_4^{2-} 形成难溶的 $BaSO_4$，以其作为晶核使 $EuSO_4$ 结晶速度加快，二者以类质同晶共沉淀析出，Eu_2O_3 的收率可以达到99%。另外，在料液中预先加入 3 g/L 醋酸，可以提高沉淀物的氧化铕品位。

有硫酸镁参加的硫酸亚铕-硫酸钡共沉淀反应可由下列反应式表示：

$$MgSO_4 + BaCl_2 = BaSO_4 + MgCl_2$$

$$EuCl_2 + MgSO_4 = EuSO_4 + MgCl_2$$

$$EuCl_2 + BaSO_4 = EuCl_2 \cdot BaSO_4 \downarrow$$

C 硫酸亚铕沉淀物的处理

硫酸亚铕沉淀物中含有 $BaSO_4$、残留的 $MgSO_4$ 及非铕稀土元素，处理方法是：先用 5 mol/L 浓度的硝酸在大于 80 ℃条件下溶解，过滤除去 $BaSO_4$ 等不溶物；Eu^{3+}溶液（硝酸溶解时 Eu^{2+}被氧化）用氨水调节至 pH 值不小于 11，使之形成 $Eu(OH)_3$ 沉淀；用水洗涤 $Eu(OH)_3$，再以盐酸溶解，草酸沉淀，灼烧分解草酸铕，最终得到 $w(Eu_2O_3)/w(REO) \geqslant$ 20%~80%的初级产品。

4.1.3.2 锌粉还原-碱度法

经锌粉还原而得到+2 价铕的溶液中加入氨水，将溶液调节成碱性，+3 价稀土则生成难溶的氢氧化物从溶液沉淀出来，由于+2 价铕的化学性质与碱土元素相似，碱性高于+3 价稀土，所以仍留于溶液中。+3 价稀土氢氧化物的溶度积仅为 10^{-24}~10^{-19}，从溶液中沉淀得十分完全，可以得到纯度很高的氧化铕产品，锌粉还原-碱度法也因此而得名。

稀土的氢氧化物沉淀颗粒细不仅带有胶体性质，过滤较困难，而且氢氧化物生成量越大，过滤时间越长，氧化铕的回收率越低。为了减轻过滤负担，锌粉还原-碱度法通常只用 $w(Eu_2O_3)/w(REO) \geqslant 50\%$ 的原料，因此由锌粉还原-硫酸亚铕-硫酸钡共沉淀和锌粉还原+3 价稀土沉淀两种方法才能构成比较合理的生产工艺。图 4-6 是以 $w(Eu_2O_3)/w(REO) \geqslant$ 50%的氯化物溶液为原料的锌粉还原-碱度法提取高纯氧化铕的工艺流程。

+2 价铕溶液的处理过程主要由如下的四个工序组成。

A 氨水沉淀分离+3 价稀土元素

用于碱度法的料液浓度不宜过高，一般以 $C_{REO} = 50 \sim 120$ g/L、$w(Eu_2O_3)/w(REO) \geqslant$ 50%为好。在料液中加氨水沉淀+3 价稀土的同时，溶液中将产生 NH_4Cl。NH_4Cl 与 $Eu(OH)_2$ 生成配合物能稳定地存在于碱性的溶液中。有时为了防止少量的 $Eu(OH)_2$ 和 $RE(OH)_3$ 同时沉淀，降低氧化铕的回收率，可在加入氨水之前，先向料液中加入 80~100 g/L 的精制氯化铵。具体反应如下：

$$RECl_3 + 3NH_3 \cdot H_2O = RE(OH)_3 \downarrow + 3NH_4Cl$$

$$EuCl_2 + 2NH_3 \cdot H_2O = Eu(OH)_2 \downarrow + 2NH_4Cl$$

$$Eu(OH)_2 + 2NH_4Cl = [Eu(NH_3)_2 \cdot 2H_2O]Cl_2$$

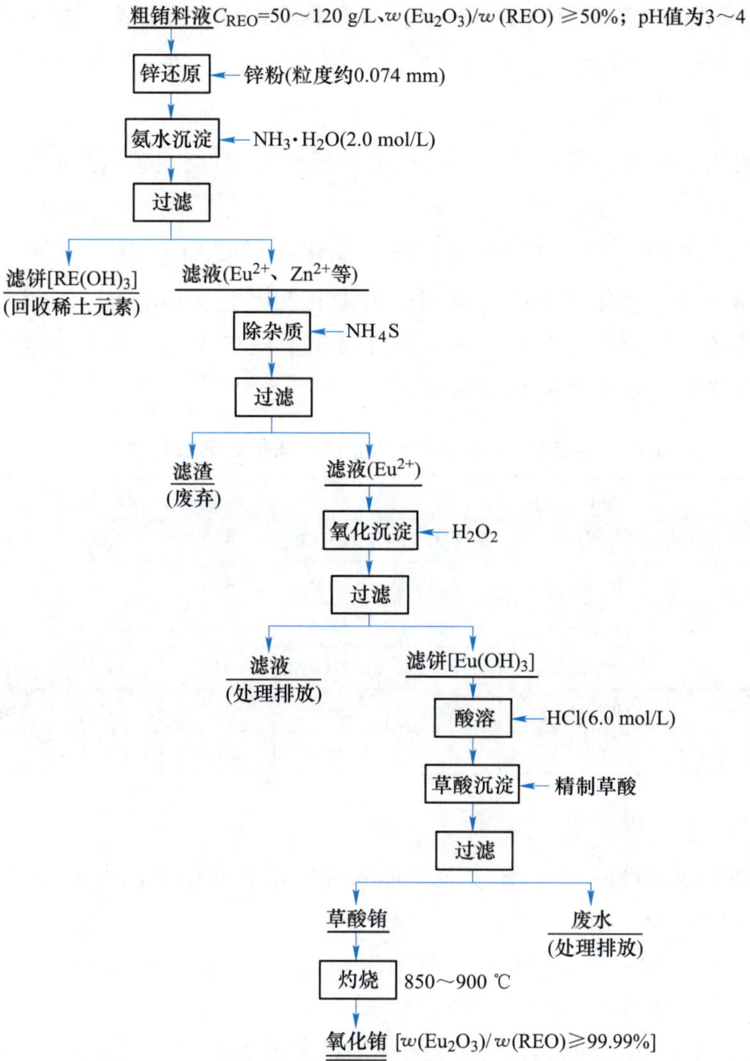

图 4-6 锌粉还原-碱度法提取高纯度氧化铕的工艺流程

料液中除稀土元素外，还有少量的 Cu^{2+}、Zn^{2+}、Ni^{2+}、Pb^{2+}、Ca^{2+} 等杂质。Cu^{2+}、Zn^{2+}、Ni^{2+} 与 NH_3 形成配合物，其配合物稳定常数见表 4-2，配合反应可以表示为：

$$Me^{m+} + nNH_3 \xlongequal{} [Me(NH_3)_n]^{m+}$$

表 4-2 一些离子的配合稳定常数

配合离子	稳定常数 K	配合离子	稳定常数 K
$[Cu(NH_3)_2]^{2+}$	$10^{10.86}$	$[Ni(NH_3)_4]^{2+}$	$10^{7.96}$
$[Cu(NH_3)_4]^{2+}$	$10^{13.32}$	$[Ni(NH_3)_6]^{2+}$	$10^{8.74}$
$[Cd(NH_3)_4]^{2+}$	$10^{7.12}$	$[Co(NH_3)_6]^{2+}$	$10^{5.11}$
$[Zn(NH_3)_4]^{2+}$	$10^{9.46}$	$[Co(NH_3)_6]^{3+}$	$10^{35.2}$
$[Ag(NH_3)_2]^{+}$	$10^{7.05}$	$[Cu(OH)_4]^{2-}$	$10^{18.5}$
$[Cr(OH)_4]^{4-}$	$10^{29.9}$		

溶液中的离子配合实际上是分步进行的，溶液中的 NH_3 浓度越高，杂质 Cu^{2+}、Zn^{2+}、Ni^{2+} 的配合物稳定性越强，在氨水沉淀 $RE(OH)_3$ 时，随 Eu^{2+} 共同存在于溶液中的含量将越高。

B 硫化铵沉淀法除重金属杂质

氧化铕主要用于制备发光材料，对杂质的含量要求很低，特别是对发光有猝灭作用的重金属元素 Co、Ni 等一般限制在百万分之十以下。这仅依靠铵配合物的溶解性质除这些杂质是不能达到要求的，因此可以在过氧化氢氧化、形成 $Eu(OH)_3$ 沉淀之前，用硫化铵沉淀法除重金属杂质，净化的 Eu^{2+} 溶液用过氧化氢氧化生成 $Eu(OH)_3$ 沉淀。$Eu(OH)_3$ 沉淀重新用盐酸溶解，再用草酸沉淀，进一步排除包括铁在内的非稀土元素杂质。表 4-3 是用硫化铵沉淀法除重金属杂质的结果对照表。

表 4-3 经硫化铵沉淀法除重金属杂质的铕溶液化学成分

试样名称	纯度 $(Eu_2O_3/REO)/\%$	非稀土杂质/$(\mu g \cdot g^{-1})$					
		Fe_2O_3	CaO	NiO	PbO_2	CuO	ZnO
除杂质前 1	99.99	3.4	25.0	4.6	12.0	6.0	500
除杂质前 2	99.99	4.8	21.0	—	15.6	12.6	630
除杂质前 3	99.99	—	32.0	4.2	14.1	6.4	850
除杂质前 4	99.99	—	50.0	4.8	11.6	6.7	140
除杂质后（4 次平均值）	99.99	<5.0	<10.0	<4.0	<8.0	<6.0	<20

C 过氧化氢沉淀氧化铕

在加氨水调节成碱性的+2 价铕溶液中加入过氧化氢使铕氧化为+3 价，同时 Eu^{3+} 水解沉淀，其化学反应式为：

$$EuCl_2 + NH_3 \cdot H_2O + H_2O_2 = Eu(OH)_3 \downarrow + NH_4Cl$$

取氢氧化铕沉淀物分析，如果纯度没有达到 $w(Eu_2O_3)/w(REO) \geqslant 99.99\%$ 的要求，可以重复锌粉还原-碱度法分离过程，至其纯度达到要求为止。

D 草酸沉淀

用于制备荧光材料的氧化铕粒度一般为 2~10 μm，直接用氢氧化铕灼烧得到的氧化铕难以符合要求，因此达到纯度要求的氢氧化铕沉淀物还需经过盐酸溶解，草酸沉淀成草酸铕，再灼烧成氧化铕。在草酸沉淀的过程中，非稀土杂质可以得到进一步的净化。

4.2 稀土酸式盐和稀土氧化物的制备【案例】

稀土化合物产品在稀土材料生产中占有极其重要的位置。在稀土精矿分解和稀土元素分离生产中，通过稀土化合物的转型，使稀土元素得以富集和纯化。在稀土金属、合金及各种稀土新材料的生产中，则是以纯化后的稀土化合物为原料，而且大部分稀土应用材料本身就是化合物状态的产品。在稀土湿法冶金工艺中广泛应用的稀土化合物产品有稀土的草酸盐、碳酸盐和硝酸盐。

4.2.1 稀土草酸盐的制备

草酸是净化稀土元素最普遍采用的沉淀剂。由于草酸稀土在酸性介质中溶解度小，而且受热分解为氧化物，从而被用于分离非稀土离子及生产稀土氧化物。

微课4-4
稀土草酸盐的制备

很多金属离子与草酸作用，均能生成难溶于水的草酸盐，它们的溶度积常数见表4-4。在一定酸度条件下，轻稀土草酸盐可定量地以从溶液中沉淀出来。重稀土草酸盐的溶解度明显增加，因为生成了草酸盐的配合物$RE(C_2O_4)_n^{3-2n}$（n=1，2，3）。非稀土草酸盐在酸性溶液中的溶解度较大，因而在沉淀草酸稀土时能与之分离。

表 4-4　各种草酸盐的溶度积常数

草酸盐	溶度积	草酸盐	溶度积	草酸盐	溶度积
$Bi_2(C_2O_4)_3$	4.0×10^{-36}	$Hg_2C_2O_4$	2.0×10^{-13}	CuC_2O_4	2.3×10^{-8}
$Y_2(C_2O_4)_3$	5.3×10^{-29}	NiC_2O_4	4.0×10^{-10}	ZnC_2O_4	2.7×10^{-8}
$La_2(C_2O_4)_3$	2.5×10^{-27}	PbC_2O_4	4.8×10^{-10}	BaC_2O_4	1.6×10^{-7}
$Th(C_2O_4)_2$	1.0×10^{-22}	CaC_2O_4	4.0×10^{-9}	$FeC_2O_4\cdot2H_2O$	3.2×10^{-7}
$MnC_2O_4\cdot2H_2O$	1.1×10^{-15}	$MgC_2O_4\cdot2H_2O$	1.0×10^{-8}		

利用草酸法沉淀稀土元素是目前工业上生产各种单一稀土氧化物普遍采用的工艺，其工艺流程如图4-7所示，主要是利用草酸稀土粒度粗、沉淀完全，在酸性溶液中沉淀能与大多数非稀土元素分离，有较好的净化作用等特性。

生产实践中沉淀草酸稀土的条件为：将含 REO 20～80 g/L 的氯化稀土溶液，用碱调节酸度至0.1 mol/L，加热到80～90 ℃，在搅拌条件下加入固体草酸进行沉淀。草酸用量为理论量的1.15～1.25倍，沉淀30 min后，过滤、洗涤制得草酸稀土。沉淀条件的改变对草酸稀土的物理性能有很大的影响，溶液酸度低，沉淀温度低，沉淀出的草酸稀土则粒度细，不致密，过滤慢；反之，沉淀酸度高，温度高，沉淀出的草酸稀土粒度粗而致密。如果将草酸稀土长时间（20～30 h）地在母液中加热，则草酸稀土的粒度变粗，形成致密而均匀的颗粒。草酸稀土如需再溶解，可先用碱溶液将其转化为氢氧化物沉淀，然后将沉淀溶解在盐酸中。

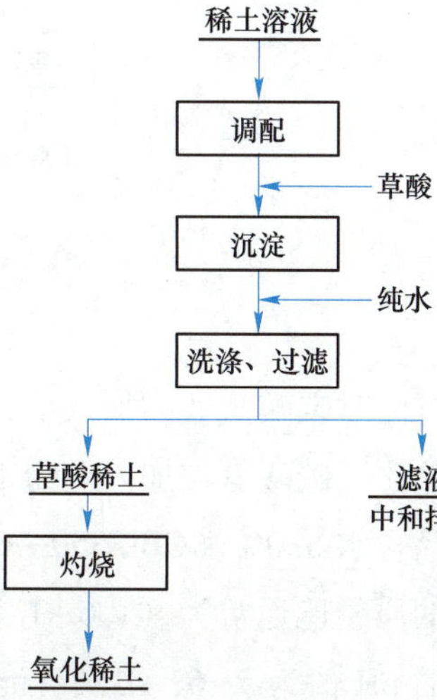

图 4-7　沉淀草酸稀土工艺流程

制得的水合草酸稀土受热时在40～60 ℃开始脱水，至300 ℃左右结晶水完全脱除。$RE_2(C_2O_4)_3\cdot10H_2O$ 的热稳定性随稀土离子半径的减小而减小，而含 2 个、5 个、6 个分子水的草酸盐的热稳定性则相反。无水草酸稀土在约 400 ℃开始分解，到 800 ℃时形成氧化物，其中草酸镧会生成碳酸盐。为保证得到的氧化物中不含碳酸盐，生产上分解温度常控制在 850~900 ℃下，灼烧 1.5~2.0 h。

4.2.2 稀土碳酸盐的制备

稀土碳酸盐主要用于各种体系的转型，也用于生产稀土氧化物或直接用于氟化物体系电解法生产稀土金属或合金的原料。

微课4-5
稀土碳酸盐的制备

4.2.2.1 从稀土氯化物料液中沉淀碳酸稀土

由于碳酸氢铵比草酸便宜，且易得到，故用它与稀土盐溶液生成碳酸稀土沉淀，然后加热得到氧化物，是目前生产稀土氧化物的主要方法之一。

从稀土氯化物溶液中沉淀碳酸稀土可采用正加入或者反加入的加料方法，或者采用两次分步法沉淀。把碳酸氢铵加入稀土盐溶液中称为正加入，反之把稀土盐溶液加入碳酸氢铵溶液则称为反加入。两次分步沉淀法的工艺流程如图 4-8 所示。

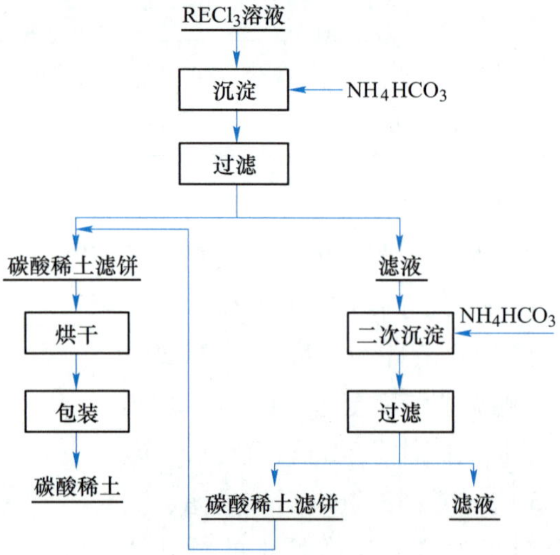

图 4-8 制取碳酸稀土工艺流程

沉淀时碳酸氢铵的加入量，按照沉淀反应式应为溶液中 REO 物质的量的 3 倍。换算成质量比，碳酸氢铵加入量为 REO 质量的 1.445 倍。农用的碳酸氢铵一等品含水 3.5%、合格品含水 5.0%（GB 3359—2001），并考虑适当的过量数，生产中取碳酸氢铵与稀土氧化物的质量比通常为（1.6~1.7）∶1。两次分步沉淀时，一次沉淀按 1∶1 加入碳酸氢铵，沉淀后 pH 值为 5~6；二次沉淀按 0.7∶1 加入碳酸氢铵，沉淀后 pH 值为 7。废液中 $C_{REO}<0.003$ mol/L，沉淀温度 40~50 ℃。

沉淀操作过程是先在沉淀槽中加水至搅拌叶片之上，将水加热至 80 ℃左右；根据料液浓度和体积计算出一次沉淀时碳酸氢铵的需用量，将固体碳酸氢铵加入沉淀槽，并进行搅拌；待碳酸氢铵溶解后，缓慢加入料液，加完后搅拌 10 min，静置 1 h 后过滤；采用真空过滤机过滤时，真空度为 50 kPa，铺两层滤布，在室温下过滤，滤饼用热水淋洗 3~5 次；滤液进入二次沉淀槽，在搅拌下，按计算量缓慢加入碳酸氢铵，加完后继续搅拌 10 min，直至沉淀完全进行过滤，二次滤液排放或浓缩回收氯化铵。

固液分离后的湿碳酸稀土送入烘干炉，在 400~500 ℃温度下烘干 3 h，脱去碳酸稀土中的自由水和大部分结晶水，以达到产品所规定的稀土氧化物含量标准，其化学反应式如下：

$$RE_2(CO_3)_3 \cdot xH_2O \longrightarrow RE_2(CO_3)_3 + xH_2O\uparrow$$

$$(NH_4)_2CO_3 \cdot xH_2O \longrightarrow 2NH_3\uparrow + CO_2\uparrow + xH_2O$$

$$NH_4Cl \longrightarrow NH_3\uparrow \rightarrow HCl$$

将烘干后的物料冷却、混合均匀，然后分批包装。包装袋用塑料编织袋内衬塑料袋，每袋净重 35 kg。

4.2.2.2 从硫酸稀土浸液中沉淀碳酸稀土

国内外市场一度对碳酸稀土的需求很大，包钢稀土研究院和包钢稀土三厂共同研制了从浓硫酸焙烧混合稀土矿水浸液中制取碳酸稀土工艺，并于 1995 年建成了年产 2000 t 碳酸稀土的生产线。

硫酸稀土与碳酸氢铵的反应式如下：

$$RE_2(SO_4)_3+6NH_4HCO_3+xH_2O = RE_2(CO_3)_3 \cdot xH_2O\downarrow +3(NH_4)_2SO_4+3CO_2\uparrow +3H_2O$$

过量碳酸氢铵会与稀土生成碳酸稀土复盐沉淀：

$$8NH_4HCO_3+RE_2(SO_4)_3+yH_2O =$$
$$RE_2(CO_3)_3 \cdot (NH_4)_2CO_3 \cdot yH_2O\downarrow +3(NH_4)_2SO_4+4CO_2\uparrow +4H_2O$$

由于体系中存在大量 SO_4^{2-} 和 NH_4^+，可能会有形成稀土硫酸复盐的反应发生：

$$2RE^{3+} + 2NH_4^+ + 4SO_4^{2-} + 8H_2O = RE_2(SO_4)_3 \cdot (NH_4)_2SO_4 \cdot 8H_2O\downarrow$$

研究认为，控制碳酸氢铵的加入量，即可控制沉淀的化学组成，同时也直接影响稀土收率。为了避免碳酸氢铵过量，实验中确定沉淀反应的最终 pH 值为 7。实验表明，要保证稀土收率 99%，碳酸氢铵（化学纯）与稀土质量比为 1.6 左右。不同温度下沉淀稀土的实验结果见表 4-5，数据表明，温度高于 40 ℃时，稀土收率降低，沉淀中 SO_4^{2-} 含量增高。这可能是由于温度升高，碳酸氢铵易发生分解，使参加反应的碳酸氢铵量低于实际加入的量。另外，升高温度，稀土硫酸盐溶解度降低，稀土硫酸复盐的溶解度也降低，沉淀中 SO_4^{2-} 含量必然增加。综合各项指标认为，温度 40 ℃左右时，有利于形成合格的稀土碳酸盐。实验表明，把硫酸稀土溶液反加入沉淀剂碳酸氢铵溶液的加料顺序，不仅产物吸附的 SO_4^{2-} 量少，稀土收率高，而且反加入操作易得到颗粒粗大的沉淀，较好操作。制得的碳酸稀土全分析结果见表 4-6。

表 4-5 温度对沉淀稀土的影响

沉淀温度/℃	20	30	40	50	60
REO（质量分数）/%	35.1	37.5	48.0	46.5	48.0
SO_4^{2-}（质量分数）/%	1.07	0.92	0.77	1.22	1.43
水分/%	45.2	42.1	30.7	32.3	30.3
稀土收率/%	99.0	98.3	98.9	98.7	97.8

表 4-6 碳酸稀土的全分析数据（质量分数） （%）

REO	Fe_2O_3	SO_4^{2-}	CaO	Na_2O	Cl^-	NH_4^+	水分
54.1	0.054	0.62	0.08	0.0061	0.026	0.96	30

文献所述工艺中，硫酸稀土浸液中 C_{REO} 25~40 g/L，$C_{SO_4^{2-}}$约 51 g/L，C_{MgO}约 10 g/L，pH 值 4~4.5，沉淀剂为农用碳酸氢铵。实验控制一定的条件，水浸液直接与固体碳酸氢铵搅拌混合，不加表面活性剂或凝聚剂，沉淀经过陈化、洗涤、真空过滤或离心机甩干，得到碳酸稀土产品。工业实验的稀土沉淀率大于 98%，碳酸稀土的稀土元素配分与水浸液的基本相同。

经红外分光光度法测定，确认该工艺制得的碳酸稀土是以 Ce、La 为主的混合稀土碳酸盐水合物结晶体。从碳酸稀土电镜照片可清楚地看出，该工艺制得的碳酸稀土为树枝状晶体。这种晶体在三维空间看是由若干层主干和二次结晶轴重叠而成，晶体主干长度 75 μm，二次结晶轴长度 35 μm，晶体厚度 16.6 μm。该工艺制得的碳酸稀土晶粒大小均匀一致，界面棱角分明，晶粒的各界面夹角都为 90°，但长、宽、高不等，说明结晶状态良好，晶体特征明显，粗大松散的晶粒更宜洗涤、过滤脱水。

4.2.3 稀土硝酸盐的制备

目前硝酸稀土应用材料主要有稀土微肥和用作液晶显示器专用蚀刻剂的硝酸铈铵，这两种产品已成为稀土企业的重要产品。

微课4-6
稀土硝酸盐的制备

硝酸稀土产品主要是用做农作物作稀土微肥，同时还应用于畜牧业、养殖业和医疗卫生行业；其次作为提取单一稀土氧化物的原料。

硝酸稀土的生产方法主要有化学法和萃取法。萃取法以萃取 Sm、Eu、Gd 后的萃余液，或提取铈后的富镧液等作原料，用铵皂化后的脂肪酸-煤油体系萃取、水洗涤、硝酸反萃取，得到硝酸稀土反萃取液。萃取条件为：有机相皂化度 30%~40%，有机相与料液比 1∶1，萃取 1 级，洗涤 4 级，反萃取 1 级。反萃取液以 NH_4HCO_3 中和至 pH 值为 4~5.5，经过真空过滤机过滤，滤液通过减压浓缩至 REO 含量达到 37%时，冷却结晶得到水合硝酸稀土产品。硝酸铈铵的制备是用硝酸溶解氧化铈后，浓缩并加入硝酸铵结晶，即得硝酸铈铵产品，其工艺流程如图 4-9 所示。

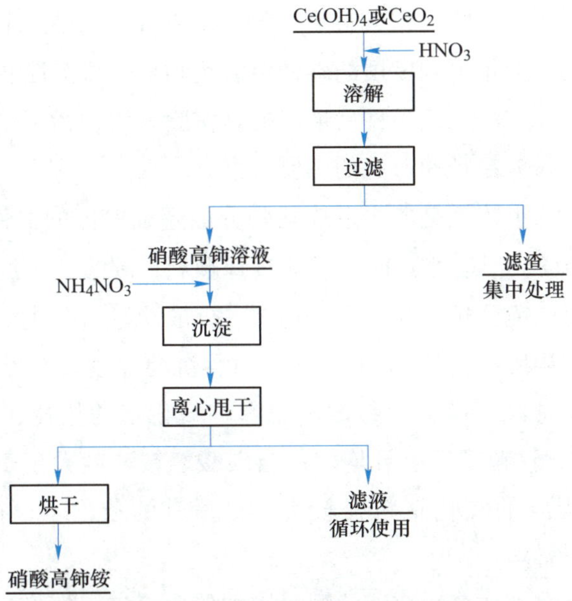

图 4-9 硝酸铈氨制备工艺流程

由于氧化铈难以用硝酸溶解，常用低温（300 ℃）灼烧的纯度大于 99.9%的氧化铈，用硝酸溶解时加少量氢氟酸作为助溶剂，在加热和搅拌下溶解。铈全部溶解后，在搅拌条件下计量加入硝酸铵，得到硝酸铈铵结晶，用离心机过滤甩干、烘干后得到产品。制备过程的主要反应式为：

$$CeO_2 + 4HNO_3 \longrightarrow Ce(NO_3)_4 + 2H_2O$$

$$Ce(NO_3)_4 + 2NH_4NO_3 \longrightarrow (NH_4)_2Ce(NO_3)_6$$

4.2.4 稀土氧化物的制备

稀土氧化物是化学性质最稳定的稀土化合物。用萃取法分离和提纯稀土元素后，通常用草酸盐沉淀法或碳酸盐沉淀法制取高纯单一稀土氧化物，以其作为制备各种稀土新材料的原料。稀土氧化物和其他金属氧化物在一定条件下，可以相互作用生成混合氧化物，从而开发出一系列具有特殊功能的稀土新材料。

4.2.4.1 沉淀法制备超细稀土氧化物

超细稀土化合物有着更为广泛的用途，例如超导材料、功能陶瓷材料、催化剂、传感材料、抛光材料、发光材料、精密电镀以及高熔点高强度合金等都需要稀土超细粉体。稀土超细粉体的制备方法按物质的聚集状态分为固相法、液相法和气相法，目前实验室和工厂广泛采用液相法制备稀土化合物超细粉体。液相法主要有沉淀法、溶胶-凝胶法、水热法、微乳液法、醇盐水解法和模板法等，其中最适合工业化生产的是沉淀法。

沉淀法是把沉淀剂加入金属盐溶液中进行沉淀，然后经过过滤、洗涤、干燥、热分解得到粉体材料。在前述的普通沉淀方法中，灼烧沉淀物稀土氢氧化物及含挥发性酸根离子的稀土盐类就可得到稀土氧化物，但其粒度一般为 3~5 μm，比表面积小于 10 m^2/g，不具有特殊的物理化学性状。近年得到发展的碳铵沉淀法和草酸盐沉淀法制备稀土超细粉体的方法，是在改变普通沉淀方法工艺条件后形成的。实验表明，稀土浓度、沉淀温度、沉淀剂浓度是影响稀土超细粉体粒径和形态的主要因素。

在碳铵沉淀法中，稀土浓度是能否形成均匀分散超细粉体的关键。在沉淀 Y^{3+} 的实验中，当浓度为 20~30 g/L(Y_2O_3 计）时，沉淀过程顺利，碳酸盐沉淀经烘干、灼烧得到氧化钇超细粉体，经透射电镜分析，粒度小、均匀、分散性好。在化学反应中，温度是一个起决定性作用的因素，当反应温度为 60~70 ℃时，沉淀速度较缓慢，这时过滤较快，颗粒松散且均匀，基本呈球状。碳酸氢铵浓度也影响氧化钇的粒径，当碳酸氢铵浓度小于 1 mol/L 时，得到的氧化钇粒径很小且均匀；当碳酸氢铵浓度大于 1 mol/L 时，会出现局部沉淀，造成团聚，得到的氧化钇粒径较大。在适宜的条件下，得到了粒径为 0.01~0.5 μm 的氧化钇超细粉体。

在草酸沉淀法中，在滴加草酸溶液的同时滴加氨水溶液，恒定反应过程的 pH 值，最后得到粒径小于 1 μm 的 Y_2O_3 粉体。先用氨水沉淀硝酸钇溶液得到氢氧化钇胶体，再加草酸溶液转化，可制得粒径小于 1 μm 的 Y_2O_3 粉体。将 EDTA 加入 Y^{3+} 浓度为 0.5~0.25 mol/L 的 $Y(NO_3)_3$ 溶液中时，用稀氨水调至 pH 值为 9，加入草酸铵，在 50 ℃时以 1~8 mL/min 的速度滴加 3 mol/L 的 HNO_3 溶液，至 pH 值为 2 时沉淀完全，可得到粒径为 0.04~0.1 μm 的粉体。

4.2.4.2 共沉淀法制备大比表面积稀土复合氧化物

CeO_2-ZrO_2 复合氧化物固溶体具有高的储氧能力和良好的热稳定性，用作汽车尾气净化三效催化剂受到了广泛关注。由于催化反应一般在表面进行，在催化反应与吸附过程中，大比表面积的 CeO_2-ZrO_2 通常因本身具有更多活性组分，从而表现出更高的催化与吸附活性，所以要求制备大比表面积的 CeO_2-ZrO_2 复合氧化物。

共沉淀法是制备铈锆固溶体较为常用的方法，用碳铵-氨水混合沉淀剂沉淀金属离子，并保持沉淀过程中溶液的 pH 值为 4.5~4.8，沉淀结束后加入一定量的表面活性物质，制备出 $Ce_{0.5}Zr_{0.5}O_2$ 固溶体，其比表面积在 400 ℃下灼烧 2 h 为 155.06 m^2/g，在 1000 ℃下灼烧 2 h 为 25.5 m^2/g。

在 200~1000 ℃下热分解含肼（或肼盐）的铈锆前驱体化合物可得到大比表面积纳米铈锆复合氧化物，该复合氧化物在高温下长时间灼烧仍保持单相。将微波加热技术用于铈锆混合离子的共沉淀反应，可得到比表面积为 125 m^2/g、粒度分布均匀的立方相大比表面积 $Ce_{0.75}Zr_{0.25}O_2$ 复合氧化物。

4.3 稀土氯化物和稀土氟化物的制备【案例】

稀土氯化物和稀土氟化物是从稀土矿物中提取稀土的中间产品，也是制备石油裂化催化剂、熔盐电解法和金属热还原法生产稀土金属和合金等稀土工业的重要原料。

4.3.1 水合稀土氯化物的制备

稀土氯化物溶液经过蒸发结晶制取水合稀土氯化物产品，是稀土精矿分解及稀土元素分离工艺中常用的制取固体氯化稀土方法，根据需要可以用稀土的盐酸优溶液生产混合氯化稀土或用稀土分组后的萃余液生产分组氯化稀土。浓缩结晶是一种物理过程，利用氯化稀土与水二者沸点的差异，对氯化稀土溶液加热去水得到结晶氯化稀土。常压下，氯化稀土溶液的沸点为150 ℃。浓缩通常在小于60 kPa真空度下进行，温度110 ℃，蒸发至溶液中$w(REO)>45\%$时，放出料液，经过冷却结晶生成固体氯化稀土$RECl_3 \cdot nH_2O$。

浓缩罐采用化工生产通用的搪瓷反应罐。反应罐罐体为圆筒形，用10~14 mm厚的普通钢板焊接成夹层式，夹层内可通入加热蒸汽。反应罐底部呈圆弧状，出料管穿过罐底部的夹层直通罐内。罐体的内表面涂敷3 mm厚的耐蚀搪瓷层。罐顶盖用10~14 mm厚的普通钢板压制而成，其内表面涂敷耐蚀搪瓷层。罐的顶盖与罐体采用螺栓紧密联接，盖顶端留有观察孔、加料孔、照明孔、测温孔、放空口及真空接口，观察孔和照明孔用20 mm厚的耐高温玻璃封闭。真空用水喷射泵产生，由循环水泵、储水槽、水喷射泵及真空管道等组成真空系统。由于浓缩过程中蒸发的气体呈酸性，故真空系统需防腐，循环水泵用普通清水泵，水喷射泵用玻璃钢制成或者衬玻璃钢防腐。

浓缩时，加$RECl_3$溶液至浓缩罐容积的80%，开启蒸汽阀门加热溶液。升温至100 ℃时，开启清水泵抽真空，使罐内真空度达到并保持小于60 kPa。应经常观察料液沸腾情况，调整供汽量，以避免料液被抽出。视液体蒸发情况，每隔1~2 h补加一次$RECl_3$溶液。例如，有效容积为3 m^3的浓缩罐，应使每罐最终产品产量达到5 t。浓缩足够时间后，取样快速分析，当REO含量（质量分数）达到45.5%~46.5%，即可出料。一般浓缩24 h可出一批料，出料时关闭真空系统，打开放空阀，并关闭清水泵、蒸汽阀，打开罐底部阀门，将浓缩料放出至位于罐下方的不锈钢制结晶盘内，料层厚10 cm。自然冷却8 h，凝固后破碎、称量和装袋，并编号和取样分析，合格者即为产品。为了防止浓缩所得$RECl_3 \cdot nH_2O$在电解工序脱水过程中生成不溶性的氯氧化物，稀土氯化物溶液在浓缩前加入占REO质量3%~5%的氯化铵，可使生成的氯氧化物又转变成氯化物。

混合氯化稀土产品为浅粉红色或灰白色固体，用作分离单一稀土的原料，或用作熔盐电解法制取混合稀土金属的原料，也可用作制取石油裂解催化剂的原料。固体和液体混合氯化稀土产品化学成分见表4-7和表4-8。

表 4-7 固体混合氯化稀土产品化学成分（GB/T 4148—2015）

产品牌号		字符牌号	$ReCl_3$-45A	$ReCl_3$-45B	$ReCl_3$-45C
		对应原数字牌号	191545A	191545B	191545C
化学成分（质量分数）/%	REO，不小于		45.0	45.0	45.0
	不小于主要稀土组分 REO	La_2O_3	27.0	28.0	37.0
		CeO_2	45.0	45.0	60.0
		Pr_6O_{11}	4.0	8.0	2.0
		Nd_2O_3	14.0	18.0	0.1
	不大于其他稀土组分 REO	Eu_2O_3	0.20	0.01	0.01
		Sm_2O_3	合量 10.0	0.05	0.05
		Gd_2O_3		合量 0.1	合量 0.1
		Tb_4O_7			
		Dy_2O_3			
		Ho_2O_3			
		Er_2O_3			
		Tm_2O_3			
		Yb_2O_3			
		Lu_2O_3			
		Y_2O_3			
	非稀土杂质，不大于	Fe_2O_3	0.05	0.05	0.05
		BaO	0.50	0.50	0.50
		CaO	合量 3.0	合量 2.5	合量 3.0
		MgO			
		ZnO	0.05	—	—
		Na_2O	0.50	0.50	—
		Al_2O_3	0.04	0.04	0.04
		ThO_2	0.03	0.03	—
		SO_4^{2-}	0.05	0.05	0.01
		PO_4^{3-}	0.01	0.01	0.01
		水不溶物	0.30	0.30	0.30
		NH_4Cl	1.0	1.0	1.0

表 4-8　液体混合氯化稀土产品化学成分（GB/T 4148—2015）

产品牌号		字符牌号	$ReCl_3$-260A	$ReCl_3$-260B	$ReCl_3$-260C
		对应原数字牌号	191526A	191526B	191526C
化学成分	REO/(g·L^{-1})，不小于		260	260	260
	不小于主要稀土组分 REO（质量分数）/%	La_2O_3	27	28.0	37.0
		CeO_2	45.0	45.0	60.0
		Pr_6O_{11}	4.0	8.0	2.0
		Nd_2O_3	14.0	18.0	0.1
	不大于其他稀土组分 REO（质量分数）/%	Eu_2O_3	0.20	0.01	0.01
		Sm_2O_3	合量 10.0	0.05	0.05
		Gd_2O_3		合量 0.1	合量 0.1
		Tb_4O_7			
		Dy_2O_3			
		Ho_2O_3			
		Er_2O_3			
		Tm_2O_3			
		Yb_2O_3			
		Lu_2O_3			
		Y_2O_3			
	非稀土杂质 /(g·L^{-1})，不大于	Fe_2O_3	0.15	0.15	0.15
		BaO	1.5	1.5	1.5
		CaO	合量 6.0	合量 6.0	合量 6.0
		MgO			
		ZnO	0.15	0.15	0.15
		Na_2O	1.5	1.5	1.5
		Al_2O_3	0.2	0.2	0.2
		Th_2O_3	0.1	0.1	0.1
		SO_4^{2-}	0.15	0.15	0.15
		PO_4^{3-}	0.025	0.025	0.025
		NH_4Cl	0.1	0.1	0.1
pH 值			2.5~3.5	2.5~3.5	2.5~3.5

4.3.2　水合稀土氯化物的真空脱水

水合稀土氯化物中的结晶水可用加热方法除去。在加热脱水过程中，结晶水是分阶段脱掉的，先逐步生成含水分子的中间水合物，最后转化成不含水分子的无水氯化物。例如，水合氯化镧的脱水步骤为：

$$LaCl_3 \cdot 7H_2O \longrightarrow H_2O\uparrow + LaCl_3 \cdot 6H_2O$$
$$LaCl_3 \cdot 6H_2O \longrightarrow 3H_2O\uparrow + LaCl_3 \cdot 3H_2O$$
$$LaCl_3 \cdot 3H_2O \longrightarrow 2H_2O\uparrow + LaCl_3 \cdot H_2O$$
$$LaCl_3 \cdot H_2O \longrightarrow H_2O\uparrow + LaCl_3$$

各种水合稀土氯化物的完全脱水温度在200 ℃左右，水合氯化物在热分解时总伴随有水解反应：

$$RECl_3 \cdot nH_2O \longrightarrow REOCl + 2HCl + (n-1)H_2O$$

这一反应从150 ℃开始进行，高于230 ℃时生成的REOCl量逐渐增加，直到500 ℃完全变成氧化物。由于$RECl_3$是可溶于水的，而REOCl及RE_2O_3都不溶于水，故将它们通称为水不溶物。这种水不溶物熔点高，在制取稀土金属的过程中会造成金属损失和氧、氯污染金属。因此在加热脱水时应采取有效措施，使其中水不溶物含量小于1.5%、水含量小于0.5%。

为了抑制脱水过程中氯化物发生水解，工业上生产无水稀土氯化物采用在有氯化铵存在下的真空加热脱水方法。加氯化铵的目的在于使脱水过程中产生的水解产物REOCl重新转变为氯化物：

$$REOCl + 2NH_4Cl \longrightarrow RECl_3 + 2NH_3\uparrow + H_2O\uparrow$$

工业上脱水是在卧式脱水窑内进行的，在窑的底部加热，如图4-10所示。氯化铵的加入量为结晶料的30%，可在制备水合氯化物时加入，或将固体氯化铵与水合氯化物混合均匀后装入衬搪瓷的盘内。将盘置于料车的框架上，将料车推入窑内，然后关闭窑门。用真空泵抽气，窑内压力达到约80 kPa时开始加热，逐步升温至400 ℃。在脱水过程中应始终保持在80 kPa以下的压力，脱水周期约36 h。最终产物还不能达到完全脱水程度，但能满足一般熔盐电解制取稀土金属的要求。

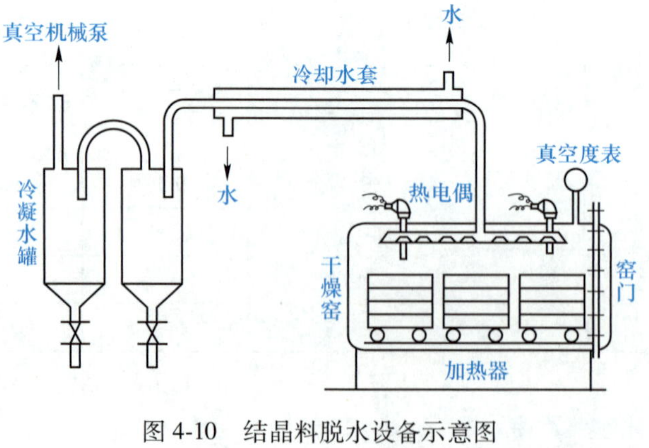

图4-10 结晶料脱水设备示意图

熔融脱水是国内近年来采用的一种新工艺，其方法是将稀土氯化物结晶料加入含碳的高温熔盐中，使之瞬间脱水，同时用氯气为氯化剂，熔盐中生成的水解产物通过氯化反应转变成稀土氯化物：

$$RECl_3 \cdot nH_2O \longrightarrow REOCl + (n-1)H_2O\uparrow + 2HCl$$

$$2REOCl + C + 2Cl_2 \longrightarrow 2RECl_3 + CO_2\uparrow$$

采用熔融脱水氯化工艺不仅能制得无水和水不溶物含量低的无水稀土氯化物，而且由于大多数非稀土杂质的氯化物在熔融脱水温度下容易挥发，从而对电解原料起到进一步除杂提纯的作用。同时，熔融氯化物可直接进电解槽，这对于维持正常电解条件、降低电耗、节约能源和实现电解生产连续化都是很有益的。

4.3.3 稀土氧化物的氯化

用 CCl_4、HCl、NH_4Cl、S_2Cl_4、PCl_5或在有碳存在时的 Cl_2 等氯化剂与稀土氧化物作用，均可直接制取无水氯化物。这种氯化法的效率高，其中的多数氯化剂是用来制取试剂用途的氯化物，工业上大批量生产无水稀土氯化物的常用方法是氯化铵氯化法和碳存在下的氯气高温氯化法。

氯化铵氯化法能得到较纯净的无水稀土氯化物，其反应式为：

$$RE_2O_3 + 6NH_4Cl_3 = 2RECl_3 + 6NH_3\uparrow + 3H_2O\uparrow$$

在该法中，将稀土氧化物与理论计算量 2~3 倍的 NH_4Cl 相混合，在惰性气体保护下，于 200~300 ℃反应，直至反应产物能全部溶于水为止，氯化率达 100%，收率达 90%以上。氯化时间与氯化物料的装入量及反应器的结构有关，氯化温度过高和氯化时间过长都会降低氯化率。然后在 300~320 ℃和 0.067~0.27 kPa 真空下加热氯化物，除去过剩的 NH_4Cl，以免稀土氯化物含氮而被污染。

用四氯化碳氯化时，当加热至 600~700 ℃下发生反应：

$$2RE_2O_3 + 3CCl_4 = 4RECl_3 + 3CO_2(\text{或部分 } CO \text{ 和 } COCl_2)\uparrow$$

用这种方法所得的产物中只含少量的碳杂质。

用氯气氯化稀土氧化物是在碳存在的条件下进行，在 600~700 ℃下发生反应：

$$2RE_2O_3 + 3C + 6Cl_2 = 4RECl_3 + 3CO_2(\text{或 } CO)\uparrow$$

用上述各种方法制得的无水稀土氯化物常有少量氧、碳等杂质，一般能满足熔盐电解法生产稀土金属的要求。有时为了制取高纯氯化物，往往采用真空蒸馏法，将含杂质的稀土氯化物置于真空蒸馏设备中进行蒸馏。在真空度为 5.3×10^{-4} ~ 5.4×10^{-3} kPa、温度为 850~950 ℃条件下蒸馏时，稀土氯化物被蒸发进入上部冷凝器中凝结，而氧（以 REOCl、RE_2O_3 存在）和碳等杂质留在残余物中。

4.3.4 稀土氟化物的制备

氟化稀土较早作为电弧灯用碳电极棒的增光剂和钢铁与非铁合金冶炼的添加剂，氟化稀土的多晶体及单晶体在光学方面也有重要的用途。近年来，氟化稀土作为氟化物体系电解法和金属热还原法生产稀土金属的原料，产量迅速增加。无水稀土氟化物的制备，工业生产中一般采用氢氟酸沉淀-真空脱水氟化法、氟化氢铵干法氟化法和氟化氢气体氟化法等，进行氟化的原料一般都是氧化物。

4.3.4.1 氢氟酸沉淀–真空脱水氟化法

将稀土氧化物用水调成浆，溶解于盐酸中，过滤后将 $RECl_3$ 溶液稀释到100~150 g/L，加热到70~80 ℃，加入浓度为48%的氢氟酸使之产生 $REF_3 \cdot nH_2O(n=0.5\sim1.0)$ 沉淀。将沉淀物澄清过滤后，用80~90 ℃水洗去 Cl^-。将含水料在100~150 ℃烘干，然后在20 kPa以下的压力，以20 ℃/h的速度缓慢升温至450~500 ℃，保温6~8 h进行脱水，这种方法得到的氟化物含有少量的REOF。其反应式为：

$$RECl_3 \cdot 6H_2O + 3HF \xrightarrow{70\sim80\ ℃} REF_3 \cdot nH_2O + 3HCl + (6-n)H_2O \quad (n=0.5\sim1)$$

$$REF_3 \cdot nH_2O \xrightarrow{450\sim500\ ℃} REF_3 + nH_2O$$

氟化过程所用的容器应能耐氟的腐蚀，在烘干和真空干燥时用钼或镍或镍合金制成的容器。该法成本低、批量大，但效率低，流程长。对于高纯稀土氟化物的制备，污染机会也多。

4.3.4.2 氟化氢铵干法氟化法

将稀土氧化物与氟化氢铵混合均匀，在20 kPa左右压力下升温至200 ℃左右保温一定时间，可得到无水稀土氟化物，剩余的氟化氢铵和氟化铵可在600 ℃以下加热除去。氟化反应为：

$$RE_2O_3 + 6NH_4HF_2 \longrightarrow 2REF_3 + 6NH_4F + 3H_2O$$

稀土氧化物加氟化氢铵配料的质量比一般取1∶(1.5~1.2)，可根据氟化时批量的多少、料层的厚薄、原料含水量的高低进行适当调整。将配料后的混合物装入钼或镍合金容器，在加热炉内进行氟化，如图4-11所示。各种稀土氧化物的氟化温度及氟化时间都大致相同。例如，每批加料3 kg RE_2O_3 时，可在10~20 kPa压力和200 ℃下保温3 h进行氟化，在80 kPa压力500 ℃下保温4~5 h脱氨（NH_4F）。该法得到的氟化稀土氧含量较低，氟化率达到97%以上。

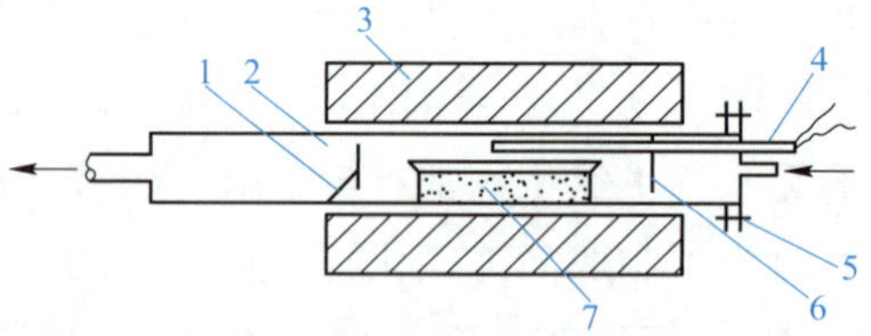

图4-11 干法氟化炉示意图

1—镍挡板；2—镍管；3—电阻炉；4—热电偶；5—青铜法兰；6—挡板；7—炉料

干法氟化具有流程短、操作简便、氟化效率高、产品质量较好和回收率高等特点；不足之处是氟化成本较高，处理量较少，要求排除和回收 NH_4F 气体。

4.3.4.3 氟化氢气体氟化法

用干燥的氟化氢气体与稀土氧化物直接接触反应可制得无水稀土氟化物：

$$RE_2O_3 + 6HF \longrightarrow 2REF_3 + 3H_2O$$

在550~575 ℃下，反应能迅速进行。氟化在镍制的管式炉中进行，用镍舟盛放氧化物料。将炉子快速升温至300 ℃，通入HF气体，在2.5~3 h内继续升温至650 ℃以排除原料中的水分，然后在650~700 ℃下保温4~5 h进行氟化。从炉中排出的剩余HF气体用苏打溶液吸收，或通过干冰冷凝器除去水分后返回使用。氟化结束后炉子冷却至300 ℃左右停止通HF气体，继续冷却至100 ℃出料。

气体氟化的产品质量好，且流程短，操作简便，氟化效率高，产品的回收率高；缺点是反应温度高，操作危险性高，尾气回收困难。稀土氟化物与氯化物不同，其吸水性很弱，却能吸收空气中的气体，所以应将其保存在惰性气体中。

4.4 稀土抛光粉的制备【案例】

4.4.1 稀土抛光粉概述

抛光是光学零件冷加工的主要工序。近年来，化学机械抛光已成为众多高新技术（如平面显示、大规模集成电路及超高精度机械加工）中不可缺少的工业化生产过程，而且这一技术可以与许多相关技术结合，将在未来高技术产业中发挥越来越重要的作用。

玻璃抛光分为光学玻璃抛光和普通玻璃抛光两大类。光学玻璃分为无色、有色、耐辐射、光学石英、微晶玻璃等五类，普通玻璃主要有平板玻璃和瓶玻璃等。最早用于玻璃抛光的是氧化铁（即铁丹），在16世纪前后就有应用，它的抛光不仅速度慢，而且铁锈色的污染无法消除。从1933年开始，氧化铈作为玻璃抛光粉得到应用，在20世纪50年代后期还开发出了以氧化锆为基质的抛光粉。事实上，能抛光玻璃的化合物多为+3价和+4价金属如铁、铝、钛、锆、钍和铬等的氧化物，但能作为基质的主要是氧化铁、氧化铈和氧化锆，其中以氧化铈最好、氧化锆居中、氧化铁最差。特别是在光学玻璃的抛光上，稀土抛光粉由于具有抛光质量好、抛光效率高、寿命长等优点而得到广泛应用。

我国从1958年开始研制氧化铈抛光粉，在以混合稀土氧化物、氟碳铈矿和纯氧化铈为原料生产各种规格的抛光粉方面取得了进展；到20世纪70年代，又开发了添加氟、硅等元素的产品，如739、771等牌号的产品。近年来，为适应光学玻璃聚氨酯高速抛光技术发展的要求，加快了高档次宽口径稀土抛光粉的研制进程，如南昌大学开发的NCU·2000系列超细稀土抛光粉的应用性能指标已达到国际先进水平。目前，我国已有三大品级共11种牌号的铈系稀土抛光粉，有关性能见表4-9。

表4-9 我国稀土抛光粉的品种及有关性能

品级	牌号	主要化学组成（质量分数）/%			平均粒度/μm	密度/(g·cm^{-3})
		REO	CeO_2/REO	F		
低铈	771型	85	48		1~3	6~6.3
	795型	90	50			5.8~6.4
	797型	88	48	4~7	0.5~1.5	5.5~6.4
	817型	90	45	3~6		5.8~6.4

续表 4-9

品级	牌号	主要化学组成（质量分数）/%			平均粒度 /μm	密度 /(g·cm^{-3})
		REO	CeO_2/REO	F		
低铈	877 型	84	48	6~8	0.5~2.0	6.5~7.0
	C-1 型	85	45	4~7		6.5~7.0
	H-500 型	95	50			5.6~6.4
中铈	739 型	90	80	3~6	0.4~1.3	6.4~6.7
高铈	A-8 型	98	99		3~10	6.5~7.5
	TCE 型	95	97	0.2	0.8~2.5	6.5~7.5
	NCU2000 型		99		0.66	6.5~7.5

低铈稀土抛光粉，如771型适用于光学眼镜片及金属制品的高速抛光，797型和C-1型适用于电视机显像管、眼镜片和平板玻璃等的抛光，H-500型和877型适用于电视机显像管的抛光。这类抛光粉成本低，初始抛光能力与高铈抛光粉相当，但使用寿命较低。目前，国内生产的低铈稀土抛光粉的量最多，占总产量的90%以上，除部分出口外，占国内总用量的85%以上。

中铈稀土抛光粉，主要为739型抛光粉，适用于高精度光学镜头，凹凸曲面和照相机镜头等的抛光。与高铈抛光粉比较，该抛光粉可使抛光液的浓度降低11%，抛光速度提高35%，制品的光洁度提高一级，抛光粉的使用寿命提高30%。目前，在一些光学玻璃的高性能抛光中，国内多数企业采用进口抛光粉，为了降低生产成本，也掺用一些国产或进口的739型抛光粉。

高铈稀土抛光粉最早代替了古典抛光的氧化铁粉，主要适用于精密光学镜头的高速抛光。该抛光粉的性能优良，抛光效果好，但由于价格较高，目前国内使用量较少。

就抛光工艺而言，通常由四部分组成：(1) 被抛光的玻璃部件；(2) 抛光液；(3) 一个能保持抛光液与玻璃直接接触的抛光平台；(4) 一个能使抛光平台相对于玻璃表面运动的抛光机。在这一系统中发生一系列化学和机械的作用，抛光粉的种类和制备方法对抛光性能影响很大，但其抛光机理还不清楚，目前有微量抛除、玻璃流动和化学作用论等说法。日本学者通过对抛光层的偏光分析，认为是微量抛除和化学作用的综合。国内的学者首次把抛光粉和玻璃表面的电性相互作用作为抛光过程中的主要因素来考虑，提出了抛光粉在抛光模型及水力场中的运动形式，并与抛光粉的外观形貌相关联，提供了抛光粉设计和质量控制的理论依据。但是，抛光仍然是一个高度经验化的加工过程，还有待于针对各种抛光对象，结合现代分析测试技术对抛光技术和抛光机理进行深入研究，研制新型抛光粉，实现抛光粉应用的系列化和产业化。

抛光粉是抛光加工过程中的关键工艺材料，其主要指标有：化学成分及其稳定性，内部结构，表面稳定性，平整度，耐酸、水、盐等介质的能力，粒度，硬度，密度，悬浮性，加工工艺条件等。抛光粉的粒度和粒度分布对抛光性能影响很大，对于成分和制备工艺一致的抛光粉，粒度越大切削速度越快，但玻璃表面的平均粗糙度越高。因此，各类玻璃的抛光对抛光粉粒度的要求有一定的差异性。例如，平板玻璃和彩电玻壳的表面光洁度要求不高，所用抛光粉的粒度可以大一些，如1~4 μm即可；光学玻璃抛光所需抛光粉的粒度就要严些，若用聚氨酯高速抛光，对粒度和悬浮性要求更严，如平均粒度0.5 μm左右，而且要求粒度分布集中。稀土抛光粉根据其物理化学性质一般使用在玻璃抛光的最后工序进行精磨，其粒度分布在1~10 μm，粒度大于10 μm的抛光粉大多用在玻璃加工初期的粗抛光；粒度小于1 μm的亚微米级稀土抛光粉，由于在液晶显示器与电脑光盘领域的应用逐渐受到重视，产量逐年提高。纳米级稀土抛光粉目前也已经问世，但还处于研发阶段。因此，选择抛光粉种类要从多方面考虑，如玻璃种类、抛光质量要求、抛光设备类型、抛光平台类型、抛光浆液类型等。目前在世界范围内可供选择的抛光粉种类有100种以上，绝大多数是有针对性的，能普遍适用的抛光粉很少。因此，抛光粉研制的重点在于针对应用目标进行物性控制，其难点在于推出能普遍适用的抛光粉产品。

近年来，我国光学玻璃与信息光电材料的发展迅速，在液晶显示屏、硬盘玻璃和半导体抛光方面取得了很大的发展。为了满足这一需要，国内光学加工企业迫切需求能够取代进口的国产抛光粉产品，以降低生产成本，提高生产效益。我国具有丰富的铈资源，为今后持续发展稀土抛光粉奠定了坚实的基础，必将成为世界稀土抛光粉的生产和供应大国。

4.4.2 沉淀法制备低铈抛光粉

目前，常用的低铈抛光粉源于以铈为主的混合稀土，辅之以氟化物、石英、钙、钡、铁和少量其他杂质。其制备工艺是使稀土原料在固态下发生化学变化，从而转化成机械和化学性能均稳定的化合物。稀土氧化物含量为40%~70%，铈含量为稀土含量的50%左右或低于50%，其余由La_2O_3、Nd_2O_3、Pr_6O_{11}等组成，粒度为1~4 μm，这种抛光粉价格相对便宜，切削率高，应用较广，主要用于阴极射线管、平板玻璃和镜片的抛光。

沉淀法制备低铈抛光粉的生产工艺分为合成、焙烧、分级三个工序，原料可以是混合氯化稀土、氢氧化稀土或高品位稀土精矿。与同类稀土化合物产品的要求不同，就抛光粉而言，虽然对化学纯度也有要求，但不是决定因素，而决定因素是其物理性质。因此，稀土抛光粉的制备是在一定化学含量的基础上必须赋予其应有的物理特性，如粒度及其均匀性、晶体性质、硬度、密度等。这些性质必须在制备过程中加以调控，首先是产生抛光粉的母体化合物及其沉淀加工过程，因为它们决定产品的粒度特征和晶体特性。氢氧化铈、碳酸铈和草酸铈，它们的煅烧产品无论在粒度还是在抛光性能上都有较大的差别。除制备工艺外，抛光粉的调配对于提高抛光粉性能起了很大作用。有许多化合物被发现能显著提高抛光效果，因而得到了广泛应用，氢氧化铈、硝酸铈铵、锌盐、锆盐、稀土盐、磷酸盐、硼酸盐及一些表面活性剂等均是稀土抛光粉的优良添加剂。因此，合成方法有多种途径，如合成的中间体有氟碳酸盐、碳酸盐、氢氧化物、草酸盐、硫酸铵复盐等，然后灼烧中间体并分级得到抛光粉产品。

以混合氯化稀土为原料生产低铈抛光粉的工艺过程为：溶液经过除杂处理后，加硫酸铵沉淀硫酸稀土和硫酸铵的复盐，再加氢氧化钠转化成氢氧化稀土，加氟硅酸氟化，将沉淀放入高温炉内进行灼烧，生成氧化稀土和氟氧化稀土的混合物。将此混合物淬火、烘干、破碎后，得到成品抛光粉。该工艺过程的主要化学反应如下：

氯化稀土料液去除钡 $Ba^{2+} + SO_4^{2-} \longrightarrow BaSO_4\downarrow$

复盐沉淀 $2RECl_3 + 4(NH_4)_2SO_4 + 2H_2O \longrightarrow$

$RE_2(SO_4)_3 \cdot (NH_4)_2SO_4 \cdot 2H_2O\downarrow + 6NH_4Cl$

碱转化复盐 $RE_2(SO_4)_3 \cdot (NH_4)_2SO_4 \cdot 2H_2O + 6NaOH \longrightarrow$

$2RE(OH)_3\downarrow + (NH_4)_2SO_4 + 3Na_2SO_4 + 2H_2O$

氢氧化稀土氟化 $6RE(OH)_3 + H_2SiF_6 \longrightarrow 6REF(OH)_2 + H_2SiO_3 + 3H_2O$

混合物灼烧 $REF(OH)_2 \longrightarrow REOF + H_2O\uparrow$

$2RE(OH)_3 \longrightarrow RE_2O_3 + 3H_2O\uparrow$

$$Ce_2O_3 + \frac{1}{2}O_2 \longrightarrow 2CeO_2$$

以混合氯化稀土为原料生产低铈抛光粉的工艺流程如图 4-12 所示，主要工艺过程和条件为：

（1）沉淀。预先将硫酸铵溶解，配成一定浓度的溶液待用。取一定体积经过去除钡处理的氯化稀土溶液，在加热与搅拌条件下缓慢加入硫酸铵沉淀剂，投加比例为 $(NH_4)_2SO_4$ ∶ REO=2.5 ∶ 1（质量比）。待沉淀结束后，取样过滤，分析残液中稀土含量，工艺要求小于 3.5 g/L。

（2）碱转化。将沉淀得到的复盐过滤，调成浆，放入转化桶。在搅拌条件下加入 NaOH 溶液，投加比例为 NaOH ∶ REO=4.8 ∶ 1，在加热条件下转化约 6 h。碱转化后取固体样分析，若用 4 mol/L 盐酸溶解发现溶液浑浊，则说明转化不完全，应继续加碱或加热转化。

（3）清洗、氟化。将转化完全的氢氧化稀土转入清洗桶，用约 50 ℃的热水清热多次至 pH 值为 7。吸去上清液，冷却至室温，按照 F ∶ REO=4%~7%的比例缓慢加入 H_2SiF_6 溶液，并继续搅拌 1 h，以确保氟化完全。氟化结束后过滤并转入离心过滤机甩干。

（4）灼烧、淬火。将稀土化合物装入坩埚，送入电炉灼烧。注意升温时不要将炉门关紧，加热 1~2 h，待水分蒸发后，再关紧炉门，升温到 850 ℃保温 3 h 左右。然后切断电源，打开炉门自然冷却。炉温降到 300 ℃左右时，将稀土化合物倒入装有冷水的淬火桶内进行淬火处理。

（5）后处理。将淬火后的浆料用泵送入高位槽，在搅拌下缓慢加至 0.147 mm（100 目）、0.074 mm（200 目）振动筛进行过滤和分级。分级得到不同粒度的产品，分别在搪玻璃反应锅内加水煮沸清洗数次。过滤后，将固体物料装入铝制容器送入烘箱烘干，烘干温度 200 ℃，烘干时间通常为 24 h。将烘干后的物料破碎，取样分析成分、粒度、密度、抛蚀量等性能，合格后包装入库。

以该法生产的稀土抛光粉平均粒径 1.5 μm 左右，产品中 $w(REO)$ = 85%~90%，$w(CeO_2)/w(REO)$= 48%~50%，$w(F)$ 4%~7%。稀土回收率大于 75%，产品合格率大于 85%，主要原材料单耗为硫酸铵 3.42 kg/kg、30%氟硅酸 0.41 kg/kg、30%液碱 5.11 kg/kg。

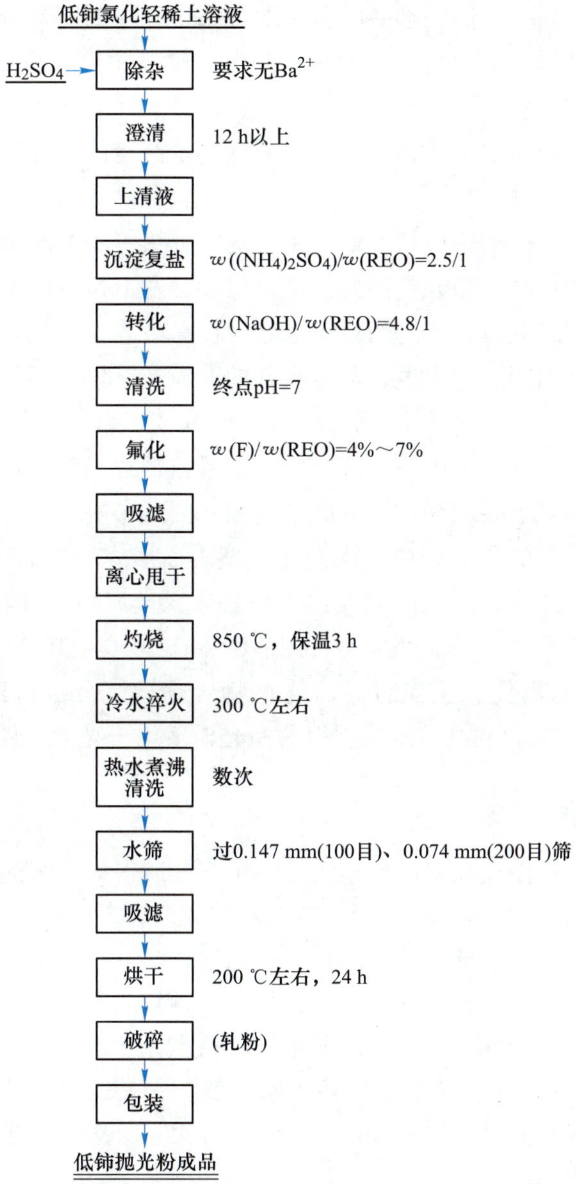

图 4-12　沉淀法生产低铈抛光粉工艺流程

这种工艺较难控制，产品质量不太稳定，杂质含量较高，抛光效果较差，该类产品适用于光学仪器的中等精度中小球面镜头的高速抛光。

4.4.3 固相反应法制备低铈抛光粉

由稀土精矿直接制备抛光粉可省掉繁杂的化学提取过程，使生产成本大大降低，精矿中的氟和硅对于保证产品的抛光效果起着重要作用。用高品位稀土精矿（$w(REO)\geqslant60\%$，$w(CeO_2)/w(REO)\geqslant48\%$），如混合型稀土精矿、氟碳铈矿精矿等为原料，直接用化学和物理的方法加工处理，经过磨粉、煅烧及筛分等作业，可直接生产低铈稀土抛光粉产品，其主要工艺过程为：原料→干法细磨→配料→混合→焙烧→细磨筛分→低铈稀土抛光粉产品。主要设备有：球磨机、混料机、焙烧炉、筛分机等，主要指标为：产品中 $w(REO)>95\%$、$w(CeO_2)\geq 50\%$、稀土回收率不小于95%、产品粒度为1.5~2.5 μm。这种方法工艺简单，生产成本低，产品中杂质含量高，放射性剂量高于国家标准；该产品适合于眼镜片、电视机显像管的高速抛光。

近年有关企业以碳酸稀土为原料，研究了焙烧、分级等工艺环节对低铈抛光粉质量的影响。随着焙烧温度的提高，抛光粉的研削能力增加，在1050~1100 ℃抛光能力达到最大值。这是因为焙烧温度过低时，抛光粉粒子过软，极易破碎，致使机械研磨作用下降；另外，在抛光的单位时间内同时产生过多具有活性的颗粒新鲜破裂面，只有一小部分能与玻璃表面接触，其余部分没有得到利用就被抛光浆饱和了，限制了抛光速度。焙烧温度过高，致使抛光粉粒子过硬，研磨中不易破碎，不易暴露颗粒新鲜表面，晶格缺陷减少，抛光粉活性下降，只能对玻璃表面起机械的磨削作用，因此影响抛光速度。此外，烧得过硬的抛光粉粒子，或是外来的机械杂质，都会在玻璃表面形成划痕而影响抛光效果。因此，在工艺控制中，要避免过度烧结，同时要避免设备带入金属粒子和将机械夹杂带入产品，杂质含量应控制在 3×10^{-6} 以下。研究表明，碳酸稀土在1050~1100 ℃焙烧，焙烧时间3 h，是得到较好研削能力的最佳工艺条件。焙烧产物经粉碎、分级得到产品，粒度分布为0.4~6 μm，平均粒径2 μm左右，该法制得的抛光粉适用于光学高档领域的抛光。

4.4.4 高铈抛光粉的制备

以氧化铈为主的高铈抛光粉采用化学沉淀法生产，所得稀土沉淀经过煅烧成为稳定的氧化物，再研磨成细粉，常含稀土氧化物70%~100%，稀土中氧化铈40%~100%。如以混合稀土分离后的氧化铈、碳酸铈等为原料，以物理化学方法加工成硬度大、粒度均匀细小，面心立方晶体的粉末产品；其优点是成分均一，颗粒的尺寸和形状一致性好，但价格较高，主要用于光学玻璃、光掩膜、液晶显示屏和精密光学镜头的高速抛光。

A-8型稀土抛光粉为一类常用的高铈稀土抛光粉，它是以硝酸铈溶液为原料，碳酸氢氨为沉淀剂，制取碳酸铈盐。碳酸铈经高温灼烧、淬火、分级、烘干等处理过程，得到不同粒度规格的成品抛光粉。

沉淀碳酸铈盐的化学反应式为：

$$Ce(NO_3)_3 + 3NH_4HCO_3 = Ce(HCO_3)_3\downarrow + 3NH_4NO_3$$

碳酸铈盐灼烧的反应式为：

$$2Ce(HCO_3)_3 \longrightarrow Ce_2(CO_3)_3 + 3H_2O + 3CO_2\uparrow$$

$$Ce(CO_3)_3 + \frac{1}{2}O_2 \longrightarrow 2CeO_2 + 3CO_2\uparrow$$

A-8型高铈抛光粉的生产工艺流程如图4-13所示，主要工艺过程和条件如下：

（1）沉淀。在搪瓷锅内加水，在搅拌下加入固体碳酸氢铵，溶解后过滤溶液，并导入高位槽备用。硝酸铈溶液同样经过滤后备用。沉淀在不锈钢桶内进行，先将硝酸铈溶液放入沉淀桶内，在搅拌条件下缓慢加入碳酸氢铵溶液。当沉淀残液的 pH = 8~9 时，停止加碳酸氢铵。取溶液样品，用7%~10%草酸溶液检测稀土是否沉淀完全，若溶液浑浊则要补加碳酸氢铵，直至残液清亮无稀土为止。在沉淀过程中如果发现沉淀物颜色发黄或发红时，要停止沉淀操作。引起的原因主要是原料去除杂质不净，或可能是碳酸氢铵中 Fe^{3+} 含量偏高。处理方法是重新加热原料液进行除杂，更换碳酸氢铵或者降低其他原因引起的 Fe^{3+} 含量。

（2）清洗甩干。虹吸沉淀上清洗，在搅拌下加自来水洗涤6次，再用去离子水清洗4次，至pH值为7~8。每次清洗加完水后继续搅拌10~15 min，将清洗后的碳酸铈放入过滤器进行固液分离，然后转入离心机内脱水。甩干的碳酸铈取样，分析其灼减量。

（3）灼烧、淬火。将碳酸铈装入坩埚送入电炉灼烧，在电炉中加热1~2 h，待大部分水分蒸发后关紧炉门，升温到850 ℃，保温3 h。然后切断电源，打开炉门，降温至300 ℃左右出炉，将物料倒入装有去离子水的淬火桶内淬火。

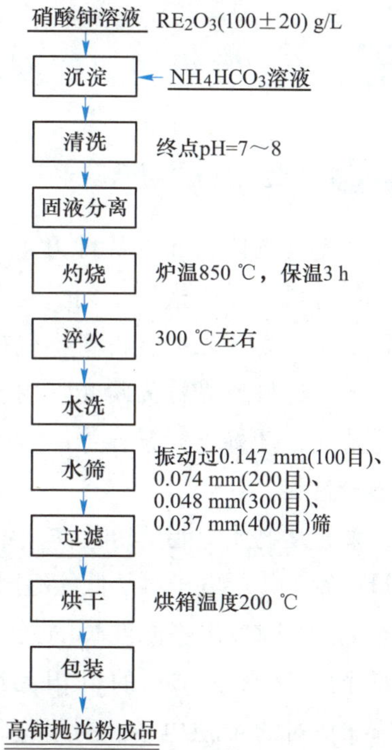

图4-13 A-8型高铈抛光粉的生产工艺流程

（4）后处理。将淬火后的浆料转入搪玻璃反应锅内，煮沸清洗2~3次。然后转入振动筛，用0.147 mm（100目）、0.074 mm（200目）、0.048 mm（300目）、0.037 mm（400目）筛子分级，分别进行过滤。将分级过滤产品转入电烘箱烘干，烘箱温度200 ℃，烘干时间24 h。烘干后取样进行粒度、密度、化学成分、抛蚀量等分析测定，合格后包装入库。

以该法生产的A-8型稀土抛光粉，按平均粒径分为10 μm、7 μm、5 μm、3 μm四种规格，$w(REO)\geqslant98\%$，$w(CeO_2)/w(REO)\geqslant99\%$，稀土回收率不小于85%，产品合格率不小于90%。原材料单耗为 CeO_2 1.176 kg/kg，98%碳酸氢铵1.85 kg/kg。

某企业以碳酸铈为原料，采用固相反应法制备TCE高性能稀土抛光粉。按照一定的比例加水将碳酸铈调浆，用球磨机细磨，球磨9 h粒度达到2 μm后基本上不再减小。将矿浆干燥后进行灼烧，碳酸铈受热分解产生 CO_2 气体，同时作为主要成分的 CeO_2 结晶生长，形成研磨剂的基本性能。灼烧过度会使结晶体过度长大，或者晶体颗粒间产生烧结，引起半熔融，将导致研磨体表面被划伤，特别是反应的 CO_2 气体急剧产生会破坏物料的稳定性和一致性。因此，控制持续稳定的温度，可获得稳定的产品。实验表明，在恒定温度850 ℃焙烧3 h，结晶半径在50~60 nm范围内时，所制得的抛光粉研磨性能良好。X射线衍射图谱和SEM分析表明，此时抛光粉为立方晶 CeO_2，颗粒粒度细而均匀，圆球形边缘呈锯齿状，整体呈葡萄串状，外观为黄白色。焙烧好的物料经过干法粉碎，闭式气流分级，细粉经过分析检测而得到产品。

4.5 稀土发光材料的制备【案例】

4.5.1 稀土发光材料概述

发光是物体内部以某种方式吸收的能量不经过热阶段，直接转化为非平衡辐射的现象。若材料接受能量后立刻引起发光，中断能量供给后几乎立即停止发光（10~100 ns），这种发光称为荧光；若材料不仅接受能量时发光，而且在中断能量供给后的一段时间内仍能发光，这种发光称为磷光。由于很多稀土离子具有丰富的能级且它们的4f层电子具有跃迁特性，使稀土元素成为巨大的发光宝库，为高新技术提供了很多性能优越的发光材料和激光材料。

发光是物质中能量的吸收、存储、传递和转换的结果。当稀土离子吸收光子或X射线等能量以后，4f层电子可从低能级跃迁至高能级；当4f层电子从高的能级以辐射弛豫的方式跃迁至低能级时发出不同波长的光。两个能级之间的能量差别越大，发射的波长越短。在+3价稀土离子中，从Ce^{3+}的$4f^1$开始逐一填充电子，依次递增至Yb^{3+}的$4f^{12}$，它们的电子组态都含有未成对的4f层电子。利用这些4f层电子的跃迁，可产生激光和发光，因此，它们很适合作为激光和发光材料的激活离子。由于受到外壳层（$5s^25p^6$）电子的屏蔽，+3价稀土离子受外界环境影响很小，形成许多不连续的能级，它们近似于自由离子能级。其中Ce^{3+}和Eu^{3+}等离子的发光光谱是宽谱带，或宽谱带叠加锐线谱，而其他+3价稀土离子是锐线谱。没有4f层电子的Yb^{3+}和$La^{3+}(4f^0)$及电子半充满的$Gd^{3+}(4f^7)$和全充满的$Lu^{3+}(4f^{14})$都具有密闭的壳层，俘获电子的概率为零，因此它们都是无色的离子，具有光学惰性，很适合作为发光和激光材料的基质。稀土发光材料通常由两种或多种元素合成一种化合物，在这种化合物中以一种纯物质为基质，掺进少量杂质为激活剂。当激活剂引入基质时，就在发光材料中形成了发光中心。基质接收能量并传递给发光中心供其激发，同时，在基质晶格场的作用下，可以改变激活剂能级使它分裂，从而增强了跃迁概率。

稀土发光材料具有许多优点：吸收能量的能力强，转换效率高；可发射从紫外光到红外光的光谱，特别是在可见光区有很强的发射能力；荧光寿命从纳秒到毫秒跨越6个数量级；它们的物理化学性能稳定，能承受大功率的电子束、高能射线和强紫外光的作用。

稀土发光材料的种类很多，但常见的分类法是根据外界激发方式的不同，将发光区分为阴极射线发光、光致发光、电致发光、放射线发光和X射线发光等。

用电子束激发发光的材料称阴极射线发光材料。这类材料广泛应用于彩电荧光屏、彩色电视投影屏、终端显示器、雷达定位、示波器、夜视仪上，这些应用都是通过阴极射线管（CRT）中涂敷发光材料的荧光屏，把电讯号转变为人眼可视的光信号，以达到显示图像的目的。

光致发光材料是指在光激发下发光的材料，如彩色电视用稀土荧光粉。这类材料还广泛应用在照明上，如日光灯和紧凑型灯用三基色荧光粉、高压汞灯等用荧光粉。光致发光还包括高效长余辉发光、红外发光及其他光源材料。

电致发光（EL）材料是电能直接转换为光能的一类发光材料，与稀土发光材料相关的是薄膜交流电致发光（CTFEL）和粉末直流电致发光（DCEL）。它们的特点是：工作电压低、功耗小、体积小、质量轻、工作范围宽、响应速度快，可制成全固体化的器件，用于微机终端显示。

X 射线发光材料是当 X 射线穿过物体时，形成 X 射线图像，通过荧光屏或增感屏上的荧光粉可转变成光学图像。这个图像可用眼直接观察，也可用胶片照相，或用探测器接收处理。

其他稀土发光材料还有稀土闪烁体、稀土上转换发光及热释发光等材料等。稀土激光材料则是另一种类型的发光，激发态的原子或分子（简称“粒子”）无规则地放出一个光子而转变到正常态，称为自发发射。当激发态的粒子受到一个具有能量等于两个能级间差值（$h\nu=E_1-E_2$）的光子作用，使粒子转变到正常态同时产生第二个光子，称其为受激发射，这样产生的光称为激光（Laser）。

目前，稀土发光材料已广泛应用于显示显像、新光源、X 射线增感屏、核物理和辐射场的探测和记录、医学放射学图像的各种摄影技术中，并向其他高技术领域扩展。

4.5.2 稀土发光材料对原料的要求

稀土发光材料的化学组成和晶格结构对发光性能影响很大，某些杂质即使含量极小都会使材料的发光性能有明显变化，因此要求原料有很高的纯度。按照杂质在基质中的作用不同，除组成发光中心的激活剂外，其他杂质分为猝灭剂、敏化剂和惰性杂质等。

激活剂单独存在时不能激发，与基质组成发光中心后才能激发。含有未成对 4f 层电子的稀土元素都可作为激活剂，由于 Eu、Tb、Tm 有良好的激活性能，故实际材料中常用这几种元素作为激活剂。例如，彩电显像管普遍使用 Eu 激活的硫氧化钇（Y_2O_3S : Eu）红色荧光体、以 Y_2O_3S 为基质、Eu 为激活剂。一种材料可以含有两种激活剂；还有一些杂质与激活剂起协同激活作用，如通过电荷补偿作用使激活离子容易进入基质等，将其称为共激活剂。

猝灭剂是指损害材料发光性能或使材料发光亮度降低的杂质，也称毒化剂。在高效 Y_2O_3 : Eu 材料中，微量的其他稀土杂质和非稀土杂质可起猝灭剂作用。例如，铈的含量为 10^{-6}时，其亮度猝灭作用就很明显，一些与铈的电荷分布相似的元素如 Ti、Zr、Hf 和 Th 在同样含量时荧光体的亮度也会猝灭。碱金属杂质在浓度低于 0.01%时，一般对亮度无害处，但影响颗粒的生长和分布。

敏化剂是有助于激发剂发光，使发光亮度增加的一类杂质。例如，在 Y_2O_2S 中加入痕量 Tb^{3+} 或 Pr^{3+} 后，对 Eu^{3+}、Sm^{3+} 和 Yb^{3+} 的阴极射线发光产生高效的增强效果，它们的发光效率成倍增加。其原理是通过敏化剂离子吸收激发能，把能量传给激活剂离子产生了较高能量的发光。

惰性杂质是指对材料的发光性能影响较小，对发光亮度和颜色没有直接作用的杂质，如碱金属、碱土金属、硫酸盐和卤素等。因其分离比较复杂，对其含量可以不必如猝灭剂那样严格限制。

同一杂质，对不同的发光材料可以有完全不同的作用，如铈是超短余辉材料的激活剂，却是红光材料的猝灭剂。此外，各种杂质具有一定的含量时才能起作用，含量极微的猝灭剂可视为惰性杂质，而过量的激活剂就成了猝灭剂（浓度猝灭）。一般来说，制备发光材料的稀土原料要经过提纯处理，如生产荧光级氧化钇、氧化铕等产品，要求铁、钴、镍、钙等非稀土杂质含量均在 5×10^{-6} 左右，铈、钕、镨和钐等稀土杂质含量均要求小于 5×10^{-6}。

稀土发光材料的组成除了基质和激活剂外，还有助熔剂，有时还添加还原剂等。助熔剂在发光体形成过程中起触媒作用，使激活剂容易进入基质，并促进基质形成微细晶体。常用的助熔剂材料有卤化物、碱金属和碱土金属的盐类，用量为基质的 5%～25%，助熔剂的种类、含量及其纯度都对材料的发光性能有直接影响。

4.5.3 稀土发光材料的制备方法

稀土发光材料有多种制备方法，但制备过程及其原理有共同的规律，在工艺上大致可分为原料准备、配料合成、灼烧、后处理等工艺环节。稀土发光材料的配料合成方法一般有高温固相反应法、软化学法和物理合成法。

4.5.3.1 高温固相反应法

高温固相反应法是合成发光材料的传统方法。其主要过程是按一定化学配比配料，进行研磨并充分混合后装入坩埚中，然后放入高温炉中在某种气氛中进行一定时间的烧结，取出冷却，最后进行粉碎和筛分得到产品。

烧结的作用是充分进行固相反应，以形成基质晶体，使激活剂处于晶体晶格的间隙或置换晶格原子。决定固相反应性的两个重要因素是成核速度和扩散速度。如果产物和反应物之间存在结构类似性，则成核容易进行。扩散与固相内部的缺陷、界面形貌、原子或离子的大小及其扩散系数有关。固相反应是通过颗粒界面进行的，反应的充要条件是反应物必须相互接触。反应物颗粒越细，其比表面积越大，反应物颗粒之间的接触面积也就越大，有利于固相反应的进行。另外，一些外部因素，如温度、压力、添加剂、反应气氛、射线的辐射等，也是影响固相反应的重要条件。

例如，制备 $Y_2O_2S:Eu$ 红色荧光粉时，将 Y_2O_3 和适量的 Eu_2O_3 混合，通常 Eu_2O_3 的加入量为 6%（摩尔分数）。将稀土氧化物、碳酸钠、硫黄与磷酸钾按照 100：30：30：5 的质量比配料，经过球磨混合均匀，放在氧化铝坩埚中压紧并覆盖适量的硫黄和废料，加盖盖严。在空气中于 1150～1250 ℃加热反应 1～2 h，高温出炉，冷却至室温。在紫外线下选粉，用水或 2～4 mol/L 盐酸浸泡后再用热水洗至中性，真空过滤、烘干、过筛，即得白色 $Y_2O_2S:Eu$ 红粉。

反应过程中，加入 K_3PO_4 作为助熔剂。反应温度约 300 ℃时，碳酸钠与硫黄反应生成多硫化钠（Na_2S_x）；多硫化钠进一步与稀土化合物反应生成稀土硫氧化物：

$$Na_2CO_3 + S \longrightarrow Na_2S + Na_2S_x + CO_2$$

$$(1-x)Y_2O_3 + xEu_2O_3 + Na_2S_x + Na_2S \longrightarrow (Y_{1-x}Eu_x)_2O_2S + Na_2O$$

所有稀土硫氧化物（RE_2O_2S）都具有六方晶体结构，非常稳定，不溶于水；熔点都在2000~2200 ℃，La_2O_2S在空气中加热到500 ℃以上才发生氧化。RE_2O_2S（RE＝Y、La、Gd和Lu）都是高效稀土发光材料的基质，它们的体色都是白色的。

利用高温固相法合成稀土发光材料的主要优点是微晶的晶体质量优良，表面缺陷少，余辉效率高，利于工业化生产；缺点是在1400~1600 ℃高温烧结，对设备要求较高，粒子易团聚，需经过球磨减小粒径，使得粒径分布不均匀，发光体的晶体受到破坏，发光性能下降。

4.5.3.2 软化学法

A 溶胶-凝胶法

将金属醇盐或无机盐水解形成溶胶，或经过解凝形成溶胶。使溶胶的溶质聚合凝胶化，再将其干燥、焙烧去除有机成分，最后得到无机材料。这种方法可以获得更细的粒径，无需研磨，且合成温度比传统的合成方法要低，是合成纳米发光材料的方法之一。

新型稀土铝酸锶蓄光材料的各种制备方法都有过报道。溶胶-凝胶法是按化学式计量比将锶、铝、铕、镝的硝酸盐溶液混合，加入一定量的非离子表面活性剂，在60 ℃左右和剧烈搅拌条件下，逐滴滴入氨水溶液形成溶胶，将溶胶缓慢蒸发脱水获得凝胶，初产品以活性炭覆盖在高温炉中于1150 ℃灼烧3~4 h，得到产物。

B 低温燃烧合成法

在燃烧合成反应中，反应物达到放热反应的点火温度时，以某种方式点燃，随后反应由放出的热量维持，燃烧产物即为所需材料。该方法具有安全、省时、节能等优点，是很有应用前景的方法之一。

燃烧法合成稀土铝酸锶蓄光材料是按锶、铝、铕、镝的摩尔比1∶2∶0.02∶0.02，分别称取锶、铝硝酸盐和尿素固体，放入石英坩埚中，加入一定量的溶于硝酸的稀土氧化物溶液，在电磁搅拌条件下于60 ℃缓慢蒸发脱水，获得凝胶状物质。迅速将其移入已预热到600 ℃的炉中，在特定温度下维持几分钟，经剧烈的氧化还原反应，逸出大量气体，进而燃烧，几十秒后，即得泡沫状材料。初级产物还需经活性炭覆盖，在高温炉中于800 ℃还原1~2 h，获得纯白色产物。

C 水热合成法

水热合成法是在高温高压下的水溶液或水蒸气等流体中进行有关化学反应合成超细微粉的一种方法。水热合成法也是合成发光材料的新方法之一。

D 缓冲溶液沉淀法

把缓冲溶液作为一种沉淀介质，将金属盐溶液与之混合生成沉淀，通过洗涤、干燥，然后在一定温度和一定气氛下焙烧，冷却后得到产品。

例如，投影电视CRT用的蓝色稀土荧光粉ZnS∶Ag的制备方法。取一定量荧光纯

ZnS，计量加入 $AgNO_3$ 或 AgCl 溶液，加入 MgCl、NaCl 各 1%左右，用少量去离子水调匀，红外灯下烘干，再与 3.8%的硫黄球磨混合均匀，装入石英坩埚压紧，覆盖 3%的硫黄和废料，加盖于 900~950 ℃下烧结 30~60 min，出炉后自然冷却。经紫外线选粉，然后用 10%的硫代硫酸钠浸泡 1 h，用去离子水洗净、真空过滤、烘干，过 0.065 mm（250 目）筛子得到产品。

软化学方法合成发光材料的共同优点是反应的各组分的混合是在分子、原子级别上进行的，反应能够达到分子水平上的高度均匀性，掺杂范围广，便于准确控制掺杂量，适合于制备多组分体系；合成温度大大降低，产物相纯度高，可获得较小颗粒；设备简单，易于操作。但与高温固相合成法相比，它的合成材料的发光效率低，余辉性能差，结晶质量逊色，晶粒形状难以控制，不易实现工业化生产。

4.5.3.3 物理合成法

（1）微波辐射合成法。微波是指频率为 0.3~300 GHz 的电磁波，依赖于被作用物质的不同，微波可以被传播、吸收或反射，其合成方法是将按化学计量配比的反应物在微波加热条件下进行固相反应。微波电场作用在反应物上，分子本身的热运动和相邻分子之间的相互作用，使分子随电场变化的运动规则受到阻碍和干扰，一部分能量转化为分子杂乱运动的能量，从而使反应物的温度迅速升高。与传统加热方法不同，微波加热是从材料内部产生热，被加热物质的温度梯度和热流与传统加热方法中的相反。因此，被加热物体不受大小及形状的限制，加热速度快，节能，产物纯度高，晶体发育好。溶胶-凝胶法与微波技术相结合，已成为合成发光材料的一种先进技术。但微波加热具有选择性，大多数发光材料采用的原料为极少吸收微波的氧化物，必须在原料外覆盖微波吸收介质才能有效地加热。

（2）CO_2 激光加热气相沉积合成法。采用 CO_2 激光加热气相沉积手段可以获得更小粒径的稀土纳米发光材料，也可以通过控制蒸发室的气压调整纳米微粒粒径的大小（4~18 nm）。但是，在合成 $Y_2O_3:Eu^{3+}$ 纳米发光材料时，当微粒中 Eu 含量超过 0.7%时，将会出现单独的 Eu_2O_3 相，而这种现象在化学法中不曾出现。

（3）发光薄膜制备方法。真空蒸发法可利用电子束加热，能避免热源污染薄膜；高频溅射法是将发光材料压成靶，再在惰性气氛下将其溅射到衬底上。

4.5.4 合成材料的处理

合成材料的处理也称为后处理，包括高温固相烧结材料的研磨，以及各种合成方法所得粉末的洗涤、筛选、覆膜等处理，这些环节常常直接影响发光材料的二次特性，如涂敷性能、老化性能等。

洗涤方法有水洗、酸洗、碱洗等，目的是去除助熔剂、过量的激活剂和其他杂质。助熔剂都是碱金属或碱土金属的盐类，会使材料发黑变质，寿命缩短。据报道，有的发光材料经洗涤后可提高亮度 0.2~1 倍。

对于微米级颗粒常用筛分法，选出粒度比较集中的粉末颗粒，然后测定其粒度分布，要求平均粒径必须符合产品的规定要求。

某些发光材料要求对粉末颗粒进行覆膜处理。例如，为了提高彩电显像管的对比度和抗环境干扰能力，红色和蓝色磷光体表面应分别涂敷红色和蓝色颜料，一般为 $\alpha\text{-}Fe_2O_3$ 和钴蓝，以牺牲荧光体的亮度来换取荧光屏对比度的提高。

4.6 稀土湿法工艺中反应器的选用【案例】

稀土化合物的制备过程主要涉及溶解、结晶、浓缩、过滤、干燥、灼烧等化学和物理的工艺方法和设备。

机械搅拌槽式反应器在稀土湿法提取和化合物产品制备过程中应用极为广泛，反应器的功能是使物料在该设备中进行化学反应。加热往往能提高化学反应常数，加热和搅拌能加速反应物和反应产物的扩散传递，因此，生产中大多采用带加热器和搅拌桨的反应器。本节介绍常压机械搅拌槽反应器的选用，以及与之相关的固体颗粒的悬浮和搅拌速度的计算。

4.6.1 机械搅拌槽的结构及选用原则

机械搅拌槽通常为圆桶形，采用锥形底或锅形底，如图 4-14 所示。壳体用普通钢板焊制，接触酸的反应器，其内表面衬橡胶、搪瓷、软塑料或玻璃钢防腐，结构尺寸（即反应器的容积）取决于完成化学反应所需的时间和反应的批量。在稀土湿法工艺中，根据使用要求的不同，反应器结构尺寸差别很大，尺寸从 $\phi1000$ mm×1200 mm~$\phi2200$ mm×2500 mm，有效容积在 0.5~8 m^3均有使用。

为了加速反应，机械搅拌槽一般均设置加热装置，用热载体（蒸汽、热水、热油等）进行间接加热，如在搅拌槽外装夹层或在反应器内装蛇形管。夹层式搅拌槽结构简单、便于操作，但传热面积有限。由于稀土湿法工艺反应温度不高（一般不高于 100 ℃），同时搅拌可提高传热效率，故采用夹层式加热一般能满足工艺要求。在浓碱液电加热分解工艺中，则通入交流电直接对物料加热。

搅拌浆的主要类型如图 4-15 所示。用于低黏度液体的搅拌浆主要有三叶螺旋桨、六叶透平桨（涡轮）和平板桨。当处理高黏度液体（如高分子絮凝剂溶液）时，或易沉降的稠矿浆时，则需使用锚式桨、螺带桨，它们的搅拌转速比较低，但直径较大，旋转时可以不在槽内留存死角。

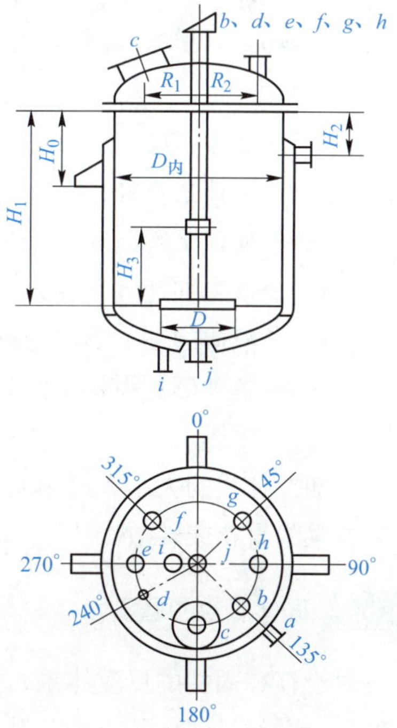

图 4-14 机械搅拌槽工艺图示例

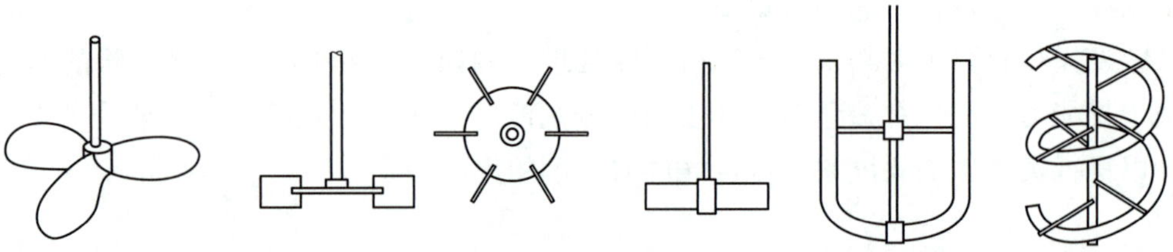

(a) (b) (c) (d) (e)

图 4-15 主要类型的搅拌桨

（a）三叶螺旋桨；（b）六叶透平桨；（c）平板桨；（d）锚式桨；（e）螺带桨

在稀土湿法工艺中，对于不同操作需选择不同的搅拌桨，其选择原则如下：

（1）调合。凡是两种或两种以上的低黏度、互溶液体的混合称为调合，如配制酸溶液即为调合。该过程的控制因素是容积循环，可选用平板桨和三叶螺旋桨。

（2）分散。分散是指两种低黏度、不互溶液体的均匀混合，如稀土的液-液萃取、皂化等，对搅拌的要求是把一相分散成微小颗粒并均匀地分散在连续相中。这类操作对搅拌桨的容积循环及剪切作用都要求较高，宜选用开式平直涡轮搅拌桨。

（3）存在固相的反应体系。稀土生产厂中属于此类操作的有：稀土精矿的浸出，稀土复盐、碳酸盐、草酸盐的沉淀等。这类操作主要要求容积循环好，而对剪切作用的要求居次要地位。建议选用三叶螺旋桨或平直涡轮搅拌桨。

4.6.2 搅拌功率的计算

由流体力学可知，搅拌桨的搅拌功率 N(kW) 为：

$$N = Ad^{5-2m} \cdot n^{3-m} \cdot \rho^{1-m} \cdot \mu^{m}/102g \tag{4-1}$$

式中 ρ——液体密度，kg/cm^3；

d——搅拌桨直径，m；

n——搅拌桨转速，r/s；

g——重力加速度，m/s^2；

μ——液体的动力黏度，Pa · s；

A，m——各种形式搅拌桨的几何特性和实验常数，已被许多研究者求出，可查阅有关手册。

已知搅拌桨的大小，可由式（4-1）计算其搅拌功率；反之，已知功率，也可用来计算搅拌桨的直径或转数。

4.6.3 固体颗粒的悬浮

对于存在固相的反应体系，如稀土浸出或沉淀操作中，保持颗粒悬浮体的分散具有重要意义。颗粒悬浮体的充分分散，有利于增大固液两相的反应界面和传质推动力。

任何密度大于 1×10^3 kg/m^3 的颗粒在水中都受重力作用而沉降。设颗粒粒度为 d，密度为ρ，在 Stokes 阻力范围内，其自由沉降的末速度（m/s）为：

$$v_0=\frac{(\rho_s-\rho_0)d^2}{18\mu}g \tag{4-2}$$

式中 ρ_s——固体粒子的密度，kg/m^3；

ρ_0——介质的密度，kg/m^3；

μ——介质黏度，Pa·s；

g——重力加速度，m/s^2。

在 25 ℃水中，$v_0=54.50(\rho_s-1)d^2$。

然而，对于微米级颗粒，介质分子热运动对它的作用逐渐显著，引起了它们在介质中的无序扩散运动，即所谓布朗运动。图 4-16 给出了不同粒度的颗粒因重力作用（或离心力作用）而引起的单位时间沉降距离和因布朗运动而引起的单位时间的位移之间的关系。由图 4-16 可见，当粒度 $d=1.2$ μm 时，单位时间的重力沉降距离与扩散位移相等。因此，粒度在 1 μm 以下的颗粒，在水介质中将主要受介质分子热运动的作用，而做无序的扩散运动，重力的作用对它们显得较为次要，颗粒不再表现出明显的重力沉降运动。对于亚微米级和纳米级颗粒，重力沉降作用衰退到可以完全忽略不计的程度。这种超细粉体在适当条件下，本来可以稳定地分散、悬浮在水介质之中，但事实上它们往往受分子作用力等吸引力的影响而团聚沉降。

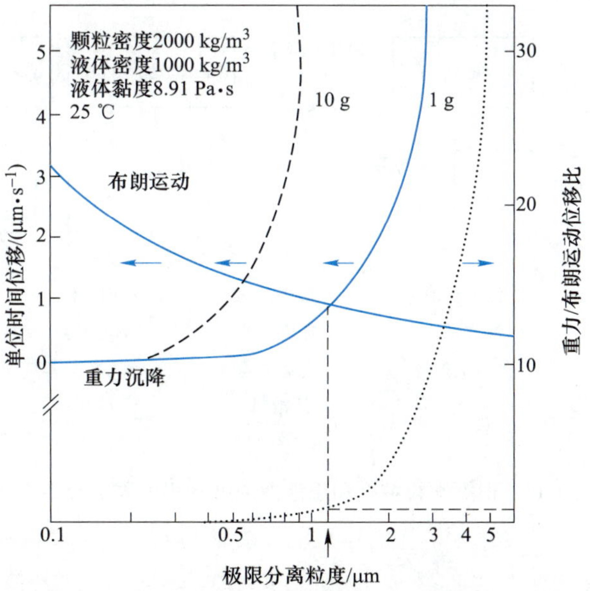

图 4-16 重力作用与布朗运动单位时间位移的比值

从理论上讲，只要创造一定速率的流体上升运动，就可以使具有相应沉降速度的颗粒悬浮。当固体浓度大于 3%时，可用比自由沉降速度小的干涉沉降速度代替。

在搅拌槽中，可以通过适当的搅拌使颗粒悬浮体处于强湍流之中，从而保证其适当的悬浮状态。下面给出一些搅拌槽的典型能量消耗水平及与之相对应的颗粒悬浮状态。

(1) 低功率 (0.2 kW/m^3): 轻质固体悬浮, 低黏度液体混合;

(2) 中等功率 (0.6 kW/m^3): 中等密度固体悬浮, 液-液相接触;

(3) 高功率 (2 kW/m^3): 重质固体悬浮, 乳化;

(4) 极高功率 (4 kW/m^3): 捏塑体、糊状物等的混合。

当所有的颗粒均处于运动状态, 且没有任何颗粒在反应器底的停留时间超过 1~2 s 时, 颗粒体系完全悬浮, 保证完全悬浮的最低搅拌速度可以通过有关公式计算。实践表明, 桨叶式搅拌桨的直径 d 与回转速度 n 成反比关系:

$$nd = k \tag{4-3}$$

式中 k——常数 (m/s), k 值一般取 2.6~3.2 m/s 时混合效果较佳。

根据已知桨叶的直径, 按式 (4-3) 可以确定转速的大小。

4.7 固液分离

固液分离是利用某些分离方法或技术将液体悬浮液的液相和固相分开的过程。实现固液分离的方法很多, 选择固液分离方法和设备的基本依据是所处理悬浮液中固体颗粒的粒度和固体含量 (即浓度), 如图 4-17 所示。稀土湿法工艺中常用的固液分离方法和设备多为间歇操作的重力沉降、离心沉降、真空过滤、压滤和离心过滤等。

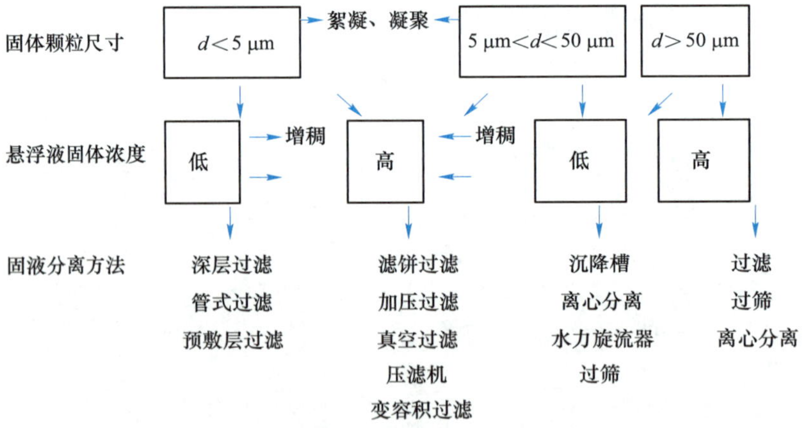

图 4-17 根据颗粒粒度和悬浮液浓度选用的固液分离方法

4.7.1 重力沉降分离

4.7.1.1 重力沉降

重力沉降通常是悬浮液固液分离的第一步, 在稀土搅拌槽中往往是停止搅拌后, 依靠重力沉降进行预分离。若是以获得澄清液为主要目的, 则称为澄清。由于沉降后不能得到固-液相的绝对分开, 故得不到无固相的澄清液。

重力沉降是稀薄悬浮液通过固体颗粒在液相中的沉降分离，脱除部分澄清液而变浓的过程。影响沉降分离的主要因素是固液间的重力场差，其中包括固体与液体的密度差，以及颗粒的大小。从图 4-18 中可以看出，在沉降分离过程中固体是处在浓度、密度和粒度的三维空间上，其可操作范围只能在图示阴影的空间范围内变化。当其接近原点时，处于浓度最高、粒度最小、密度最低，即最不利于分离的条件。当粒度小到 1 μm 时，受布朗运动的影响，沉降分离已不可能。但是，受其他因素如化学反应等要求的影响，粒度也不宜太大，要控制在 1 cm 以下。

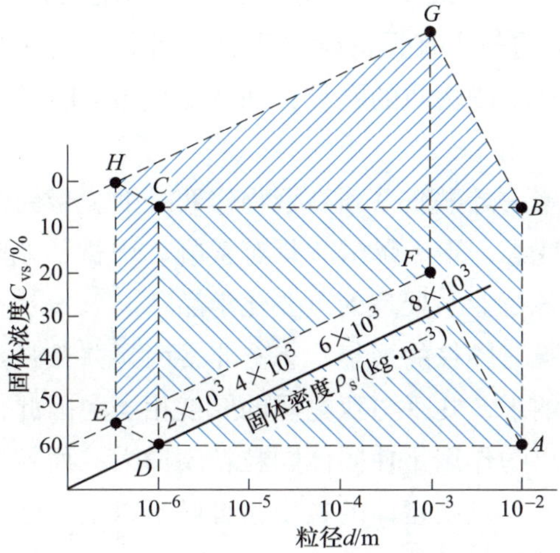

图 4-18 重力沉降分离中固体的状态空间

重力沉降处理的是各种微细（通常小于 100 μm，大多小于 50 μm）固体颗粒的悬浮液，它们的各种界面现象均将影响其沉降过程。倘若颗粒间的范德华力较其间的静电斥力强，或给予搅拌，颗粒便会在相互碰撞时自然凝聚。很显然，悬浮液的浓度更直接影响颗粒的沉降行为。固相沉降可有以下三种模式：

（1）澄清。悬浮液浓度很小，绝大部分颗粒间相互距离大，呈自由沉降，但还有互相碰撞，碰撞后或凝聚或不凝聚。试验中可观察到粒子沉降速度不同，沉降速度小的粒子跟在沉降速度大的粒子后面沉降，逐渐地在底部聚集成浓浆，上部澄清液在长时间内仍有粒子慢慢下落。

（2）区带沉降。悬浮液浓度较大，颗粒凝聚程度高，呈现一定的结构化，基本上以相同的速度沉降。此沉降速度主要和悬浮液浓度有关，沉降过程中呈现明显的分区、分带，有明显的澄清区与悬浮液界面。

（3）压实沉降。悬浮液浓度相当大，颗粒间形成牢固的结构化，具有一定的物理力学（抗压）强度，有向周围低浓度区扩散的能力，扩散速度和悬浮液浓度梯度成正比。悬浮液沉降速度是悬浮液浓度和压实力的函数。在上、下压差作用下，密实悬浮液中的液体被从固体颗粒间的孔隙中压挤向上，呈现沟槽现象，是这种沉降模式的特点。

在不同的沉降设备中可同时存在上述三种模式，少数设备中仅有两种。

4.7.1.2 凝聚与絮凝

凝聚与絮凝属同一范畴，在固液分离中，它们都被用作使细小颗粒团聚成较大的颗粒群，以便在沉降分离或过滤作业中被有效地分离。当溶液中悬浮的颗粒小于 1 μm 时，即被称为胶体。胶体粒子在溶液中做布朗运动，重力场对它的作用已微不足道，过滤、重力沉降都已无能为力，目前最有效的手段是凝聚与絮凝。凝聚是借助外加的粒子使细粒子呈电中性，以消除粒子间的排斥力而使之能互相接近。絮凝则是使用大分子物质使胶体粒子团聚。凝聚、絮凝悬浮液的沉降行为也和其浓度密切相关。

为加速沉降过程，提高浓缩效率，向悬浮液中添加凝聚剂、絮凝剂的技术已普遍使用。常用的调控分散-团聚的药物有无机电解质、表面活性剂和有机高聚物三种。同一种药物，在不同的介质中，对不同物质的颗粒，在一定的 pH 值或在一定电位条件下，或者起分散作用，或者起凝聚作用。

稀土湿法工艺中常用聚丙烯酰胺系列高聚物作絮凝剂。聚丙烯酰胺溶于水，其黏度随聚合物分子量的增加明显变黏。聚丙烯酰胺具有絮凝、增稠、减阻、黏结、稳定胶体、成膜和阻垢等多种功能，是各行业水处理的重要化学品。

高分子聚合物的吸附膜对颗粒的聚集状态有非常明显并且强烈的作用，这是因为它的吸附膜厚度往往可达数十纳米，几乎与双电层的厚度相当。因此，它的作用在颗粒相距较远时便开始显现出来。突出的作用是使固体颗粒粒度增大，而粒度分布范围缩小，极少再有几十微米以下的颗粒。尤其是团絮体的粒度达百微米以上，但密度很小。悬浮液沉降速度比不加药剂时提高几倍甚至几十倍。

4.7.1.3 浅层沉降与倾斜板装置

在稀土萃取器的澄清槽中，常安装倾斜板，以增大对两种液相分离的处理能力。在图 4-19 所示的沉降槽中，悬浮液中的固体颗粒，或液-液萃取体系中密度大的液相颗粒，若能在 L 距离内沉降至槽底，就能达到两相分离。若将 H 减至 $H/2$，则水平速度可增至 $2v_p$，沉降槽的处理能力即可提高 1 倍。H 缩小几倍，相当于 BL 面积处理能力提高几倍，这就是浅层沉降原理，是小间距、多层板沉降装置的理论依据。

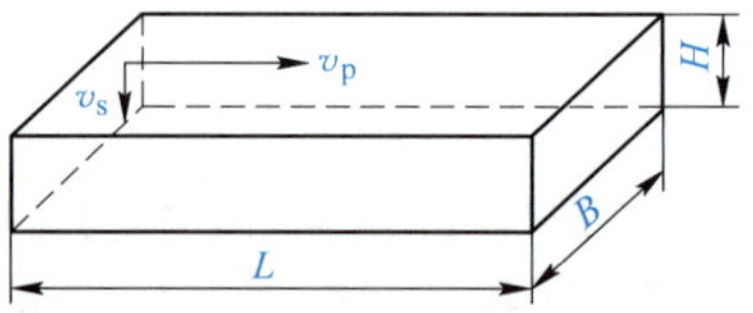

图 4-19 浅层沉降原理

为了便于沉积物排出，将多层平行板倾斜安装，倾角 θ 一般为 45°~60°，则倾斜板装置的总沉降面积 F 为：

$$F = nBL\cos\theta \tag{4-4}$$

式中 n——倾斜板的个数。

可按悬浮液在倾斜板装置的流动方式，将其分为上向流、下向流和横向流三种。如图 4-20 所示，当进入倾斜板装置的流量为 Q 时，板间的上向流速 $v_上$(m/h) 为：

$$v_上 = \frac{Q}{Bl\sin\theta} \tag{4-5}$$

颗粒在倾斜板空间的沉降速度 v 可分解为垂直和平行于倾斜板两个方向的分速度

$v \cdot \cos\theta$ 和 $v \cdot \sin\theta$。颗粒能沉降在板面的条件是它沉降 cb' 距离所需时间 t_1 小于或等于它随悬浮液从 a 至 c 的时间 t_2。按此原则可导出倾斜板装置的处理量：

$$Q = Bv(l + E\cos\theta) \tag{4-6}$$

式中　B，l，E——结构因素；

　　　v——允许溢流出的最大粒子的 Stokes 速度。

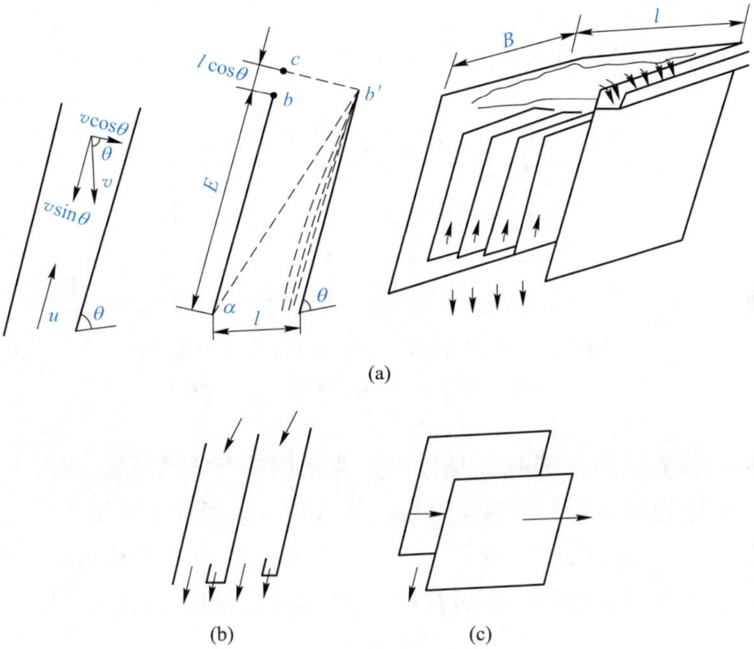

图 4-20　倾斜板装置示意图

（a）上向流倾斜板；（b）下向流倾斜板；（c）横向流倾斜板

4.7.2 离心沉降分离

以颗粒的惯性离心力取代其重力可使其沉降速度增加 $R\omega^2/g$ 倍，这对微细颗粒物料尤为重要。

悬浮液在沉降式离心机转鼓内的运动情况如图 4-21 所示，常用“活塞式”理论描述流体在沉降离心机转鼓内的流动特性，即认为流体在离心机转鼓内犹如活塞般整个向前流动，环状流体在整个截面上的流速是均匀的，新进入转鼓内的流体将置换原有流体。按此理论，悬浮液进入离心机转鼓后，固体颗粒在惯性离心力作用下在径向向鼓壁“沉降”，同时还随流体沿轴向运动。假设它们从液面 R_0 处沉降至鼓壁 R 上的时间为 t_1，随流体自入口进入至出口流出的时间为 t_2，则为使固体颗粒能沉降至鼓壁，必须是 $t_1 \leqslant t_2$。

为达到固液分离的目的，应使最微细的固体颗粒能沉降在转鼓内。根据上述假设及要求，可导出沉降离心机的体积处理能力 q_v（m^3/s）为：

$$q_v = \frac{d_{min}(\rho_S - \rho)g}{18\mu} \cdot \frac{\pi R^2 \omega^2 L(1 + 2k_0 + k_0^2)}{2g} \tag{4-7}$$

式中 d_{min}——能在离心机中沉降的最小的固体颗粒粒度，视沉降离心机类型、物料的性质和操作条件而定；

ρ_S——固相密度；

ρ，μ——液相密度和黏度；

ω——转鼓的回转角速度；

R——转鼓半径；

L——离心机沉降区有效长度。

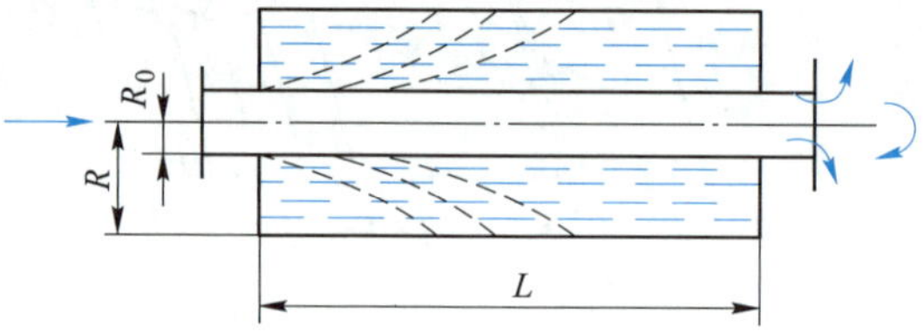

图 4-21 悬浮液在沉降离心机转鼓内的运动

R_0—液面半径与转鼓半径之比，$k_0=R_0/R$

沉降离心机的种类繁多，图 4-22 是稀土企业常用的 SXC 型三足式人工下部卸料沉降离心机。在离心机全速运转后，将悬浮液均匀加入转鼓，当悬浮液达到额定容积时停止加料。在运转中澄清液由撇液管引出机外，沉渣则在停机后由人工从转鼓下部排渣孔卸出。人工下部卸料可节省刮刀装置和免除刮刀对固体颗粒的伤损，且劳动强度较小。

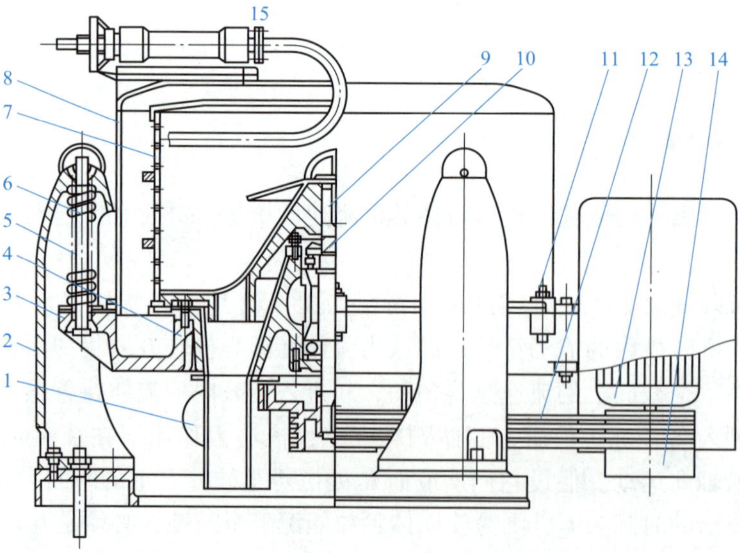

图 4-22 三足式人工下部卸料沉降离心机

1—出液管；2—柱足；3—底盘；4—轴承座；5—吊杆；6—弹簧；7—转鼓；8—外壳；9—主轴；10—轴承；11—卡紧螺栓；12—V 形带；13—电动机；14—离心离合器；15—撇液装置

4.7.3 过滤

过滤是使悬浮液通过能截留固体颗粒并具有渗透性的多孔介质（过滤介质）实现固-液分离的过程。工业生产应用成饼过滤（相对于深层过滤）。按过滤推动力方式，成饼过滤包括真空过滤、压滤、离心过滤。近年发展的延迟成饼过滤，是一种新的高效动态过滤模式。

过滤介质有粒状物料、烧结多孔介质和纤维状物质三大类，最常用的过滤介质是纤维织物，见表 4-10。它们的过滤性能随着滤布的纤维丝直径、纱线类型和编织方法等的不同而差异极大，如孔隙率 14%~60%、渗透性 20~2750 L/(m^3 · s)（在 20 mm 水柱压力下测得），截留的最小颗粒为 10 μm 左右。丙纶的相对耐酸性最高，常用于稀土产品过滤。

表 4-10　常用滤布物化性能对比

滤布材料	抗拉强度	耐磨性	耐酸性	耐碱性	耐热性	吸湿性
棉布	5	5	6	5	2	2
聚酰胺纤维（锦纶尼龙）	2	1	5	1	3	4
聚酯纤维（涤纶）	4	3	2	6	4	5
聚丙烯纤维（丙纶）	3	2	1	2	5	6
聚氯乙烯纤维（氯纶）	6	4	3	3	6	3
玻璃纤维	1	6	4	4	1	1

注：各性能由 1 到 6 逐步下降。

成饼过滤包括两个基本过程：成饼和后处理，后者又包括滤饼洗涤、压榨和脱水等，按形成的滤饼又分为不可压缩性和可压缩性两大类过滤状态。已建立了两种过滤状态的基本方程，将其应用于实际的过滤操作，又可分为在恒压、恒速、变压、变速等条件下进行。通过小型真空过滤或压滤实验，可测得该悬浮液的滤饼比阻和所用过滤介质的阻力，便可以参照专门的过滤机参考资料选择过滤机和计算所需过滤机面积。

在后处理过程中，滤饼洗涤在大多数情况下是直接在过滤机上进行置换洗涤；对于糊状滤饼，也可用洗液将其制浆和过滤的洗涤方法。洗涤的目的是提高有用滤液的回收率，或进一步清除残留于滤饼的溶解物。

压榨是用压缩法从固-液混合物中分离液体的方法。对过滤而言，是在过滤机内部用弹性元件压缩滤饼，降低其孔隙率，将存于孔隙中的液体挤压出去。实践表明，抽真空或用空气吹过滤饼而带走滤饼内的液体，是降低滤饼含液量的有效措施。通常抽真空的压力小于 80 kPa，吹气的压力则可人为增大。实践表明，高分子絮凝剂一般能较大幅度提高过滤速率，但会使滤饼水分含量升高。絮凝剂分子量越大，用量越多，形成的絮团越大，这种现象越严重。成饼终了时，滤饼孔隙度为 35%~70%。

稀土湿法工艺对各种过滤机都有应用，但真空过滤机多为简易平面台式，广泛应用板框式压滤机和过滤离心机。

压滤机如图4-23所示，又分为板框式和厢式两种。两者的主要区别是板框式有滤板和滤框，滤布夹在二者间，滤饼形成于滤框内；厢式仅有呈凹形的滤板，相邻两滤板构成一滤室。

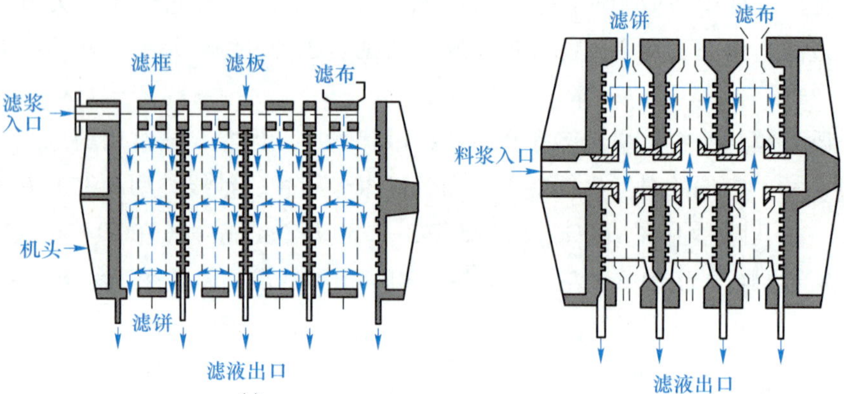

(a) (b)

图4-23 板框式和厢式压滤机

(a) 板框式压滤机；(b) 厢式压滤机

稀土企业多用厢式压滤机，这种压滤机由滤板、固定尾板、可动头板、主梁等部件构成，如图4-24所示。滤板的块数由所需过滤面积确定，过滤开始前由移动装置将多块滤板沿其支撑主梁收拢于尾板及头板间。头板由液压缸驱动，在液压力作用下使各滤板紧密接触，形成不泄漏气、水的多个滤室。悬浮液用泵压入，经尾板上的进料口进入压滤机滤室内，一般压力为0.2~0.7 MPa，滤液在压力作用下透过滤布沿滤板上的泄水沟排出。当滤室内充满滤饼，滤液不再流出时，成饼阶段结束。如果滤饼需要洗涤，可由进料口进入洗涤液进行清洗。卸料时，液压缸驱动头板退回原来位置，便可逐块地拉开滤板，滤饼借自重脱落。然后清洗滤布，再重新装好开始下一个循环。

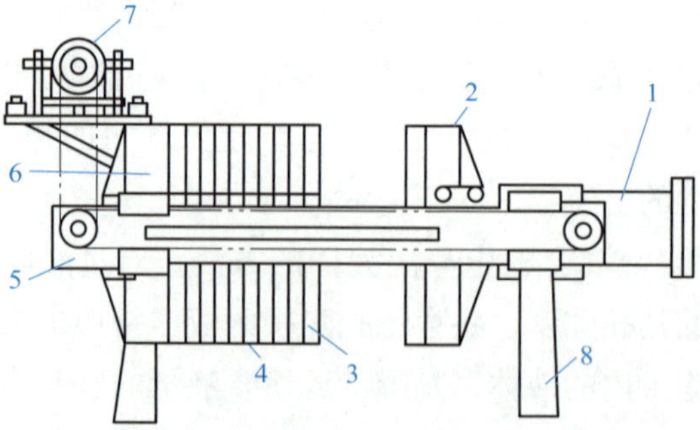

图4-24 厢式压滤机

1—压紧装置；2—头板；3—板框（滤板、滤框）；4—滤布；5—横梁；6—尾板；7—分板装置；8—支架

实际应用的还有一种带软橡胶隔膜压榨和可变滤室的压滤机，在隔膜压榨后，为进一步降低滤饼水分和排除管道中的水，可向滤饼中吹入压缩空气，实现吹气脱水。这种压滤

机的优点是对悬浮液特性的适应性强，结构简单、易操作，过滤压差大、滤饼含水低，过滤面积选择范围宽，单位过滤面积的占地面积小。

过滤离心机是以惯性离心力为推动力的过滤机，类型众多。图 4-25 是 SG 系列刮刀下部卸料三足过滤离心机的工作示意图。这种离心机的转鼓直径可达 1250 mm，$L/D\leqslant0.5$；离心力强度 300~500($Rw2/g$)，适宜处理含中细粒固体或短纤维状的悬浮液。采用刮刀低速卸料（如 18 r/min），卸料振动小，不损伤物料晶粒。这种过滤机为间歇式操作，具有结构简单、价格低、操作和维修方便等优点，尤其是引入计算机控制技术，更易于实现过程优化。

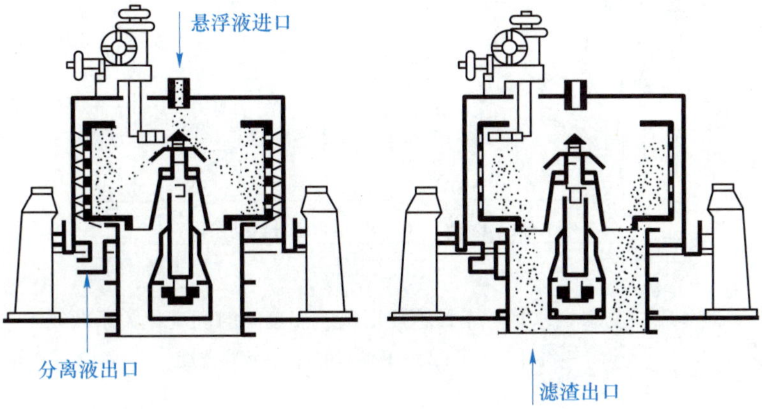

图 4-25　SG 系列刮刀下部卸料三足过滤离心机的工作示意图

4.7.4 干燥

干燥是采用某种方式将热量传给含水物料，将此热量作为潜热使水分蒸发并分离出去的过程。因为这是一个高耗能作业，所以干燥中最重要的是使热量最有效地传给含水物料。

干燥本质上是一个传热、传质的热工过程，对流、传导和辐射三种传热方式在干燥中相互伴随、同时存在。干燥过程得以进行的条件是含水物料表面的水蒸气分压超过热气体（以下称干燥介质）中的水蒸气分压，含水物料表面的水汽在压差作用下向干燥介质中扩散，含水物料内部的水再继续向表面扩散，再被汽化。

含水物料中水分向表面的扩散速率和表面水分的汽化速率决定了物料的干燥速率，干燥速率取决于干燥介质的性质、干燥的条件和操作及物料含水的特性。当含水物料和有一定温度和湿度的干燥介质接触时，必会放出或吸收水分。当干燥介质的状态（温度、湿度等）不变时，物料中的水分便会维持一定值，称此值为物料在一定干燥介质状态下的平衡水分。它也是在该状态下物料干燥的限度，在该干燥介质状态下，只有物料中超出平衡水分的水才可能脱除。由于四周环境的空气均有一定的温度和湿度，所以物料只能干燥到和周围空气相应的平衡水分值。

由图 4-26 可见，整个干燥过程分为预热、恒速、减速三个阶段。预热阶段是温度很低的含水物料与热气体开始接触后，物料和水分温度升到水分汽化温度的阶段。预热阶段的时间很短，继而进入恒速阶段。

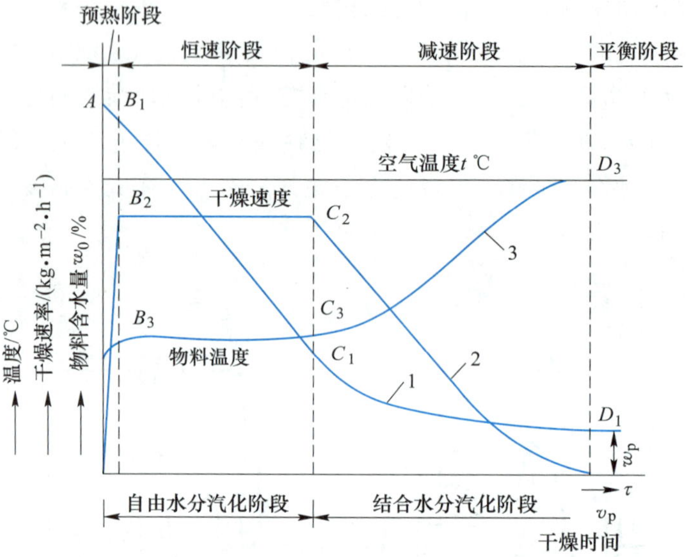

图 4-26 物料含水量、干燥速度、物料温度与时间变化关系曲线

1—物料含水量；2—干燥速度；3—物料温度

在恒速阶段，只要热气体的性质（温度、湿度、水蒸气分压等）不变，它传给含水物料的热量相当于物料表面水分汽化所需要的热量，物料表面温度将恒定（B_3C_3）；只要物料表面有充足的水分，汽化速度就恒定，只要物料内部有足够的水分向外扩散，干燥速率也必恒定（B_2C_2），物料含水量则迅速等速下降（B_1C_1）。当热气体和含水物料表面的温度为定值时，传热速率为恒定值，干燥速率也恒定。提高热气体的温度、传热能力及降低其中的水蒸气含量，均有助于提高恒速阶段的干燥速率和缩短干燥时间。

随着干燥的进行，当物料内部的水分不足以补充物料表面的汽化水分后，进入减速阶段。在该阶段干燥速度逐渐降低，物料表面将有一部分呈干燥状态，物料的温度逐渐升高（C_3D_3），热量向内部传递，很可能使蒸发移向内部，水汽由内部向外流动，流动阻力越来越大，故干燥速率降低很快。潮湿物料表面逐渐减少，将表面刚出现干燥状态的物料含水量称为第一临界含水量 w_{k1}，当外表面全部呈干燥状态时的含水量称为第二临界含水量 w_{k2}。实际上恒速阶段一结束就达到第一临界含水量，此含水量值与物料的性质密切相关，通常称为临界含水量。当物料含水量达到在该干燥条件下的平衡水分时，干燥过程终止。

由于预干燥的物料性质迥异，对干燥的要求不同，生产规模有小有大，所以使用的干燥设备十分繁杂，表 4-11 为一种干燥器分类参考。通常选用干燥器是根据物料的性质及干燥要求选定干燥器类型后，由热工计算要求确定热干燥介质、产生方法、干燥器的汽化强度和干燥类似物料的汽化强度等数据，选择和计算燃烧炉、加热器、集尘器、风机等，具体的选择与计算方法可参阅有关资料和手册。

表 4-11 干燥器类型

通风型	物料静止型	间歇箱式
		喷嘴喷射
	输送型	通风带式（隧道式）
		通风立式
搅拌型		回转式及通风回转式
		真空式
		流化床式
		槽式及圆筒式
输送型		喷雾式
		气流式
传导型		多圆筒式
		圆筒式
其他		冷冻式
		过热蒸气式
		远红外式
		微波式

4.7.5 稀土氧化物的烧成设备

稀土氧化物的烧成是在特定的窑炉内进行的，先进而合理的窑炉结构是提高产量和质量的可靠保证。窑炉的种类很多，按操作方法分为间歇式和连续式两大类；按加热方式分为电加热和各种燃料燃烧加热等多种类型。

间歇式操作窑炉根据内部火焰行进的方向，可分为直焰窑、平焰窑和倒焰窑三种。图 4-27 为倒焰窑示意图，可燃烧煤、重油、煤气、天然气等燃料，燃烧室的燃烧气体经过挡火墙喷火口进入窑顶，然后由上向下流经制品而传热，烟气经过窑底部的吸气口进入均衡烟道，再由主烟道导向烟囱。用于稀土化合物的烘干和灼烧时，把含水料装入高铝质耐火材料制成的坩埚内，把坩埚逐个叠起摆放在窑内，关闭或用耐火砖封堵窑口。然后在燃烧室内燃烧燃料，用高温烟气加热坩埚和物料。其优点是较另外两种窑炉的温度分布均匀，且结构简单，设备投资低；但物料进窑和出窑操作的劳动强度大，作业周期长，仅适合小规模生产。

连续式烧成设备是一条长直线形隧道，其四周用耐火砖砌筑，外侧有保温层和固定的炉壁。图 4-28 所示为一种电加热的工业炉，外形尺寸 1300 mm×800 mm×800 mm。用安装在隧道中部顶面的硅碳棒作发热元件，通入交流电可产生高温，构成了固定的高温带。隧道底部铺设轨道，由轨道上可推移的底板构成活动的炉底面。液压推杆按照一定的时间间隔推移底板，装在底板上盛有物料的坩埚依次通过炉内的预热带、烧成带和冷却带，使物

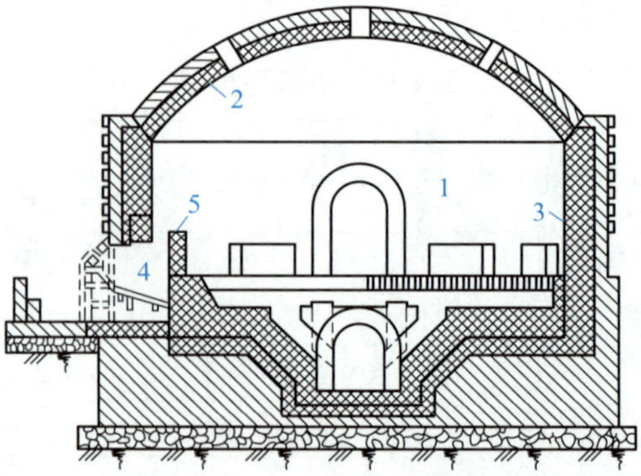

图 4-27 倒焰窑示意图

1—窑膛；2—窑顶；3—窑墙；4—燃烧室；5—挡火墙

料得到烘干或者灼烧。与间歇式操作窑炉相比，其优点是温度相对稳定，热利用率高，烧成品的质量易保证；生产连续化，周期短，产量大；改善了劳动条件，减轻了劳动强度。

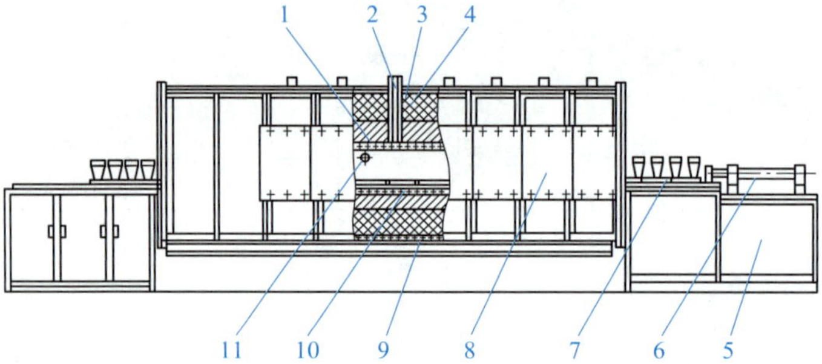

图 4-28 连续式电阻炉

1—硅碳棒；2—排气孔；3—保温层；4—底板；5—支架；6—液压推杆；7—坩埚；8—保护板；9—保温砖；10—高铝砖；11—热电偶

知识拓展

稀土化合物在润滑脂中的应用

随着高端装备制造业的发展，对润滑脂产品性能提出了更苛刻的要求。对于机械设备轴承和齿轮等部位，润滑脂选择不当就会显著缩短其使用寿命，降低生产效率，同时还会增加生产成本。目前，市场上的产品仍是传统的铝基润滑脂、钙基润滑脂、锂基润滑脂、聚脲基润滑脂和膨润土润滑脂。稀土作为一种稀缺性的战略资源，早已广泛应用于高精尖领域，其在润滑脂领域的工业应用已获得广泛关注。

稀土在润滑剂领域的应用研究是从20世纪90年代大幅增多的。目前来看，稀土化合物在润滑剂领域的应用主要是作为添加剂，并且以减摩剂和抗磨剂的研究居多。除此之外，它还可以用作润滑脂的极压剂和抗腐蚀剂等。研究表明，向锂基润滑脂中添加 NdF_3、PrF_3/NdF_3 等稀土三氟化物及其混合物，均能不同程度地提高锂基脂的极压、抗磨性和抗擦伤能力，而对摩擦因数的影响较小。CeF_3 的添加可以提高润滑脂的抗磨性能，磷酸镧可以提高锂基脂的承载能力和减磨抗磨能力。相关研究表明，将稀土化合物合成水杨醛二肼化丙二酰镧配合物、二烷基二硫代氨基甲酸稀土配合物和棕榈酸稀土配合物等三种稀土配合物作为添加剂加入润滑脂中，在摩擦过程中可以发生摩擦化学反应，形成具有良好润滑作用的边界润滑膜，使得润滑脂具有良好的抗磨、减摩性能。

黏结固体润滑膜是固体润滑材料的主要代表之一，因其性能优异而在民用机械到空间技术等方面获得了广泛应用，几乎可以应用到工程实际中所有的摩擦部件上。与常规油脂润滑相比，黏结固体润滑膜可以在高温、高负荷、超高真空、强氧化还原和强辐射等环境条件下有效地润滑，耐压性好的黏结固体润滑膜的承载能力比常规油脂高几十倍甚至上百倍，而且不会造成污染。正是由于具有许多独特的优势，黏结固体润滑膜得到了广泛的工程应用。研究表明，向黏结固体润滑膜中添加稀土三氟化物可以使得润滑膜的耐磨性提高 4 倍，且在提高干膜耐磨性方面明显优于无机氟化物。

关于稀土化合物在润滑脂中作用的本质亟须深入研究，这样可以辅助设计出具有优异性能的稀土化合物作为润滑脂的添加剂甚至是稠化剂，以进一步推动其在润滑脂中的实际应用。

综合练习

4-1 简述氧化法分离铈的原理和湿法氧化提取铈的工艺。

4-2 简述锌粉还原铕的原理和工艺。

4-3 简述稀土草酸盐、碳酸盐、硝酸盐和超细稀土氧化物的制备工艺和操作方法。

4-4 简述稀土氯化物和稀土氟化物的制备工艺和操作方法。

4-5 简述稀土抛光粉、稀土发光材料的制备工艺和操作方法。

4-6 在 80 g/L RECl 溶液中，酸度为 0.1 mol/L。取 1 L 料液，试设计草酸沉淀其稀土的工艺数据和操作方法。制得草酸稀土后测定稀土含量，并计算沉淀率。

4-7 硫酸稀土浸液中 C_{REO} 约为 40 g/L，$C_{SO_4^{2-}}$ 约为 50 g/L，C_{MgO} 约为 10 g/L，pH 值为 4~4.5。取 1 L 料液，试设计用碳酸氢铵沉淀稀土的工艺数据和操作方法。制得碳酸稀土后测定稀土含量，并计算沉淀率。

4-8 取 1 L 稀土氯化物溶液，经过蒸发结晶制取水合稀土氯化物产品，然后用真空脱水的方法制备无水稀土氯化物产品。试制定和实施过程方案，并测定产品的稀土含量。

4-9 取 100 g 稀土氧化物，用氢氟酸沉淀-真空脱水氟化法制取稀土氟化物产品。试制定和实施过程方案，并测定产品的稀土含量。

4-10 用沉淀法制备高铈抛光粉，试制定和实施过程方案，并测定产品的粒度和稀土含量。

4-11 用低温燃烧合成法制备稀土铝酸锶蓄光材料，试制定和实施过程方案，并观察产品的发光时间。

4-12 对于宽度为 400 mm 的方形搅拌槽，试设计和制作搅拌桨，并测定分散油、水介质时，搅拌桨转速与液滴直径及分散效果的关系。

参考文献

[1] 徐光宪．稀土（上、中、下）[M]. 2 版．北京：冶金工业出版社，1995.

[2] 石富．稀土冶金 [M]. 呼和浩特：内蒙古大学出版社，1994.

[3] 张长鑫，张新．稀土冶金原理与工艺 [M]. 北京：冶金工业出版社，1997.

[4] 李洪桂．稀有金属冶金原理与工艺 [M]. 北京：冶金工业出版社，1981.

[5] 程建忠，车丽萍．中国稀土资源开采现状及发展趋势 [J]．稀土，2010，31（2）：65-69.

[6] 徐忠麟，苏艳超，等．我国离子型稀土开发中环境问题的法律思考 [J]. 稀土，2013，34（3）：98-102.

[7] 程妍东，梁英，等．清洁生产技术在稀土金属冶炼行业中的应用 [J]. 稀土，2011，32（5）：92-96.

[8] 赖兆添，姚渝州．采用原地浸矿工艺的风化壳淋积型稀土矿山“三率”问题的探讨 [J]. 稀土，2010，31（2）：86-88.

[9] 李永绣，周新木，等．离子吸附型稀土高效提取和分离技术进展 [J]. 中国稀土学报，2012，30（3）：257-264.

[10] 熊家齐，贾昭，等．化学选矿除去高品位包头稀土精矿中的钙（一）[J]. 稀土，1980，2：34-40.

[11] 马莹，许延辉，等．包头稀土精矿浓硫酸低温焙烧工艺技术研究 [J]. 稀土，2010，31（2）：20-23.

[12] 石富．包头稀土精矿浓硫酸低温焙烧的数量分析 [J]. 稀土，2008，29（2）：36-39.

[13] 柳召刚，李梅，等．碳酸盐沉淀法制备超细氧化钟的研究 [J]. 稀土，2010，31（6）：27-31.

[14] 刘海蛟，许延辉，等．浓碱法分解包头混合稀土矿的静态工艺条件研究 [J]. 稀土，2011，32（1）：68-71.

[15] 侯德宝，许立勇，等．稀土萃取流程的产品纯度决策模型 [J]. 稀土，2011，32（1）：46-49.

[16] 钟学明．水相进料理想分馏萃取的模拟 [J]. 稀土，2010，31（5）：48-51.

[17] 尹祖平，徐志广，等．HF 气体制备氟化（镨）钕产业化研究 [J]. 稀土，2010，31（1）：99-101.

[18] 高乐乐，沈雷军，等．PDP 荧光粉的研究进展 [J]. 稀土，2012，33（3）：12-15.

[19] 刘荣辉，黄小卫，等．稀土发光材料技术和市场现状及展望 [J]. 中国稀土学报，2012，30（3）：265-272.

[20] 石富．稀土电解槽的研究现状及发展趋势 [J]. 中国稀土学报，2007，25（S1）：70-75.

[21] 姜银举，郭南涛，等．氧化铈熔盐电解过程预还原反应的冶金热力学分析 [J]. 稀土，2010，31（2）：28-30.